# 人体解剖図鑑

高野　秀樹
*Takano Hideki*



ベスト新書
545

# はじめに

わたしたち人間は、小さな細胞の集合体です。細胞は集まって、たとえば脳や神経、心臓、胃や腸、腎臓といった意味のあるさまざまな臓器、すなわち器官を形成し、信じられないほど緻密な連携、高度なネットワークを構築して生きるうえで必要な機能を発揮しています。それらの機能は非常に優秀で、わたしが専門とする腎臓領域でいえば、水を飲みすぎたならば自然に体液量を調整し、塩を取りすぎたなら塩分を適切な状態に、わたしたちの知らないうちに勝手に調節してくれています。ほかにも、意識しなくても心臓は各臓器に血液を送るポンプとしてはたらき、胃や腸は、食べ物をとれば勝手に必要なものを吸収し、いらないものは排泄します。このように考えてみると、人間の体はじつによくできているものだとたびたび実感します。

人体は、「小さな大宇宙」にたとえられており、まだまだ謎が多いのも事実で、原因が解明できていない病気や治療法がない病気も少なくありません。わたしたち医師は、最善の治療を行うために最大限の努力を惜しまないつもりですが、その小さな宇宙は果てしなく広く、自分たちを知るための旅を続けている、そんなふうに思えることさえあります。

前置きが長くなりましたが、わたしは大学時代から約20年にわたって内科学に従事し、現在は東京逓信病院で腎臓内科医長を務めています。腎臓内科というのは、ほかの科と比べると多くの専門医（診療科）と密接にコミュニケーションをとって診療にあたることが多い特徴があります。また、東京逓信病院は総合病院であり、大学病院よりも専門科の垣根が低く、意見を交換しやすいというよさもあります。

医師とはいえ、万能ではなく、普段接していない領域の知識は薄くなっていきます。専門的には、約20年ぶりに接した項目もあり、記載に迷いが生じる場合も多々ありました。そうしたときには、日頃からお世話になっている当院のたくさんの専門家の先生方に直接ご意見をいただき、できるだけ正確な記述に努めました。しかし、日常診療の合間、執筆にかかわれる時間は限られており、当科、松村実美子医師の多大な協力を得ました。また、歯科は門外漢のため、開業医をされている高校時代の同級生を頼って、記述の正確性を期しています。

知っているようで、いざ考えると答えが難しい人体の機能。みなさんは、どのくらいご存じでしょうか？

本書は、人体の各部位の機能や連携はもちろん、体のどこに、どんな形状で臓器が存在しているのかなどを、なるべくわかりやすく、美しいイラストをまじえて解説していきます。また、わかりやすさという意味で、便宜的に、神経系、感覚器系、呼吸器系、循環器系、血液系と免疫系、消化器系、腎・泌尿器系、内分泌系、生殖器系の9章構成にしています。加えて、各章の最後には、その章で紹介した部位のおもな病気についても簡単ではありますが触れています。

人体を科学的に知りたい、というみなさまの知的好奇心を満たすには、本書では紙幅が足りていないかもしれません。しかし、まずはその入り口、人体を知る最初の一歩になれば幸いです。とくに、患者さんにとっては、自身の病気の原因となっている臓器のしくみを学んでいただき、治療の励みにしていただければと思います。また、看護師や検査技師になりたいと大学や専門学校の門を叩いたという学生のみなさん、将来は医師や看護師など人体にかかわる仕事をしたいと思っている中高生のお手元に本書が届くのであれば、わたしにとってそれは望外の喜びです。

それでは、脳や神経の項目から、神秘の人体をくわしく見ていくとしましょう。

## 全身のおもな骨と筋肉

人体には約200個の骨があり、骨と骨は関節によって結合し、その周囲には筋肉がついている。こうした骨同士の連動と、筋肉の伸縮によって、わたしたちの体は複雑な運動が可能になる。なお図では、体の前面から見えるものを紹介している。

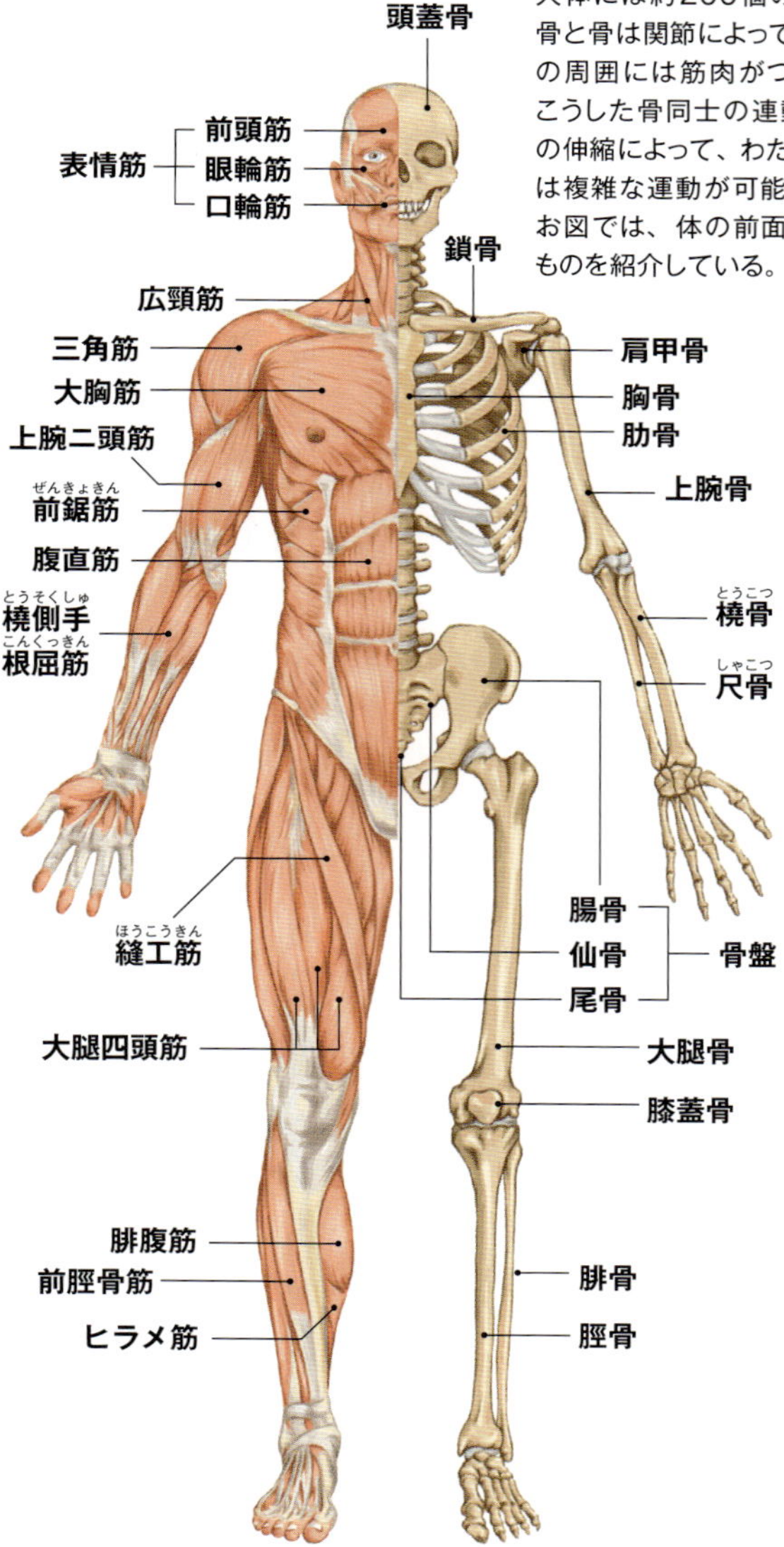

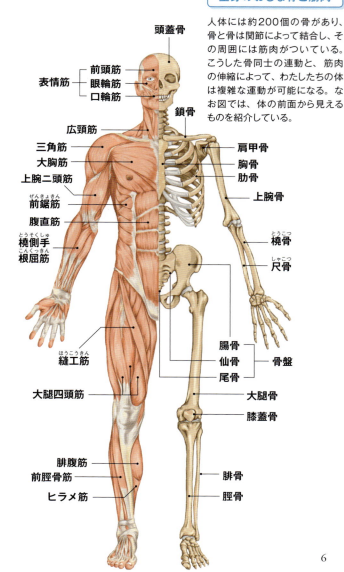

## 人体のおもな臓器

人体の胸部から腹部にかけて存在する臓器は、食物の消化・吸収、ホルモンを分泌したり、血液やリンパ液といった体液を循環させるなど、それぞれ特有のはたらきをもっている。なお、図中の青い血管は静脈、赤い血管は動脈を示す。

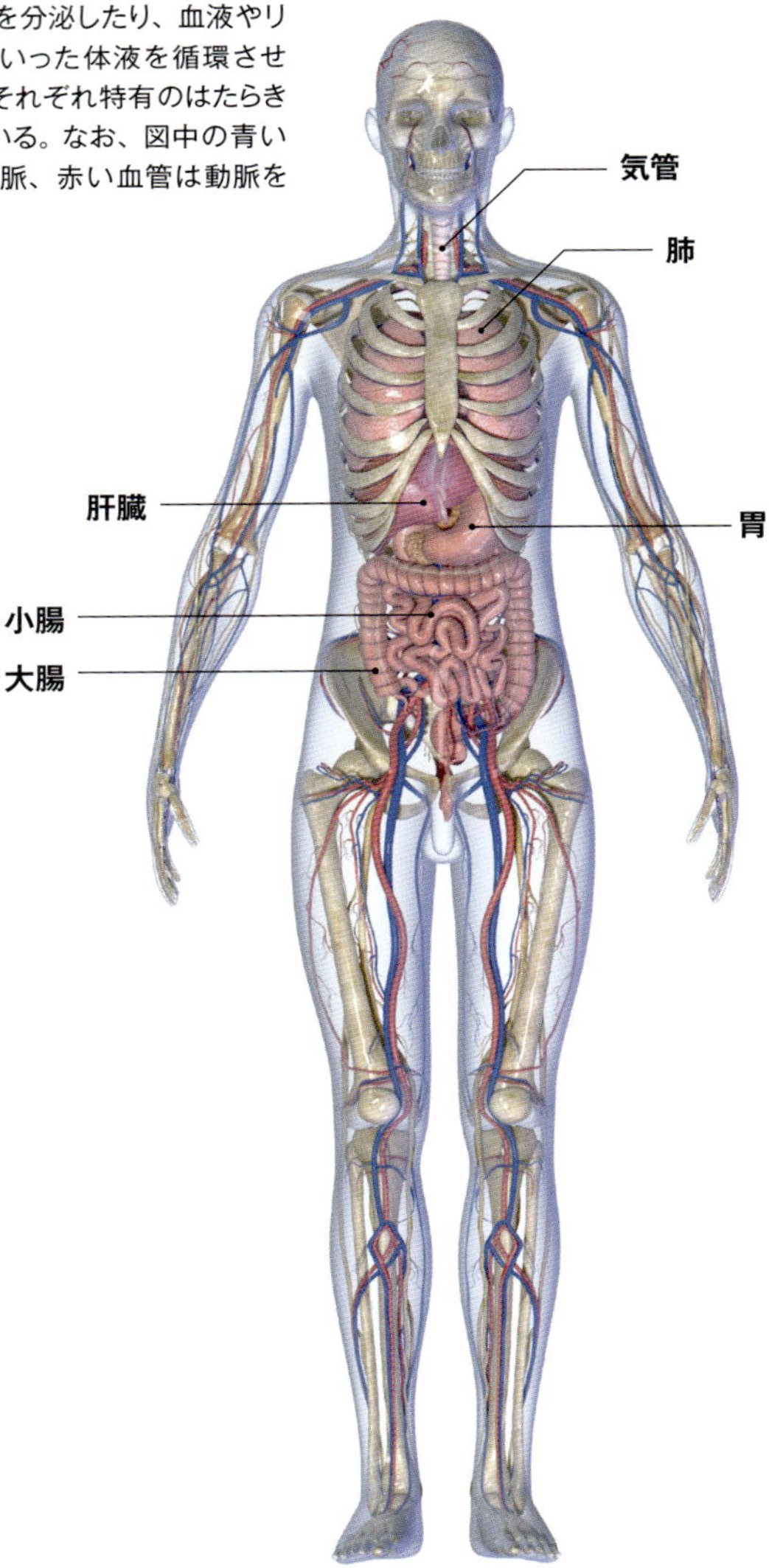

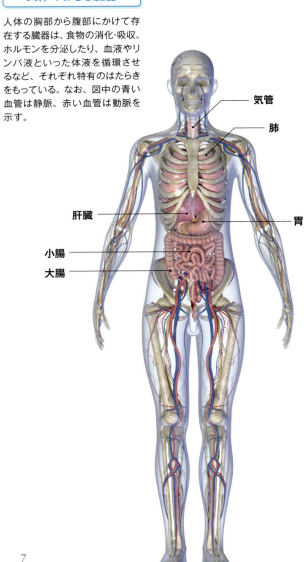

# 人体解剖図鑑　目次

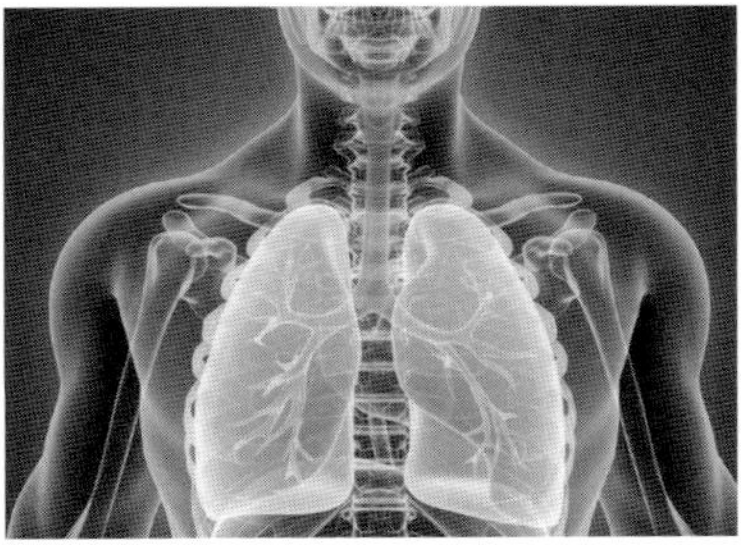

気管と肺（78ページ）

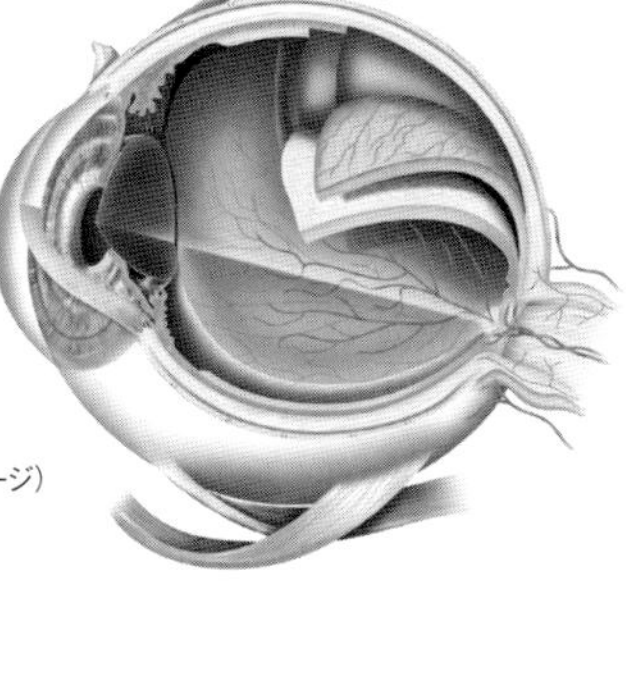

眼の内部構造（42ページ）

## 第9章　生殖器系



病気を知ろう！



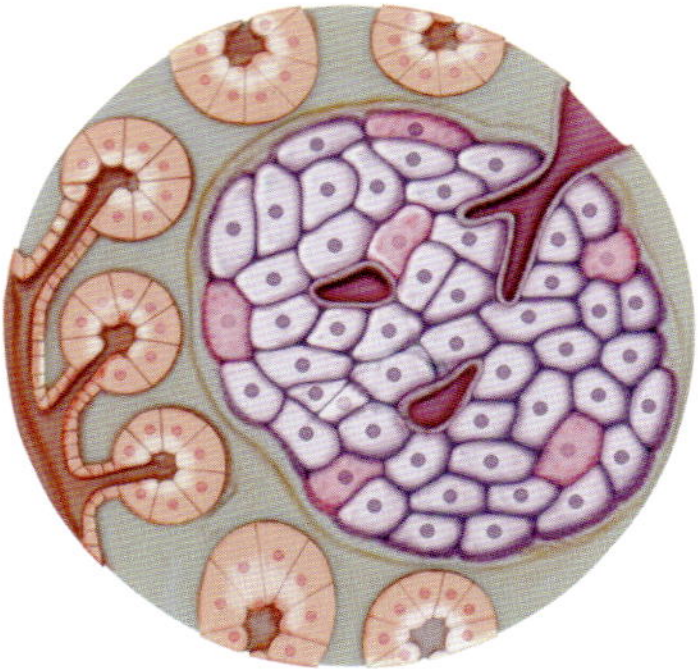

ランゲルハンス島（膵島）の構造
（194ページ）

■写真・イラスト
東京逓信病院、shutterstock、アッシュ（瀧田紗也香、榎本陽子）

■編集
田口 学（アッシュ）

■編集協力
松村実美子（東京逓信病院 腎臓内科 医師）
福田真之（福田歯科医院）

■執筆協力（五十音順）
青木 英、榎本陽子、田口 学、谷 一志、村沢 譲

# 第1章
# 神経系

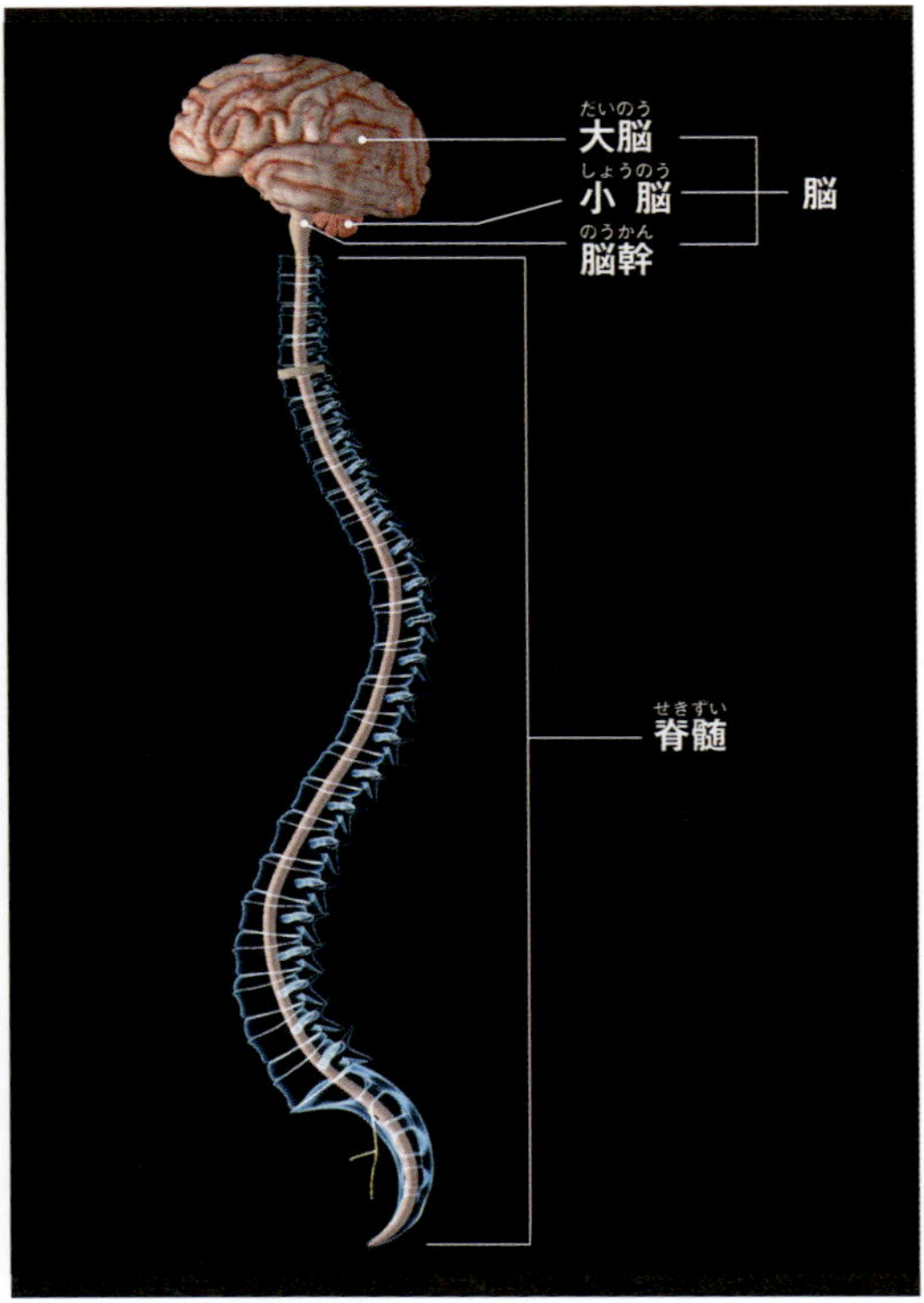


中枢神経系の3Dイメージ。中枢神経系とは、大脳、小脳、脳幹からなる脳と、脊髄を合わせたもの。この中枢神経が人体の運動、感覚機能から、循環、呼吸、消化、排出、代謝、分泌、体温、生殖といった生命維持機能までのあらゆる機能を統括している。

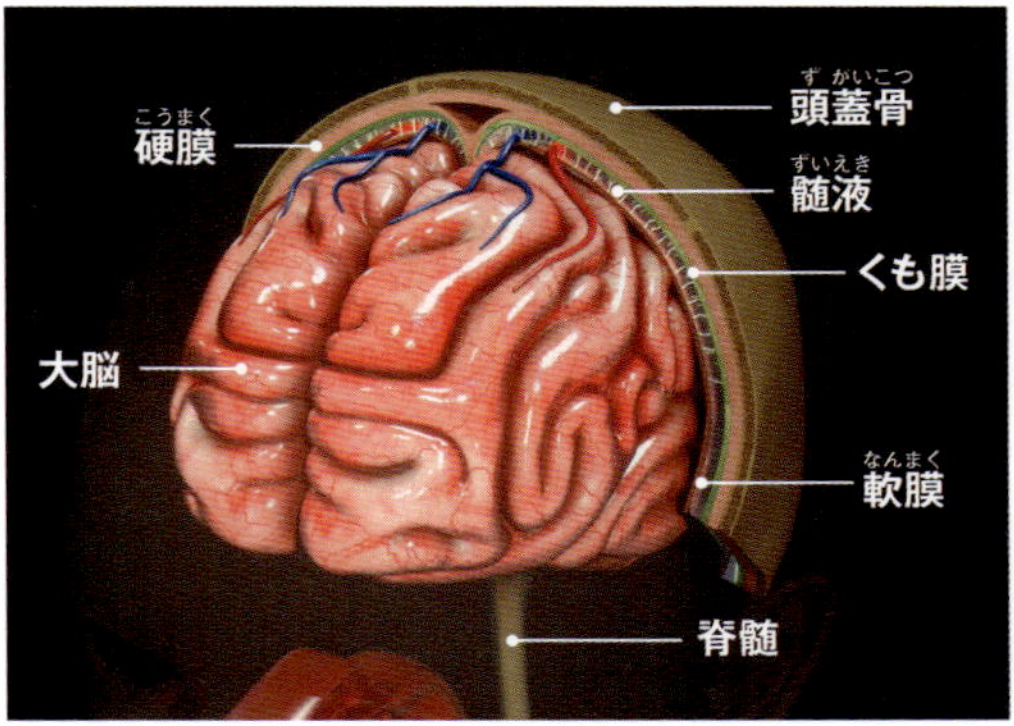


脳の断層イメージ。脳と脊髄は、外側から頭がい骨、硬膜、くも膜、軟膜という膜によって包まれている。くも膜と軟膜のあいだの空間（くも膜下腔）は、髄液で満たされ、脳と脊髄はこの髄液のプールに浮かんだ状態で存在している。

## 脳の構造（断面のイメージ）

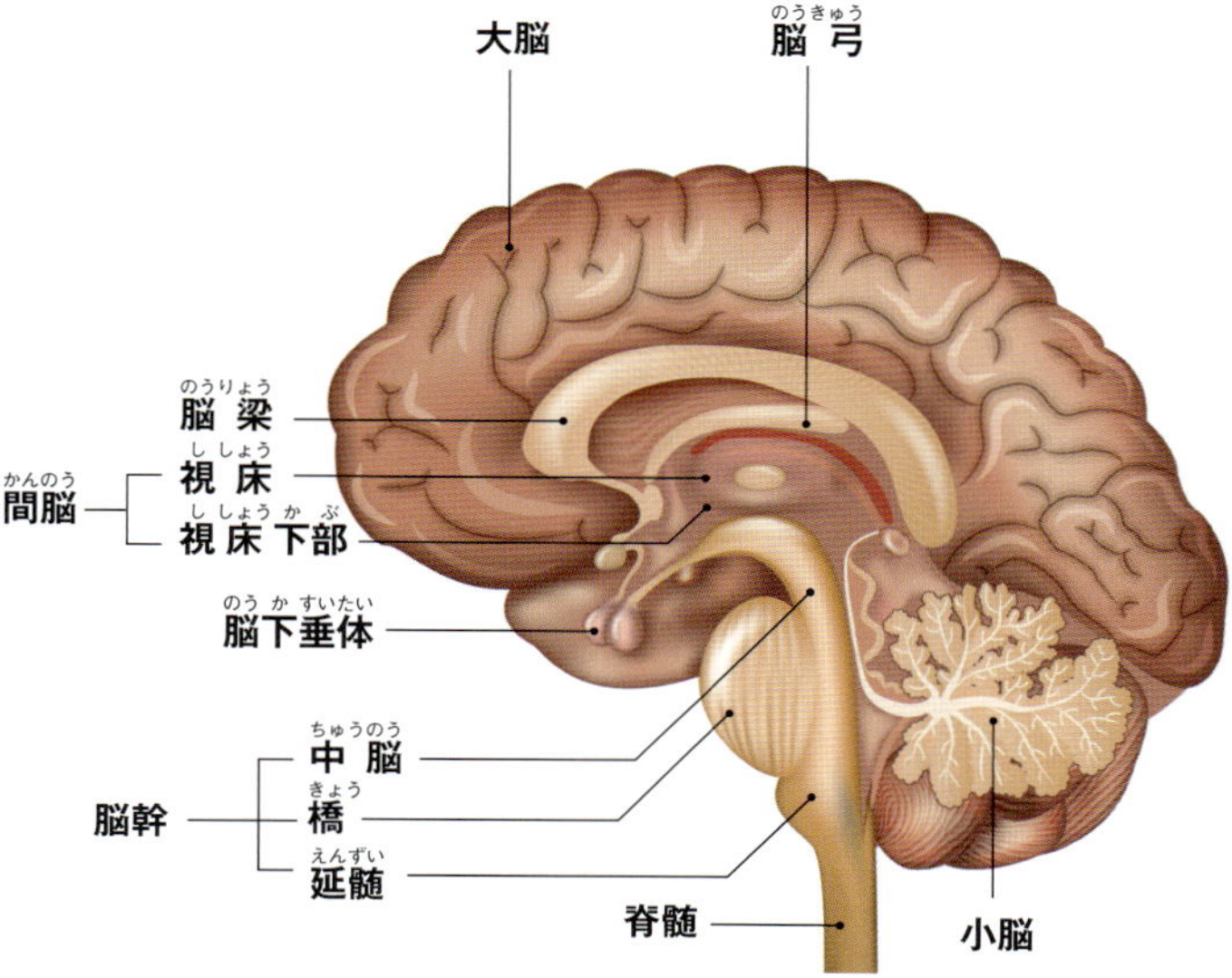


## 脳の構造（下面のイメージ）

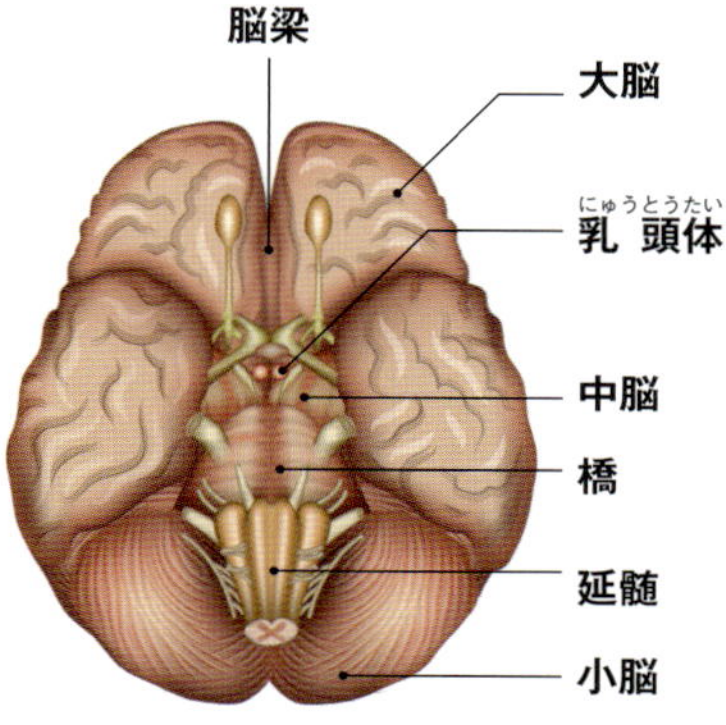


大脳が体の各器官の情報を処理・判断・指令、感覚や知的活動を担い、小脳は体の動きの情報処理や筋肉の調整、平衡をとる。脳幹や間脳は、呼吸や心拍、体温調節、消化、内分泌にかかわる生命維持活動の中心だ。そのほか、辺縁葉、脳弓、乳頭体、扁桃体、海馬などからなり、記憶や情動にかかわる大脳辺縁系や、大脳の深部にあり尾状核、被殻、淡蒼球からなる大脳基底核なども存在する。

人体のあらゆる器官を管理・統率・制御する最高司令部

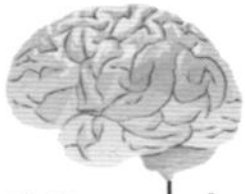

# 脳と神経系の全体構造

人間の中枢神経系は、おもに大脳、小脳、脳幹《のうかん》からなる脳と、脊髄《せきずい》から構成されている。基本構成としては、脊髄・脳幹の上に大脳がある。大脳は内側から間脳《かんのう》・大脳旧《きゅう》皮質《ひしつ》が重なり、その上に大脳新皮質《しんひしつ》が覆いかぶさっている。小脳は、脳幹の左右についている。

日本人（成人）の脳の平均的な重量は１２００～１５００ｇで、重量そのものは人体全体の数％にすぎないが、全血液量の約15％、毎分７００～８００㎖が心臓から脳へと送り出されている。ちなみに、脳は低酸素状態に弱く、脳血流が完全に途絶えると４～10分で脳細胞が損傷するなどし、その後の生活に影響を与えかねない。

大脳は、脳全体の重量の約８割を占め、大脳の表層は神経細胞によって構成される大脳皮質である。大脳皮質は灰白質《かいはくしつ》の起伏（シワ）に覆われており、このシワをつくることでより広い面積を確保し、膨大な情報を処理したり蓄積できるようになっている。

大脳に次いで大きいのが、後頭部に位置している小脳だ。大脳に比べると、脳全体の

**脳のおもな病気**

脳梗塞、脳出血、くも膜下出血、脳動脈瘤、脳動静脈奇形、頭がい内圧亢進、脳ヘルニア、パーキンソン病、ギランバレー症候群、認知症など

10%ほどを占める大きさであるいっぽう、脳全体の半分以上の神経細胞が集中している。

大脳と脊髄を結んでいる部分が脳幹で、これは中脳《ちゅうのう》、橋《きょう》、延髄《えんずい》からなる。中脳は間脳と橋のあいだにあり、延髄は脳の最下端に位置して脊髄に続いている。間脳は視床《ししょう》と視床《ししょう》下部《かぶ》からなり、視床下部の下に脳下垂体《のうかすいたい》がついている。

脳そのものは非常に柔らかいため、内側から軟膜《なんまく》、くも膜、硬膜《こうまく》という3層からなる髄膜《ずいまく》で保護されている。軟膜は脳と密着している薄い膜で、くも膜はオブラートのような薄い膜、最外層の硬膜は丈夫な結合組織（膠原線維《こうげんせんい》）でできた膜で頭がい骨と密着している。軟膜とくも膜のあいだ、脳と脊髄の周囲は髄液《ずいえき》で満たされており、この髄液が外部からの衝撃や変化から脳・脊髄を保護する役割を果たしている。さらに髄膜の外側には、頭がい骨、頭皮、頭髪があり、脳をより強固に守っている。

脳の機能としては、おもに大脳が体の各器官から送られてくる情報を処理・判断し、必要な指令を与える、司令塔のような役割を果たしている。感覚や記憶、思考や理解などの知的活動も大脳が担う。小脳は、体の動きの情報を処理し、バランスをとったり、四肢・体幹の筋肉の動きを調節している。また脳幹や間脳は、呼吸や心拍、体温調節、消化といった体内環境を整え、生命活動をつかさどる役割を担っている。

## 脳の４つの領域（葉）と部位

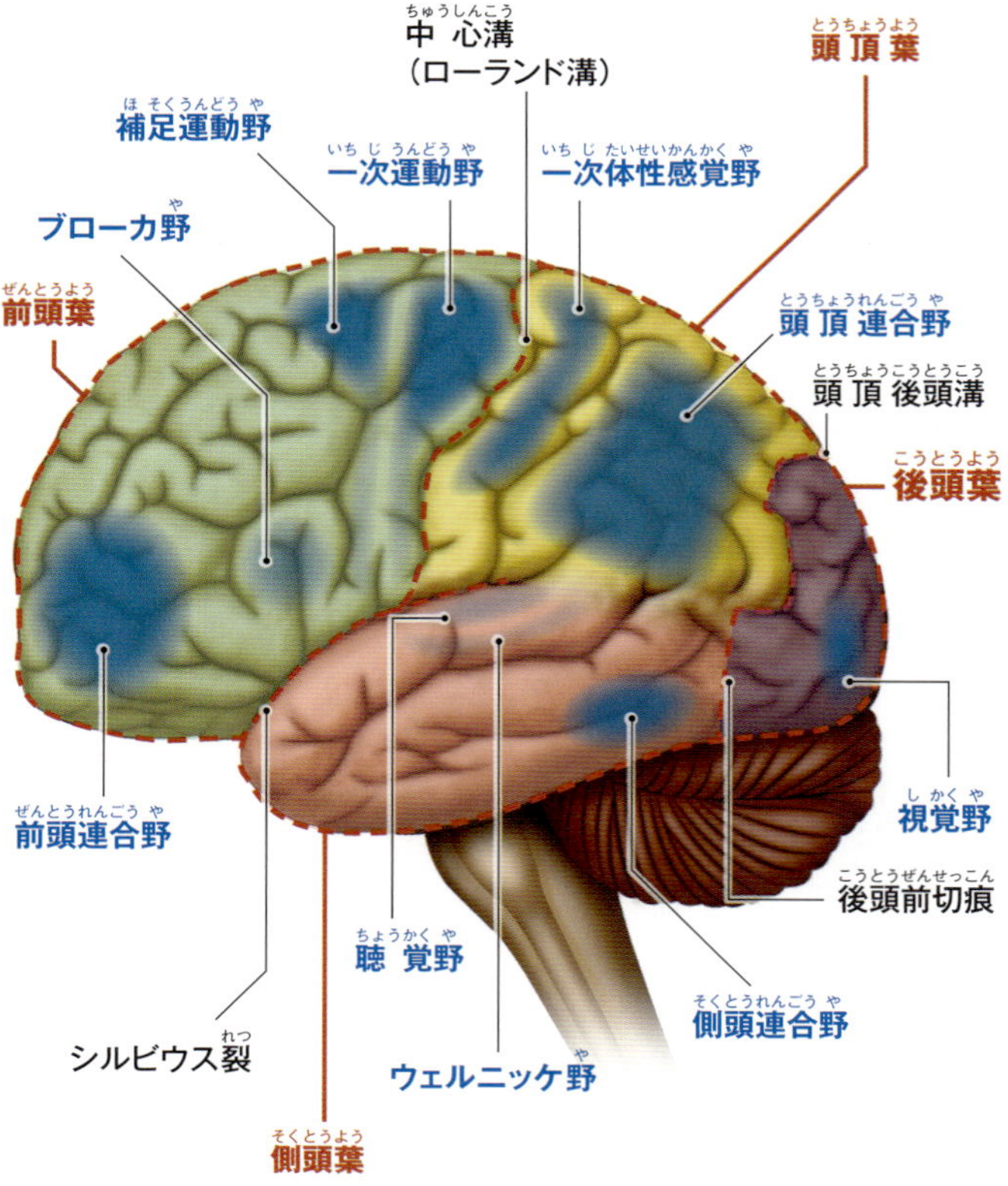


４つの葉は、中心溝（ローランド溝）、頭頂後頭溝、シルビウス裂で分けられ、各葉にはそれぞれ特定の機能をもつ野が存在する。たとえば随意運動をする場合では、①情報の入力（視覚野、聴覚野など）→②入力情報の統合（側頭連合野、頭頂連合野）→③思考・判断（前頭連合野）→④随意運動（一次運動野）、のように各部で情報処理が行われ、体に運動の指令が出される。

## 大脳新皮質の6層構造

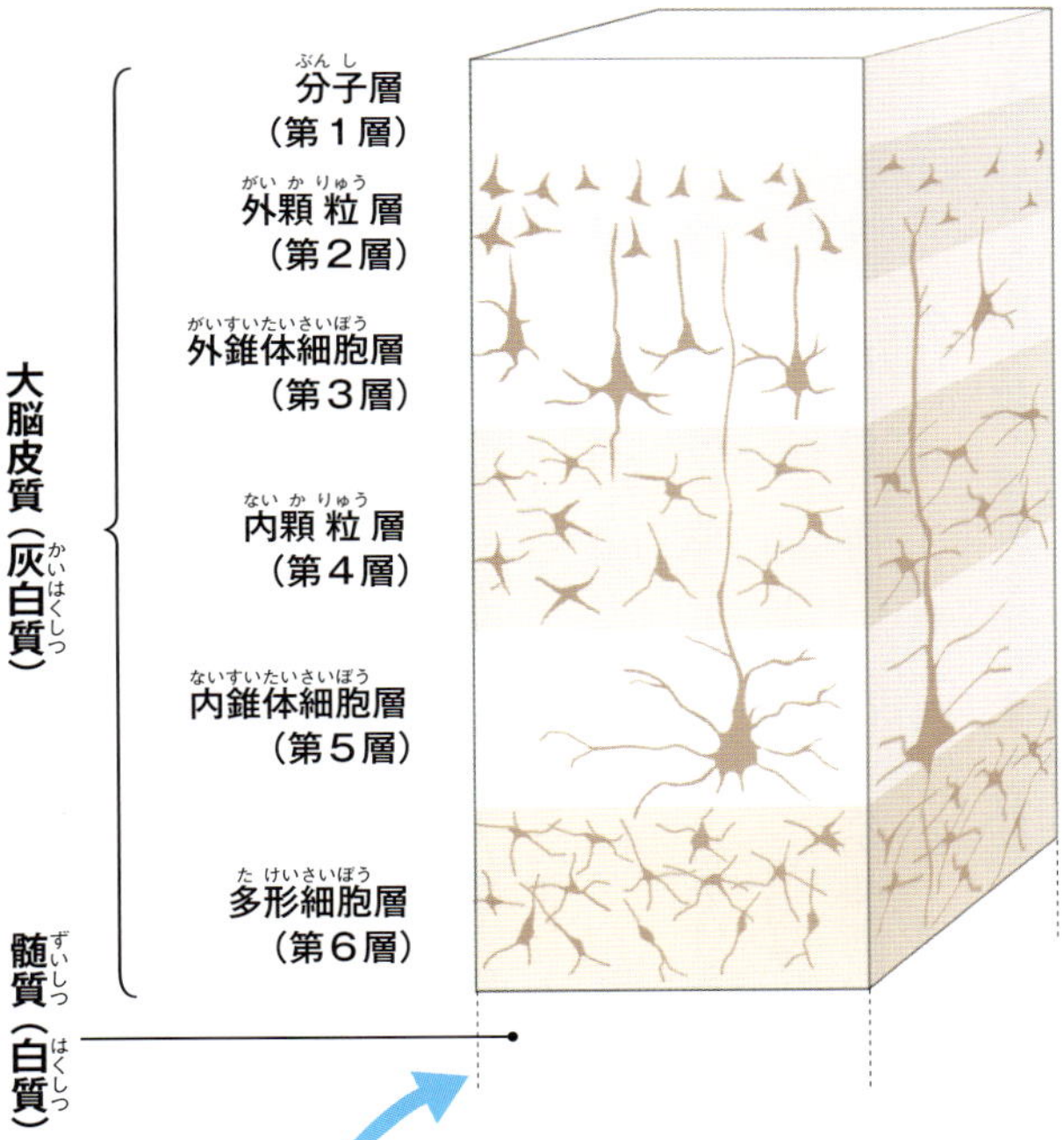

分子層《ぶんし》
（第１層）
外顆粒《がいかりゅう》層
（第２層）
外錐体細胞《がいすいたいさいぼう》層
（第３層）
内顆粒《ないかりゅう》層
（第４層）
内錐体細胞《ないすいたいさいぼう》層
（第５層）
多形細胞《たけいさいぼう》層
（第６層）
大脳皮質（灰白質《かいはくしつ》）
髄質《ずいしつ》（白質《はくしつ》）


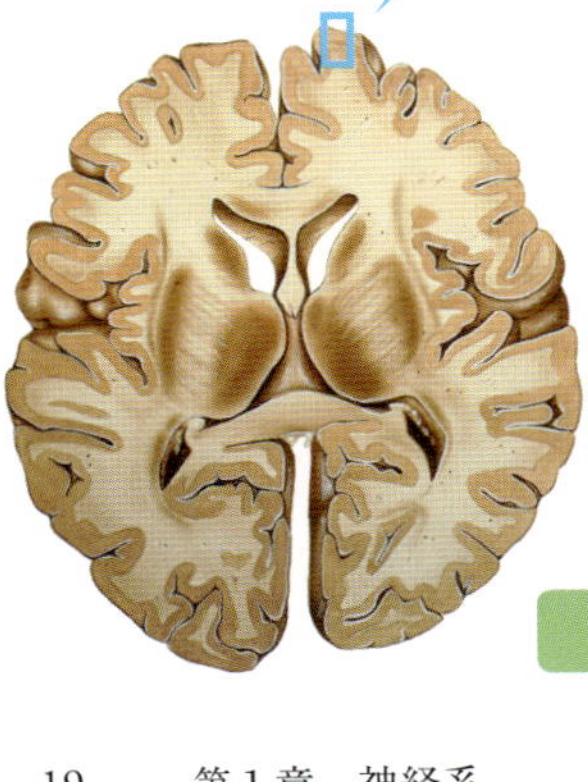

脳の断面（水平面）

大脳新皮質を拡大して見てみると、各層の発達の程度は部位によって異なるものの、どの領域でも上図のように等しく6層構造になっている。また、大脳新皮質の厚さは２～３㎜で、深さ（層）によって存在する神経細胞（ニューロン）の種類や神経線維の密度が異なっている。

# 大脳・大脳皮質のしくみ

発達した人間の大脳に多数の溝（脳溝《のうこう》）と隆起（脳回《のうかい》）があることはよく知られるところだ。なかでも脳の中央、前から後ろへ走る溝（大脳縦列《だいのうじゅうれつ》）は大きく、この大脳縦列によって分けられる脳の右側は右脳《うのう》、左側は左脳《さのう》と呼ばれる。

そして、この大脳半球の表面は、中心溝《ちゅうしんこう》（ローランド溝）などの大きな4つの溝により、前頭葉《ぜんとうよう》、側頭葉《そくとうよう》、頭頂葉《とうちょうよう》、後頭葉《こうとうよう》という4つの領域（葉《よう》）に分けられている。これら4つの葉はさらに、特定の機能をもつ〝野《や》〟に分けられている。おもな野には、一次運動野《いちじうんどうや》、一次体性感覚野《いちじたいせいかんかくや》、聴覚野《ちょうかくや》、視覚野《しかくや》に加え、前頭連合野《ぜんとうれんごうや》、側頭連合野《そくとうれんごうや》、頭頂連合野《とうちょうれんごうや》などの連合野がある。これらは、部位ごとに特定の機能をつかさどっている。

たとえば前頭連合野は、行動や計画の立案、創造力やコミュニケーション能力に関与している。一次運動野は、運動を実行する機能をもち、骨格筋に筋運動の指令を出している領域だ。また、視覚野では、視覚情報から色・形・動きといった情報を抽出・処理し、聴覚情報を処理する聴覚野・側頭連合野と連携して物体の認知や空間認知を行う。

そのほか、言葉を話したり、その言葉の意味を理解する言語中枢である左脳のブローカ野やウェルニッケ野といった領野もある。こうして、特定の機能をもつさまざまな領野、連合野が情報をやりとりすることで、人間はヒトらしい活動を可能にしている。

さて次に、大脳の表面に注目してみよう。まず大脳の表層は、神経細胞（ニューロン）が集まった厚さ2～3㎜の大脳皮質（灰白質）によって構成される。その内部には、神経細胞から出た神経線維の束からできた大脳髄質（白質《はくしつ》）が広がっている。なお、大脳皮質は新皮質と旧皮質に分けられ、新皮質が旧皮質を包み込むような構造になっている。

新皮質は「新しい脳」ともいわれ、体内外のさまざまな情報が集まり、なおかつそれらの情報が処理される場所で、人間の高度な知的活動を可能にしている。

いっぽうの旧皮質は「古い脳」と呼ばれ、帯状回《たいじょうかい》、扁桃体《へんとうたい》、海馬《かいば》などからなる大脳辺《だいのうへん》縁系《えんけい》がある。そのため旧皮質は、食欲や性欲といった本能や、怒りや恐怖といった感情（情動）のコントロール、記憶にかかわる機能を担っている。また、大脳皮質はどこも数層に分かれているが、新皮質ではどの領域でも等しく6層構造になっている。そのいっぽう、旧皮質では3～5層と、部位によって層の数が異なっているのも大きな違いだ。

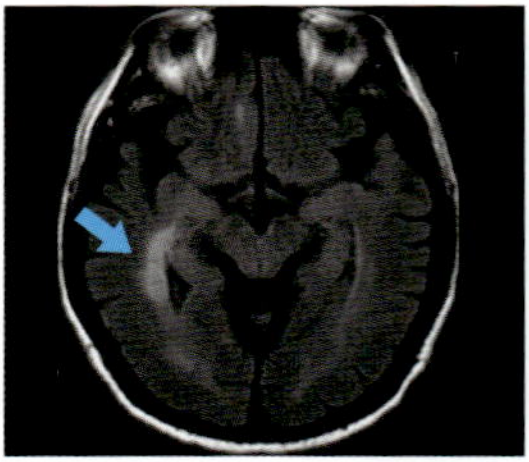

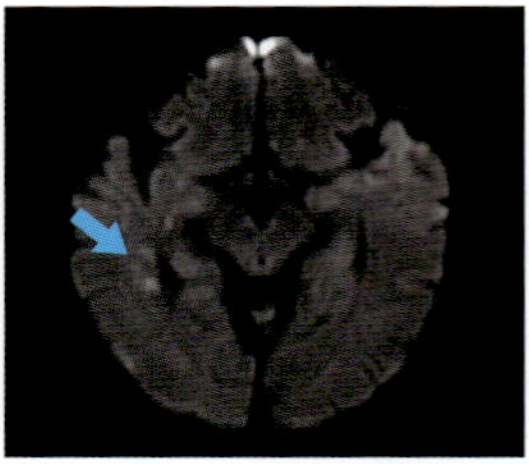

上のふたつは脳のMRI画像（左からFLAIR像、拡散強調像という）で、右は同じ脳をCTで撮影した画像。CTではわかりづらい病変（軽度の脳梗塞＝矢印で示した場所）が、MRIでははっきりとわかる。

画像提供:東京逓信病院

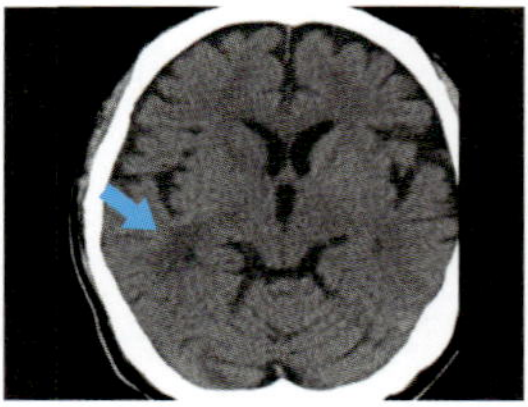

## 脳幹（左側面のイメージ）

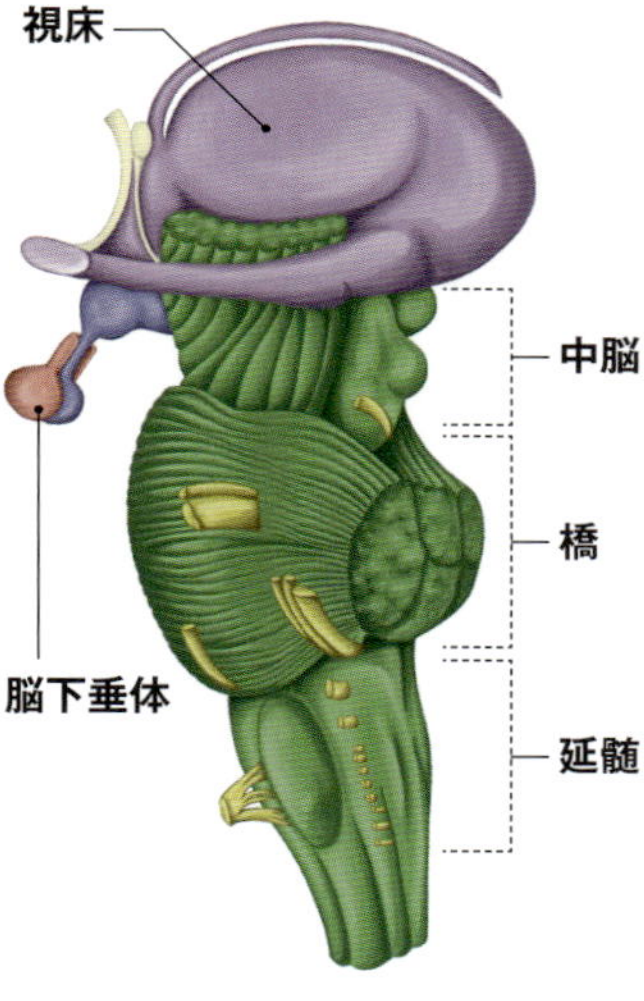


## 小脳（下面のイメージ）

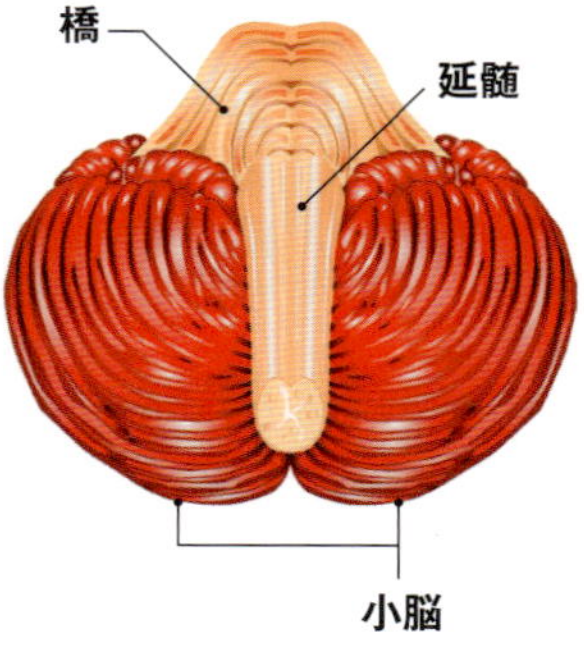


小脳（上）は、四肢や体幹の動きの調節、平衡や眼球運動の調節にかかわり、脳幹（左）は呼吸や心拍、血液循環、発汗、排泄などの生命維持機能のほか、脳への情報の入出力の要となる。

## さまざまな神経とつながる脳幹

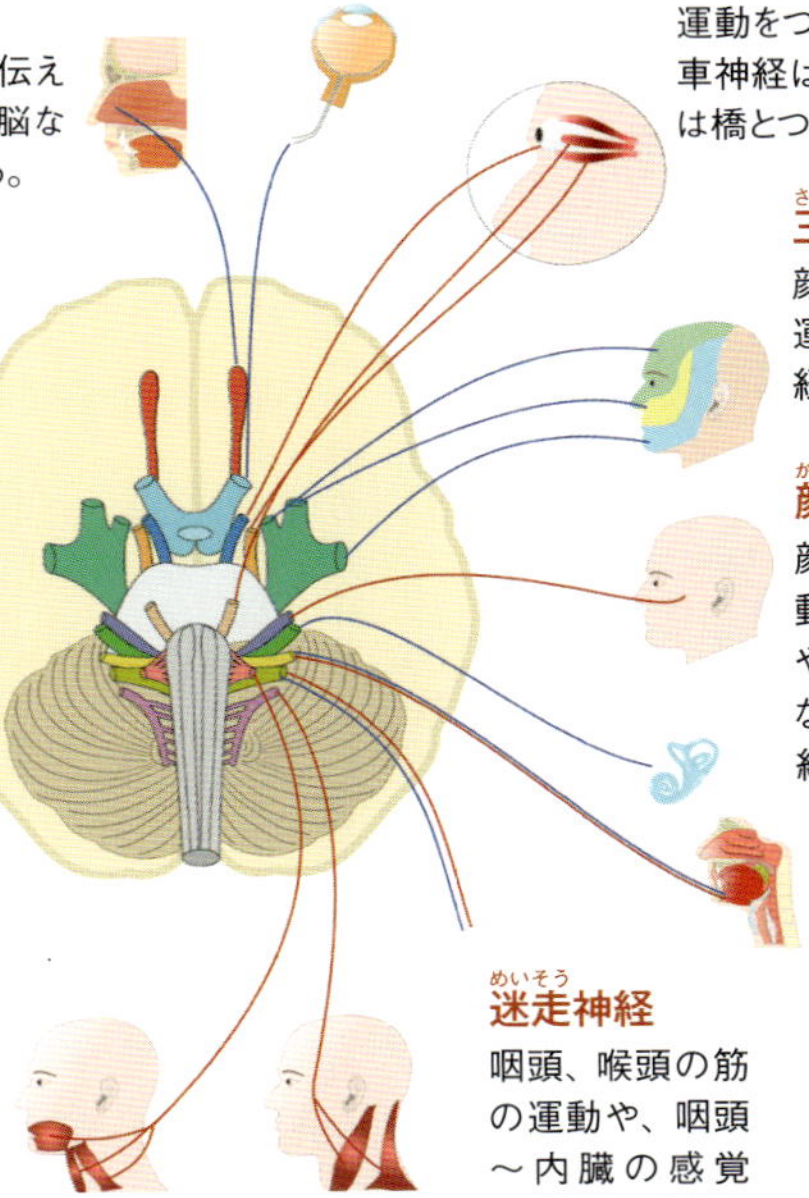

**嗅神経**
嗅覚情報を伝える神経で間脳などにつながる。

**視神経**
視覚情報を伝える神経で視床へとつながる。

**動眼《どうがん》神経**
**滑車《かっしゃ》神経**
**外転《がいてん》神経**
3つの神経が協調して眼球運動をつかさどる。動眼・滑車神経は中脳と、外転神経は橋とつながる。

**三叉《さんさ》神経**
顔面の感覚や咀嚼運動をつかさどる神経で、橋とつながる。

**顔面《がんめん》神経**
顔面の表情筋の運動をつかさどり、味覚や涙腺、唾液の分泌などの機能をもつ神経で、橋につながる。

**内耳《ないじ》神経**
聴覚情報と平衡感覚を伝える神経で、橋とつながる。

**迷走《めいそう》神経**
咽頭、喉頭の筋の運動や、咽頭〜内臓の感覚などをつかさどり、延髄とつながる。

**舌咽《ぜついん》神経**
咽頭の感覚や唾液の分泌、舌の後ろ3分の1の味覚、温痛覚、触覚をつかさどり、延髄とつながる。

**舌下《ぜっか》神経**
舌筋を支配して舌の運動をつかさどり、延髄とつながる。

**副神経**
頸の前側や肩〜背の筋の動きを支配し、延髄とつながる。

脳とつながる神経のイメージ図。脳から直接出ている脳神経は12対で、左右で12本ずつある。嗅神経と視神経は大脳に直接通じているが、あとの10対の神経はすべて脳幹につながっている。つまり、視覚、嗅覚以外の情報の多くが、脳幹を中継地点として介し、大脳に伝えられるのだ。

運動情報を整理し筋肉の動きを調整するバランサー

# 小脳のしくみ

大脳の後部下側に位置し、脳幹の後部に隣接しているのが小脳だ。大脳と同様に、神経細胞からなる灰白質と、神経線維が集中する白質で構成される。名前のとおり大きさそのものは大脳よりも小さく、重量も脳全体の10%ほどだが、表面積は大脳の半分～４分の３程度とかなり大きい。脳全体の神経細胞の数は１千数百億個とされるが、小脳には約１０００億個あるといわれ、それだけの神経細胞が密集しネットワークを構築している。

大脳とは直接つながっていないが、上小脳脚《じょうしょうのうきゃく》を介して神経線維で脳幹の一部である中脳と、中小脳脚《ちゅうしょうのうきゃく》を介して橋と、下小脳脚《かしょうのうきゃく》を介して延髄とつながっている。

小脳は、骨格筋や三半規管《さんはんきかん》などの平衡器官からの情報を集め、その情報を元に姿勢を保ち、筋肉の動きを調整する役割を担う。具体的には、大脳皮質から送られてくる運動に関する指令を細かく調整し、各部位にその運動情報を伝える。また、各部位が指令どおりに機能しているかをチェックし、大脳皮質にフィードバックする機能も備えている。

生命維持に欠かせない多様な神経のターミナル

# 脳幹のしくみ

脳幹は、脳の中心部にある間脳（大脳の一部）の下に位置しており、中脳、橋、延髄からなる脳の部位で、さらに下方にある脊髄へとつながっている。

中脳は、間脳のすぐ下にあり、前方にある大脳脚《だいのうきゃく》には、大脳皮質からの運動情報を伝える神経線維が走っている。橋は、中脳と延髄のあいだに位置し、三叉《さんさ》神経と顔面神経などの起点になっている。延髄は橋の下にあり、舌咽《ぜついん》神経、舌下《ぜっか》神経などの起点が存在する。

脳幹の役割としては、人間の基本的な生命活動の維持が挙げられる。各部の具体的な機能としては、中脳は、眼球の動きや瞳孔の大きさの調整などを行っており、視聴覚の中継地点として重要な役割を果たす。橋は、呼吸のリズムや深さの調節、表情や眼の動きの指示、姿勢をコントロールするために骨格筋の動きを調整するといった機能をもつ。

また延髄は、咀嚼《そしゃく》や唾液分泌、嚥下《えんげ》や嘔吐などの機能をコントロールするほか、呼吸や血液循環、発汗、排泄などを調節する機能もある。

## 交叉支配のしくみ

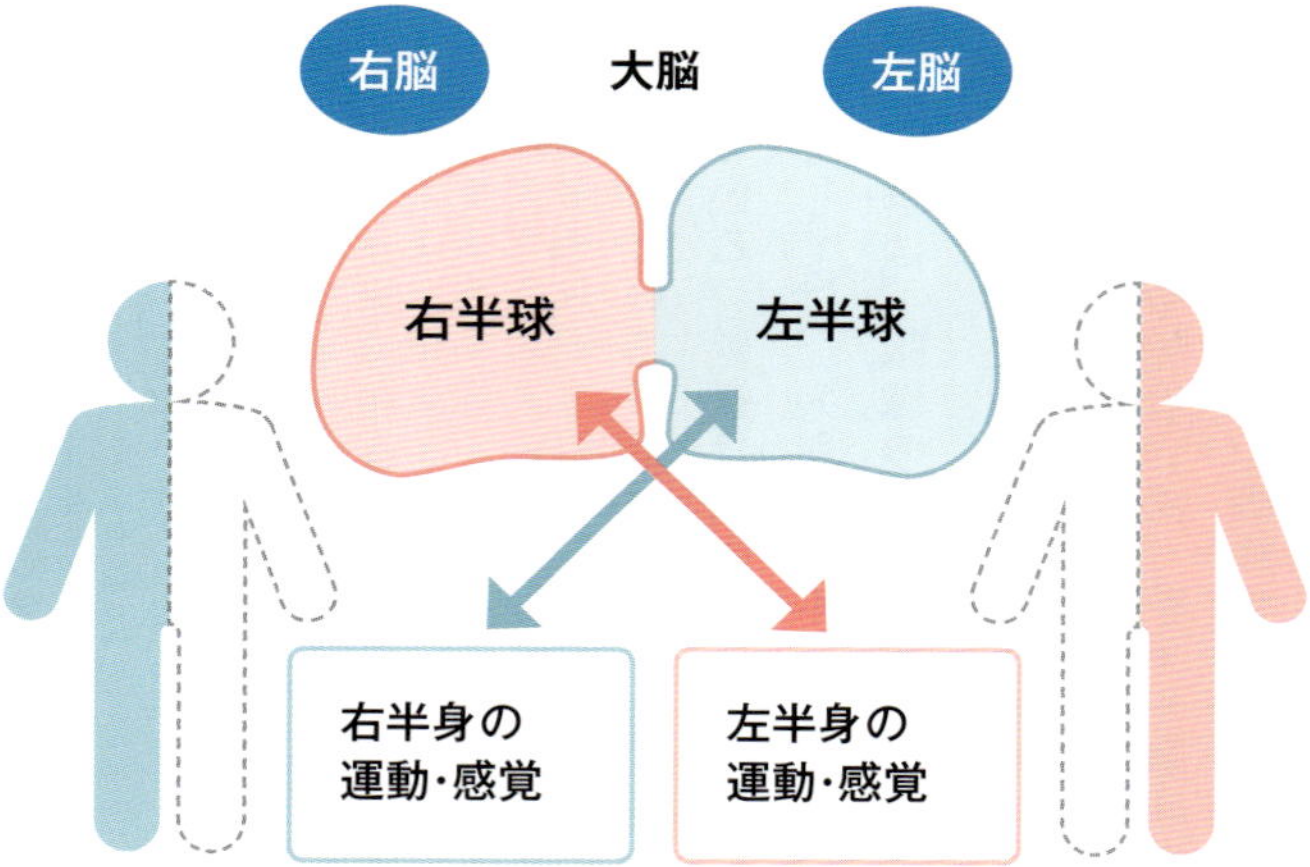


脳の断面（正面）

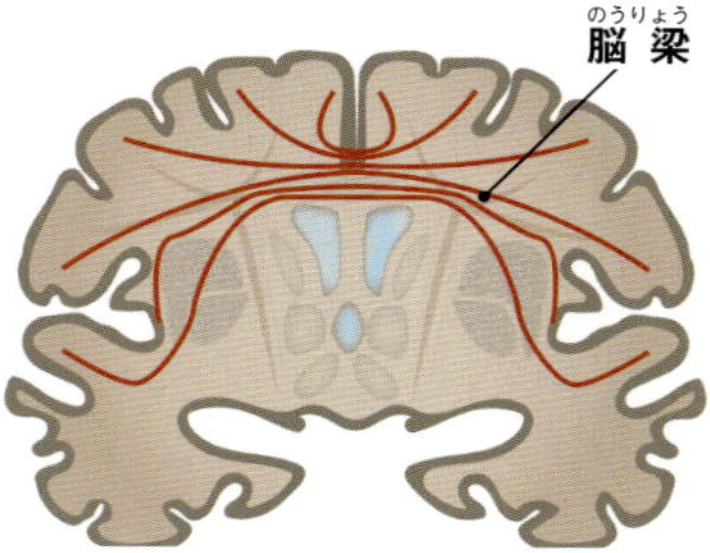


左脳と右脳に分かれている大脳は、右脳が左半身を、左脳が右半身をというように、それぞれの脳が対になる側の体の運動と感覚を支配している。これを交叉支配と呼び、左右の脳は、脳梁という神経線維の束で連絡することで左右が連携して機能する。とくに、大脳新皮質が発達している人間は、脳梁の発達も顕著。脳梁が離断した場合（分離脳という）、左右の大脳が協調せずに機能し、右半身の動作を左半身が邪魔するなどの脳梁離断症状が出る。

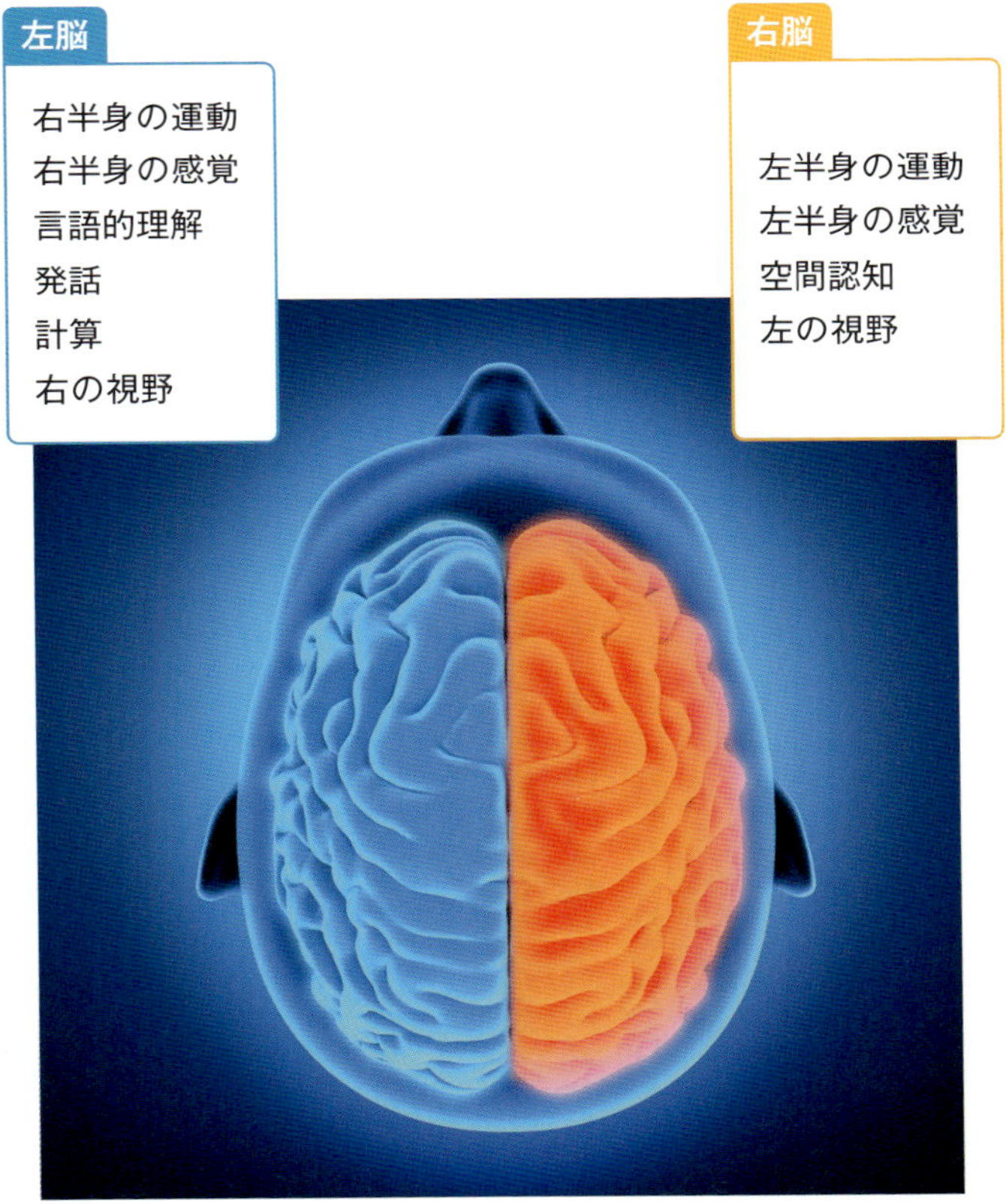
左脳
右半身の運動
右半身の感覚
言語的理解
発話
計算
右の視野
右脳
左半身の運動
左半身の感覚
空間認知
左の視野

右脳と左脳の機能の左右差を示すイメージ図（左脳が優位半球の場合）。左脳で右半身の運動と感覚、計算や計画といった数字や時間の概念を含んだ思考や理解、会話などのコミュニケーションに特化している。右脳では、左半身の運動と感覚、物体や空間の位置や形、音を認識するなどの空間的、直観的な能力に特化している。

# 右脳と左脳の構造と機能

20ページで述べたとおり、大脳は大脳縦列という脳溝によって分かれており、右側の半球を右脳、左側の半球を左脳と呼ぶ。左右の脳は、あいだにある大脳鎌《だいのうかま》という膜で仕切られつつ、脳梁《のうりょう》と呼ばれる約2億本の神経線維で連絡している。

一般的にも広く知られているように、右脳は体の左半身を、左脳は右半身を、というように、それぞれの脳は、おもに対になる側の体の運動と感覚をつかさどっている。このようなメカニズムは交叉支配《こうさしはい》と呼ばれ、これは大脳と各器官をつなぐ神経が、脳幹にある延髄で左右に交叉していることによる。

視覚についてもこれは同様で、右眼で見た視覚情報は左脳へ、左眼で見た視覚情報は右脳へ送られる。そして、左右両方の視覚情報が脳内で統合されることで、物体が立体的に見えたり、空間の奥行きを認知することができるのである。

もし、何らかの原因で脳出血や脳梗塞《のうこうそく》が起き、神経細胞が壊死《えし》してしまうと、後遺症として麻痺が残ってしまうことがある。こうした場合も、右脳の神経細胞が壊死すると、左半身が麻痺してしまう。

なお、動物のなかでも左右に脳が分かれているのは哺乳類だけだ。さらに、そのなかでも人間は、左脳と右脳で機能が分かれている唯一の動物である。

また、大脳半球では、右脳にも左脳にも備わっている機能があるいっぽう、左右差がある機能もある。たとえば、手足の運動情報は、右脳と左脳のどちらからも送られている。

言語や論理的な思考は、優位半球《ゆういはんきゅう》と呼ばれる片側の脳でしか機能しない。具体的には、話す、聞く、書く、読むといった言葉を使ったコミュニケーションにかかわる機能や、計算やスケジュールを計画するなどといったことである。

そして、対になるもういっぽうの脳は劣位半球《れついはんきゅう》と呼ばれる。劣位半球では、他人の顔を見分けたり、物体の形を認識したり、位置関係や方向を直感的に理解するといった空間的能力や、音楽を聴く、楽器を演奏するといった音楽的能力の機能をもっている。

左脳が優位半球であることが多いため、多くの人は左脳（優位半球）で思考や計算を、右脳（劣位半球）で空間認識をしている。ちなみに、左利きの場合は優位半球の左右が逆になりそうなものだが、3分の2程度の人は左側が優位半球だといわれている。

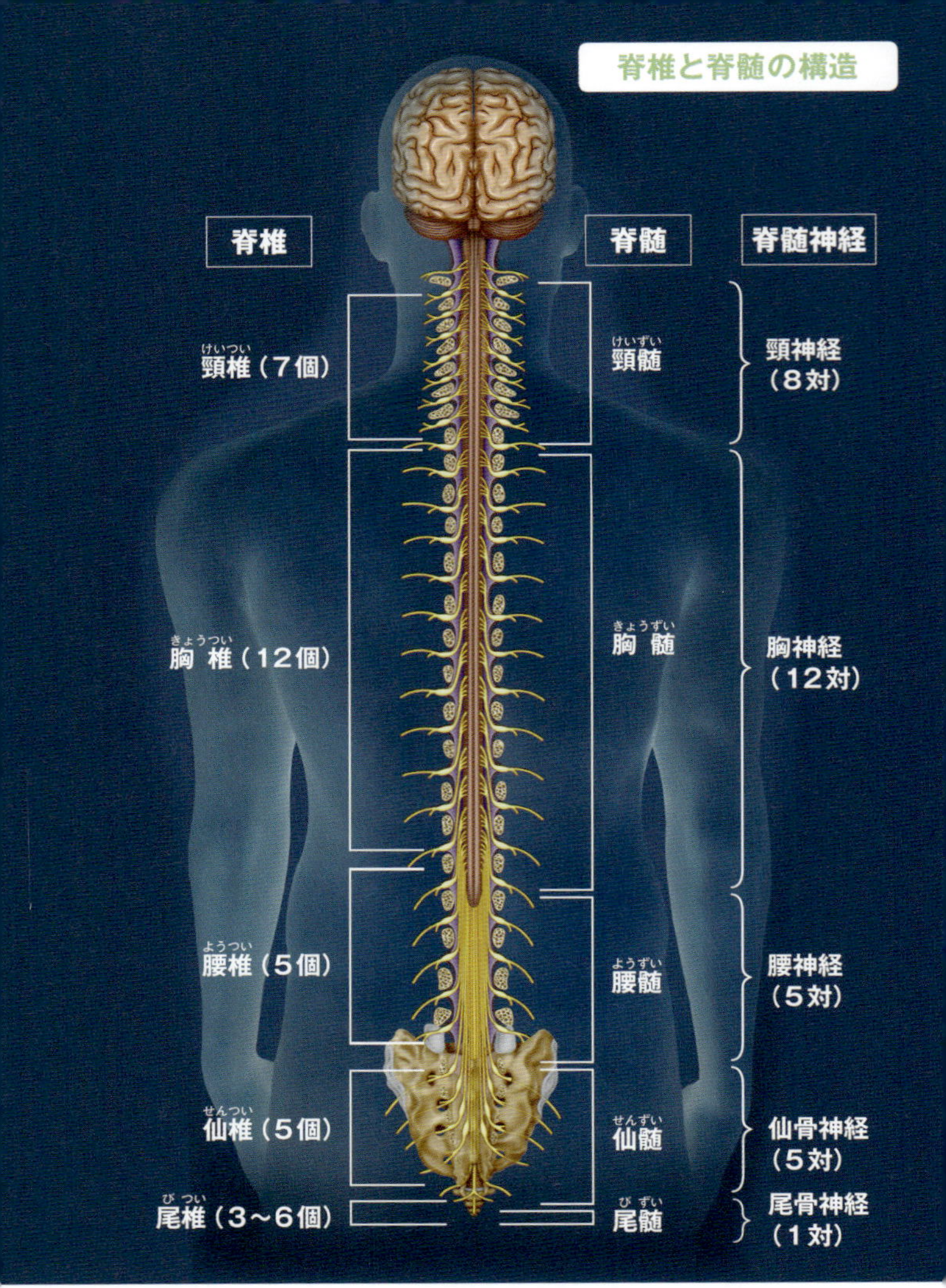


背骨をなす脊椎とその内部を通る脊髄のイメージ図。積み重なった椎体のなかには脊柱管と呼ばれる空間があり、脳から伸びる神経束である脊髄はそのなかを通っている。脊髄から出た脊髄神経は、脊椎をなす椎体の左右のあいだ（椎間孔）から出て全身の末梢神経と接続する。

## 脊髄の構造（拡大図）

脊髄は中心にH字型の灰白質があり、それを取り囲んで白質がある。灰白質が外側に、内側に白質がある脳とは逆になっている。脊髄の外側は髄膜に包まれている。白質から出た脊髄神経（感覚神経・運動神経）は、椎骨間にあるすき間（椎間孔）を通り末梢へと伸びていく。

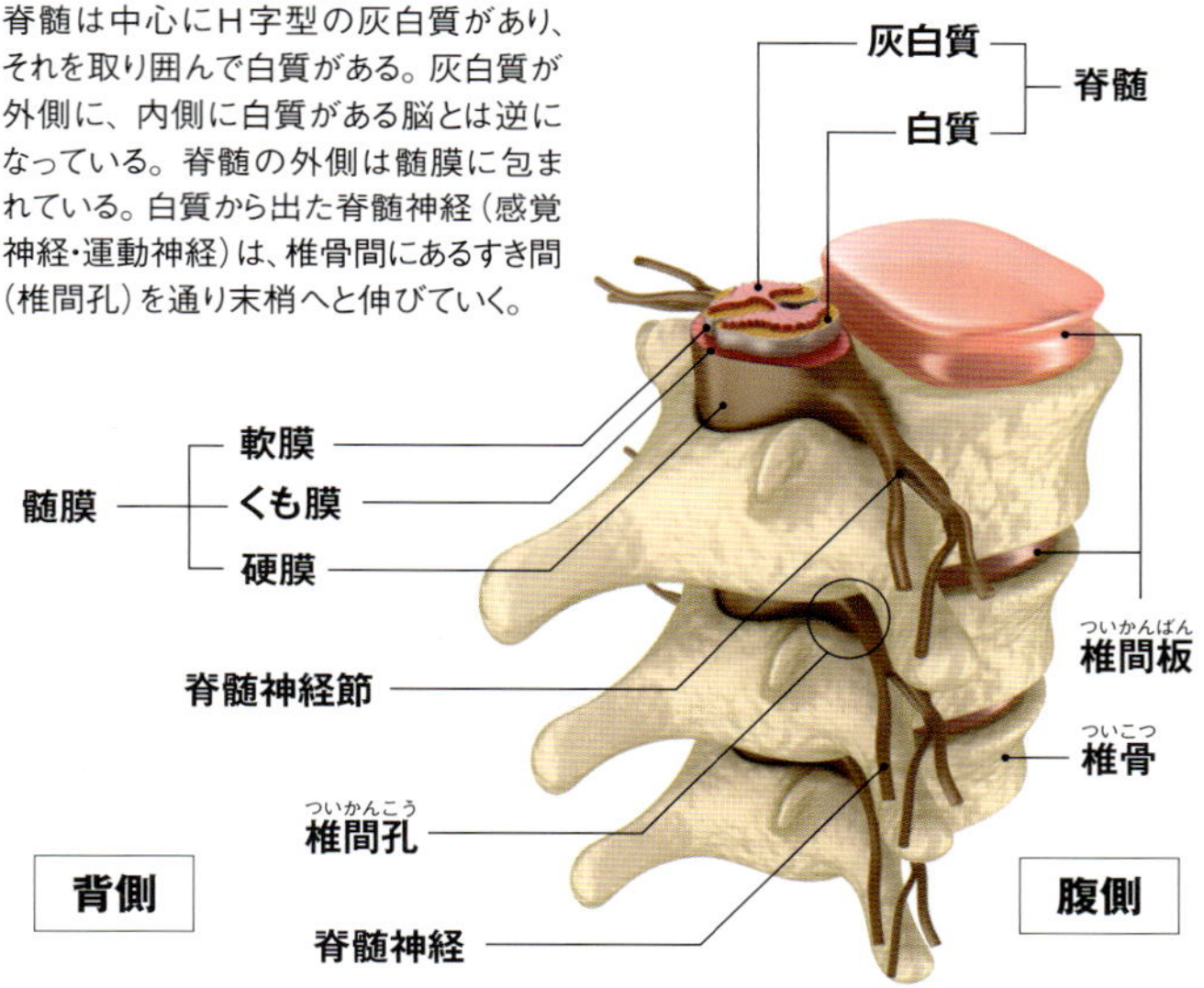


## 脊髄での情報伝達のしくみ

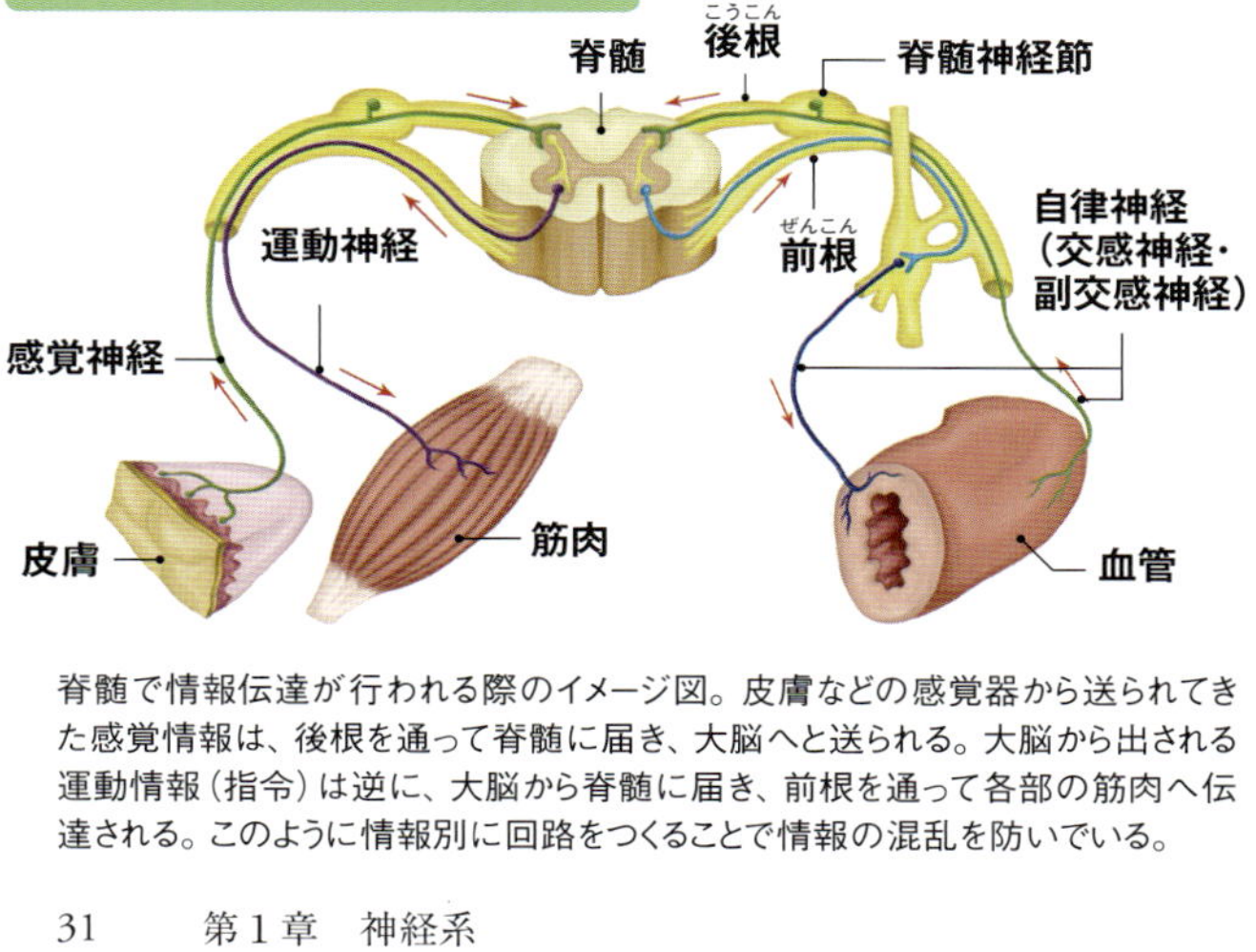


脊髄で情報伝達が行われる際のイメージ図。皮膚などの感覚器から送られてきた感覚情報は、後根を通って脊髄に届き、大脳へと送られる。大脳から出される運動情報（指令）は逆に、大脳から脊髄に届き、前根を通って各部の筋肉へ伝達される。このように情報別に回路をつくることで情報の混乱を防いでいる。

背中に走る脳と全身の神経を結ぶ連絡路

# 脊髄のしくみ

脊髄は、体のなかでもっとも重要な器官のひとつで、脳の神経細胞と並んで中枢神経を構成し、脳の神経細胞と全身とを結んでいる。その機能をひと言でいえば、脳と全身をつなぐ〝連絡路〟となる。

たとえば、皮膚などの感覚器や、心臓や胃などの内臓、骨格筋などの情報は、感覚神経から脊髄に伝わり大脳に送られる。逆に、大脳から出された指令は、脊髄に伝わり、運動神経を通して全身に送られる。このように、脊髄は脳と全身を結ぶ情報伝達のネットワークとしての役目を担っている。そのほかにも脊髄は、自律神経系（交感神経系と副交感神経系）の中枢として、心拍や血圧なども調整している。

脊髄は、首の部分にある頸椎から、腰の部分にある腰椎までを背骨に沿うかたちで通っており、長さが成人で40～45㎝。脊髄の中心には、H字型をした神経細胞からなる灰白質があり、灰白質を取り囲んで神経線維で構成される白質がある。さらにこの白質のなかには、前方（腹部側）に感覚情報を脳に伝達する感覚神経（前角《ぜんかく》）が通り、後方（背中側）には脳からの運動情報を伝達する運動神経（後角《こうかく》）も通っている。

また脊髄は、髄節《ずいせつ》と呼ばれる31個の節に分かれ、脳の延髄に近いほうから頸髄《けいずい》（8個）、胸髄《きょうずい》（12個）、腰髄《ようずい》（5個）、仙髄《せんずい》（5個）、尾髄《びずい》（1個）からなる。これら31の髄節からは、左右1対に脊髄神経が枝分かれして、脊柱《せきちゅう》（いわゆる背骨）の椎間孔《ついかんこう》を通る。そして、これら脊髄神経がさらに枝分かれし、末梢神経《まっしょうしんけい》となり体のすみずみまで伸びている。

脊髄は脳同様に、硬膜、くも膜、軟膜からなる3層の髄膜で保護されている。くも膜の内側に髄液が満たされ、外部からの衝撃をやわらげる点も同様だ。さらに、脊髄は脊柱のなかを通ることで、しっかりと外部から保護されているのである。

ところで、膝の皿の下にあるくぼみを叩くことでつま先が跳ね上がったり、熱湯に誤って触れたときに手を引っ込めてしまう〝脊髄反射〟と呼ばれる動作がある。これは、名称どおり脊髄のはたらきによるもので、とっさの危険から身を守るための反応だ。

危険が身に迫ったとき、通常どおりに情報が脳を経由していては、判断から動作までに大きなタイムラグが生じてしまう。そのため、脊髄が脳に代わって中枢としてはたらき、無意識かつ反射的に筋肉を収縮させ、タイムラグを減らしているのである。

全身に伸びる神経系のイメージ。脳から伸びた神経束は、脊髄で分節し、末梢神経として全身に広がっていく。こうして築かれた神経系のネットワークを使って、運動や感覚といった情報が、脳から末端へ、末端から脳へと伝達される。

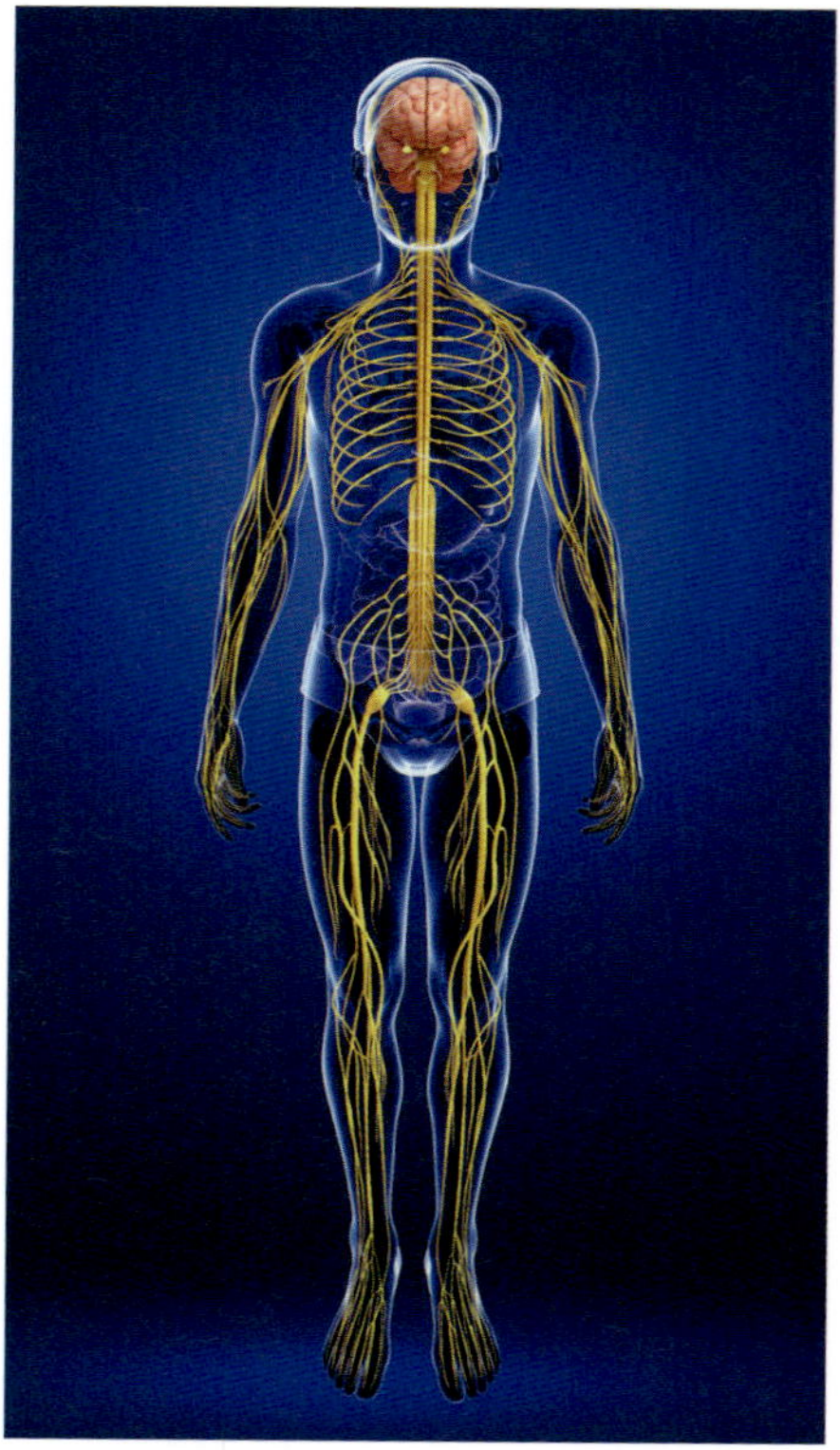

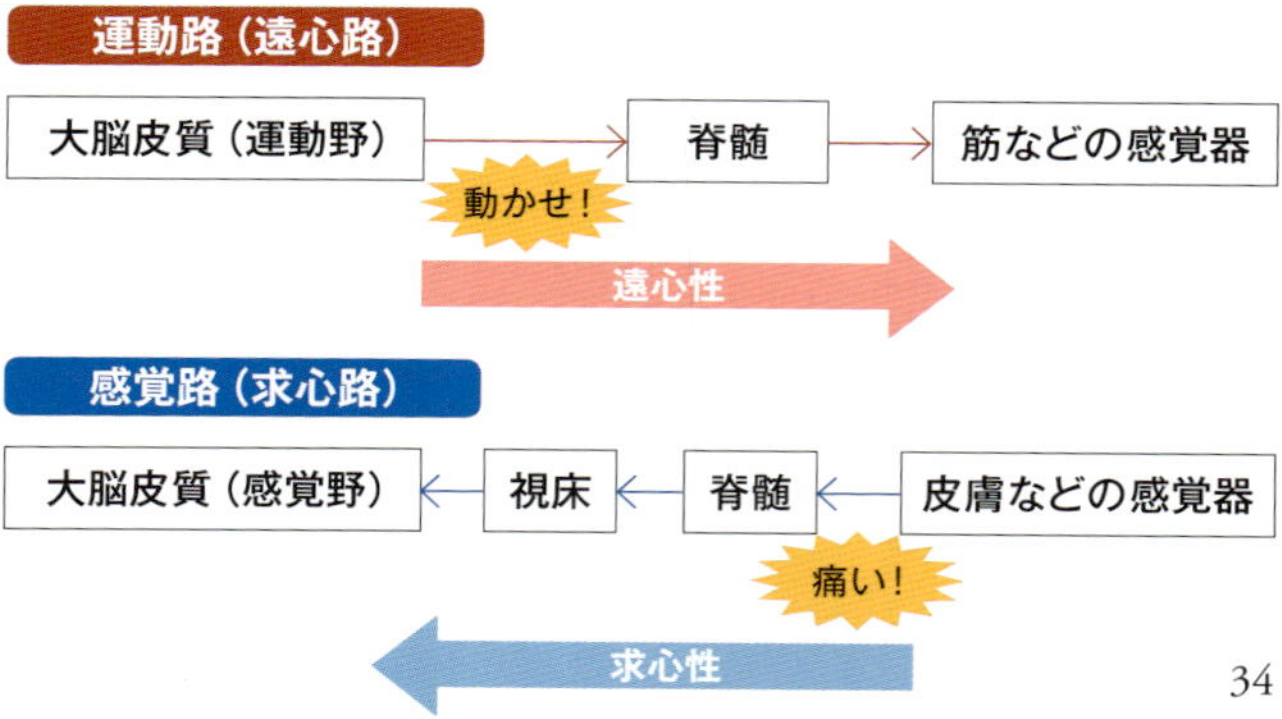

## ニューロン（有髄神経の場合）

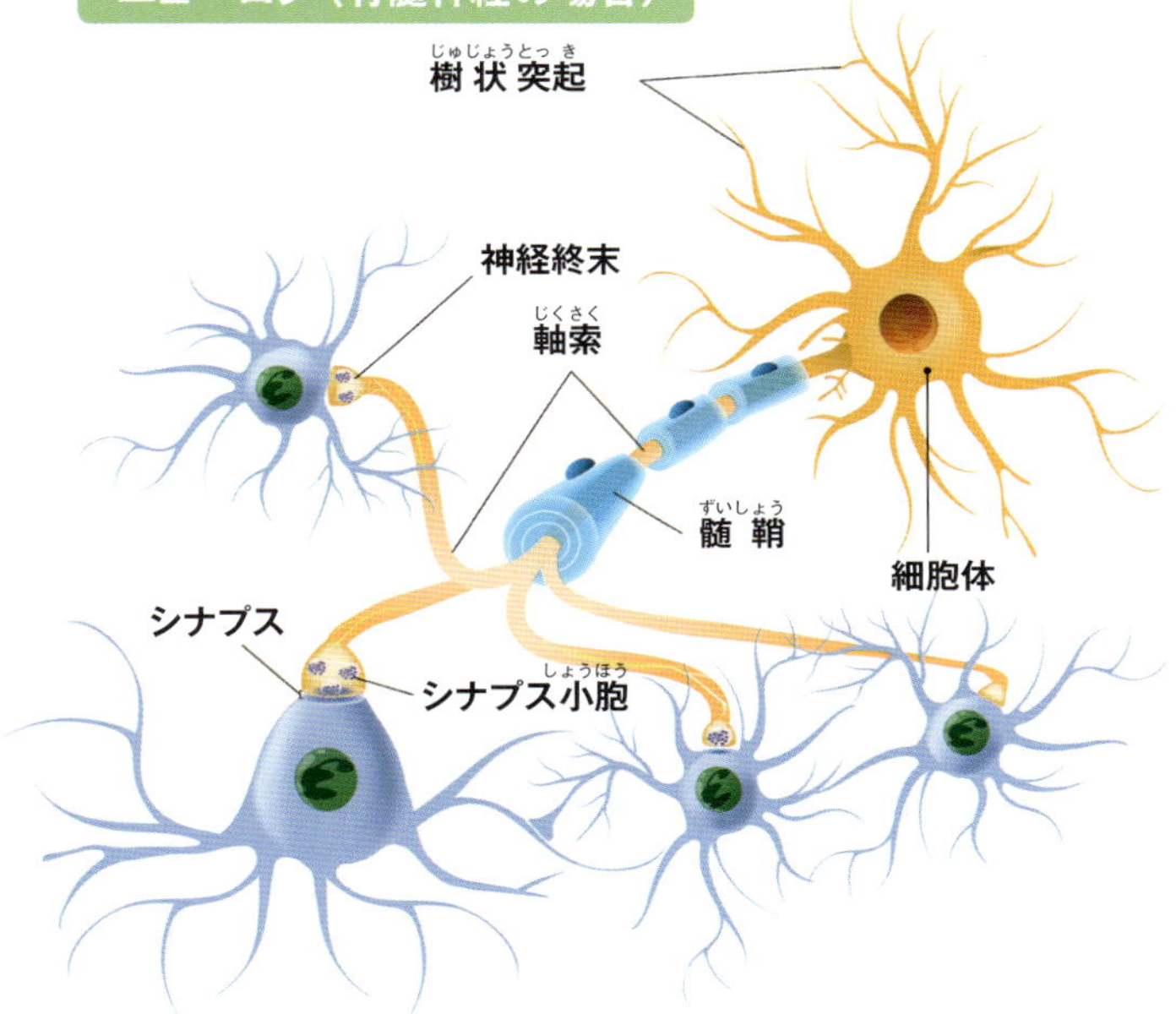


ひとつのニューロンは、細胞体と、そこから伸びる樹状突起、情報を送る軸索、末端の神経終末からなる。髄鞘はグリア細胞由来のもので、軸索を取り巻きニューロンを物理的に支持・保護している。ニューロン同士の接合部はシナプスと呼ばれる。

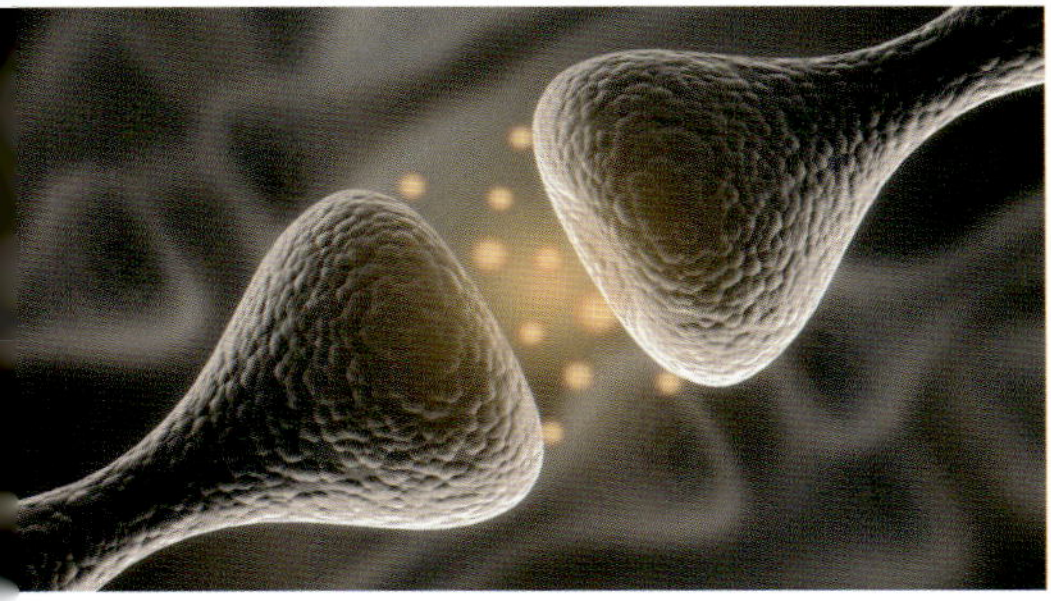

シナプスのイメージ図。電気信号がニューロンを流れ神経終末まで届くと、シナプス小胞からドパミンやアドレナリン、グルタミン酸といった神経伝達物質が分泌され、隣のニューロンへと情報が伝えられる。

# 運動・感覚のしくみ

人間が体を動かす（運動する）ときには、大脳皮質の運動野（一次運動野）で「動け」という指令が出され、末梢にある骨格筋までその指令が届くことで運動が実行される。また、衝撃や光、音、熱、圧力などを感じる際は、末梢にある皮膚や眼、耳、鼻といった感覚器で外からの刺激をとらえ、大脳皮質の感覚野（一次体性感覚野）で認識される。

こうして情報が伝達される脳の情報ネットワーク（神経系）は伝導路《でんどうろ》と呼ばれ、運動するときの伝導路を運動路（遠心路《えんしんろ》）、感じるときの伝導路を感覚路（求心路《きゅうしんろ》）とそれぞれ呼ぶ。また、運動時の情報の伝わり方を遠心性、感覚時の情報の伝わり方を求心性と呼ぶ。

さらに微細に見てみると、この伝導路は、ニューロンと呼ばれる神経細胞と、ニューロンを支持・保護するグリア細胞（神経膠細胞《しんけいこうさいぼう》）によって構成されている。

ニューロンは、ニューロンの中心であり核やゴルジ体などを有する細胞体と、そこから伸びる情報（電気信号）を受け取る樹状突起《じゅじょうとっき》、ほかのニューロンに情報を送る軸索《じくさく》、末端の神経終末からなる。グリア細胞は、ニューロンを物理的に支持・保護するとともに、後述する軸索を包み込む髄鞘《ずいしょう》の形成のほか、ニューロンへの栄養供給を調節したり、免疫に関与するなど、神経系が正常に機能するようサポート役を務めている。

また、ニューロンは脳に1千数百億もあるが、これらニューロン同士は接合され、接合部分はシナプスと呼ばれる。運動の指令や感覚した情報は、電気信号としてニューロンを流れるが、神経終末まで情報が届くと、神経終末内にあるシナプス小胞からドパミンやアドレナリン、グルタミン酸やGABA《ギャバ》といった神経伝達物質が分泌される。この神経伝達物質が隣のニューロンの受容体に受け取られることで、情報が次々と伝えられていく。

なお、神経は、その太さと情報伝達速度の違いにより、A線維、B線維、C線維に大別できる。A線維とB線維は、軸索がグリア細胞によって形成された髄鞘（ミエリン鞘）に包み込まれている有髄神経《ゆうずいしんけい》で、A線維は直径2～20㎛ともっとも太く、B線維は太さ1～3㎛でA線維に次ぐ太さだ。もっとも細いC線維は、ミエリン鞘をもたない無髄神経《むずいしんけい》と呼ばれるもので、直径0・4～1・2㎛。神経を包んでいるミエリン鞘は、絶縁体としてはたらき、電気信号のロスを減らすため、もっとも太いA線維、次いで太いB線維、もっとも細いC線維の順に情報伝達速度が遅くなる。

# 脳・神経系のおもな病気

脳の代表的な疾患に、脳梗塞《のうこうそく》、脳出血、くも膜下《まくか》出血がある。脳梗塞は、血栓ができて脳の動脈が詰まり、血流が途絶するというもの。脳出血は、脳の細い血管が破裂し出血するもので、くも膜下出血は脳動脈瘤《のうどうみゃくりゅう》の破裂などにより、くも膜下腔《まくかこう》（髄膜の軟膜とくも膜のあいだにある空間）に出血する疾患だ。これらは発症すると突然倒れることが多く、あわせて「脳卒中《のうそっちゅう》」とも呼ばれ、３大成人病のひとつとされる。いずれも大きな原因は血圧の上昇で、高血圧症や糖尿病、高脂血症《こうしけっしょう》の人に起きやすい。また、心房細動などの不整脈があることも大きなリスクとなる。その他、男性であること、年齢、飲酒・喫煙などの生活習慣も因子となる。

脳卒中を発症すると、半身麻痺や手足のしびれ、感覚障害、ろれつが回らない（構音《こうおん》障害）などのほか、失語《しつご》、失認《しつにん》といった高次脳機能障害、頭痛や嘔吐、視野が欠ける視野障害、意識障害などの症状が現れることもある。脳卒中は命にかかわり、後遺症も残しやすいため、症状が現れた場合は、すぐに医療機関で検査などを行う必要がある。

脳梗塞では、発症直後は脳血栓を溶かすｒｔ－ＰＡやウロキナーゼという血栓溶解薬を使用できる。ただし、発症後一定時間内に投与しなければならないなど投薬の条件がある。基本的に外科的手術はせず、薬物治療を中心とした脳保護療法とリハビリが行われる。

脳出血は、出血を取り除くために、開頭《かいとう》・血腫《けっしゅ》除去手術や定位脳手術などが施される。同時に、血圧上昇を防ぐ薬の投与、脳の腫れ（脳浮腫《のうふしゅ》）、けいれんを防ぐ治療も行う。

くも膜下出血は、動脈瘤からの再出血を防ぐことが肝要なため、厳重な血圧管理のうえで、瘤《こぶ》の入口をクリップで止め、血液の流入を遮断する手術がなされる。

社会が高齢化し、しばしば話題になる認知症も脳の異常によるものだ。認知症とは、一度は正常に発達した脳の知的機能が低下し、日常生活に支障をきたす状態をいう。老化が主因のアルツハイマー型認知症、脳卒中などで起きる脳血管性認知症、大脳皮質などに異常（Ｌｅｗｙ《レビー》小体《しょうたい》）が出現して発症するＬｅｗｙ小体型認知症などが原因疾患にある。いずれの認知症も根本的な治療法は確立されていないが、投薬で進行を遅らせることはできる。

Ｌｅｗｙ小体が脳幹の中脳に出現することで発症する、パーキンソン病も有名だ。この疾患ではドパミンニューロン障害が起き、運動の制御が障害されるため、安静時に手足がふるえ、無表情、動作の緩慢や歩行障害、便秘や排尿障害などの症状が出る。

脳や神経にかかわる疾患は、これら以外にも頭部の外傷が誘因となることも多く、本人や周囲の人が異常を感じた場合は、重症の可能性もあるためすぐに病院での検査をおすすめする。

## 脳・神経系のおもな病気（五十音順）

| 病名 | おもな原因や症状など |
|---|---|
| アルツハイマー型認知症 | 老年期に発症することが多く、脳の海馬などの萎縮が原因とされる。初期ではもの忘れなどの記憶障害や、物盗られ妄想（被害妄想）、判断能力障害、日付・時間がわからなくなる見当識障害などが生じる。2〜10年ほどで幼少時の記憶や自宅がわからなくなるなど日常生活に介助が必要な状態となり、10年以降は、記憶をほとんど失い、排尿や排便もままならず、無動・寝たきりになる。 |
| ギランバレー症候群 | 上気道感染や胃腸炎、下痢などの先行感染ののち、1〜3週間後に下肢の軽度のしびれとともに発症する。運動麻痺、四肢末端の感覚障害、まれに血圧や脈拍異常などの自律神経障害が生じる。自己免疫反応による末梢神経の髄鞘の障害が主因で、多くは6カ月以内に自然回復するが、約20%で後遺症が残り、重症の場合はまれに死亡する場合もある。 |
| 脊髄空洞症 | 「熱いやかんをつかんでも熱いと感じずやけどをする」などの温痛感覚障害のほか、筋委縮や筋力低下、下肢の痙性麻痺、顔面の感覚障害などを生じる。脊髄内に空洞ができたり、液体が溜まることで発症する。原因は多岐にわたる。 |
| 多発性硬化症 | 15〜50歳の女性に好発し、多彩な神経症状の再発と安定した状態を繰り返す。視神経炎を生じる場合、初期では急激な視力低下ののち、数週間で軽快するがしばらくしてから再発する。ほかに、四肢の脱力や筋力低下、しびれ、三叉神経痛、排尿障害、運動失調、構音障害、多幸感・抑うつなどの症状がある。症状は、中枢神経系の白質のいたるところに脱髄（ニューロンの髄鞘が破壊されること）性の病変が発生するため起きるが、原因は不明。 |
| 脳血管性認知症 | 脳卒中のほか、糖尿病、脂質代謝異常、心房細動などを原因として発症し、認知機能の低下や抑うつ、小刻み歩行などの症状を呈する。脳血流の循環不全をともなうことから、症状が日ごとで変動しやすい。 |
| 脳梗塞・脳出血・くも膜下出血 | 半身麻痺や手足のしびれ、感覚障害、ろれつが回らない（構音障害）、失語、失認といった高次脳機能障害、頭痛や嘔吐、視野が欠ける視野障害、意識障害、歩行障害、めまいなどの症状が現れる。このなかでも頭痛、意識障害は脳出血・くも膜下出血でよく見られ、片麻痺、構音障害、失語は脳梗塞、脳出血でよく見られる。また、これらのうち失語以外の症状は後遺症としても残りやすい。いずれの疾患も高血圧や糖尿病などの疾患や、喫煙、飲酒、肥満や運動不足といった生活習慣が誘因となる。 |
| パーキンソン病 | 動けなくなったり、動作の緩慢、手足のふるえ、筋肉のこわばり、前屈みになったり転びやすいなどの症状（パーキンソニズムと呼ぶ）がある。病状が進行すると、構音障害や流涎、不眠、抑うつなども出て、10〜15年くらいすると自力での生活は困難をきわめ、全身の衰弱によって寝たきり、尿路感染や肺炎の合併で死に至ることもある。中高年以降で好発する。 |
| ハンチントン病 | 30〜50代で発症し、徐々に自分の意思とは関係ない不随意運動が現れ、進行すると舞踏運動（口すぼめ、舌打ち、しかめ面など）、精神症状、行動異常、認知障害などが出てくる。末期には寝たきりとなり、発症後15〜20年で肺炎などの合併によって死に至ることが多い。なお、これらの症状は大脳基底核や大脳皮質が萎縮してしまうために生じる。 |
| Lewy小体型認知症 | アルツハイマー型認知症のような認知機能障害とともに、幻視とパーキンソニズム、立ち上がったときの立ちくらみ・めまい・失神などの症状が現れるのが特徴。治療法は対症療法が中心になる。抗精神病薬に対する過敏性（パーキンソニズムの悪化、意識障害）があるため、投薬には十分な注意が図られる。 |

# 第2章
# 感覚器系

## 眼の内部構造

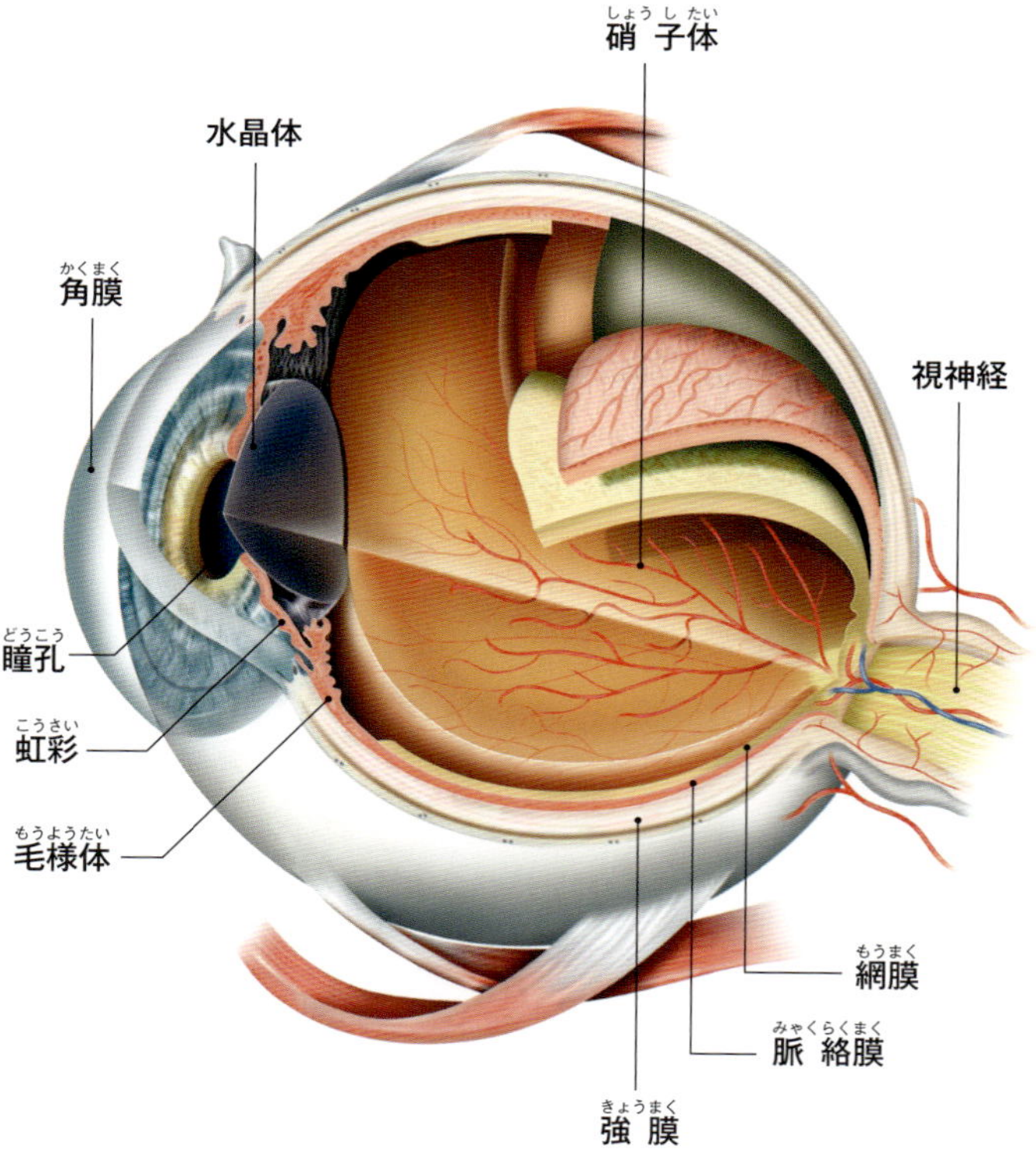


眼球の内部にある水晶体や硝子体などを角膜、強膜、脈絡膜、網膜が包んでいる。頭蓋骨の眼窩の内側にあり、平均的な大きさは成人で直径約24㎜、重さは約7～8g。

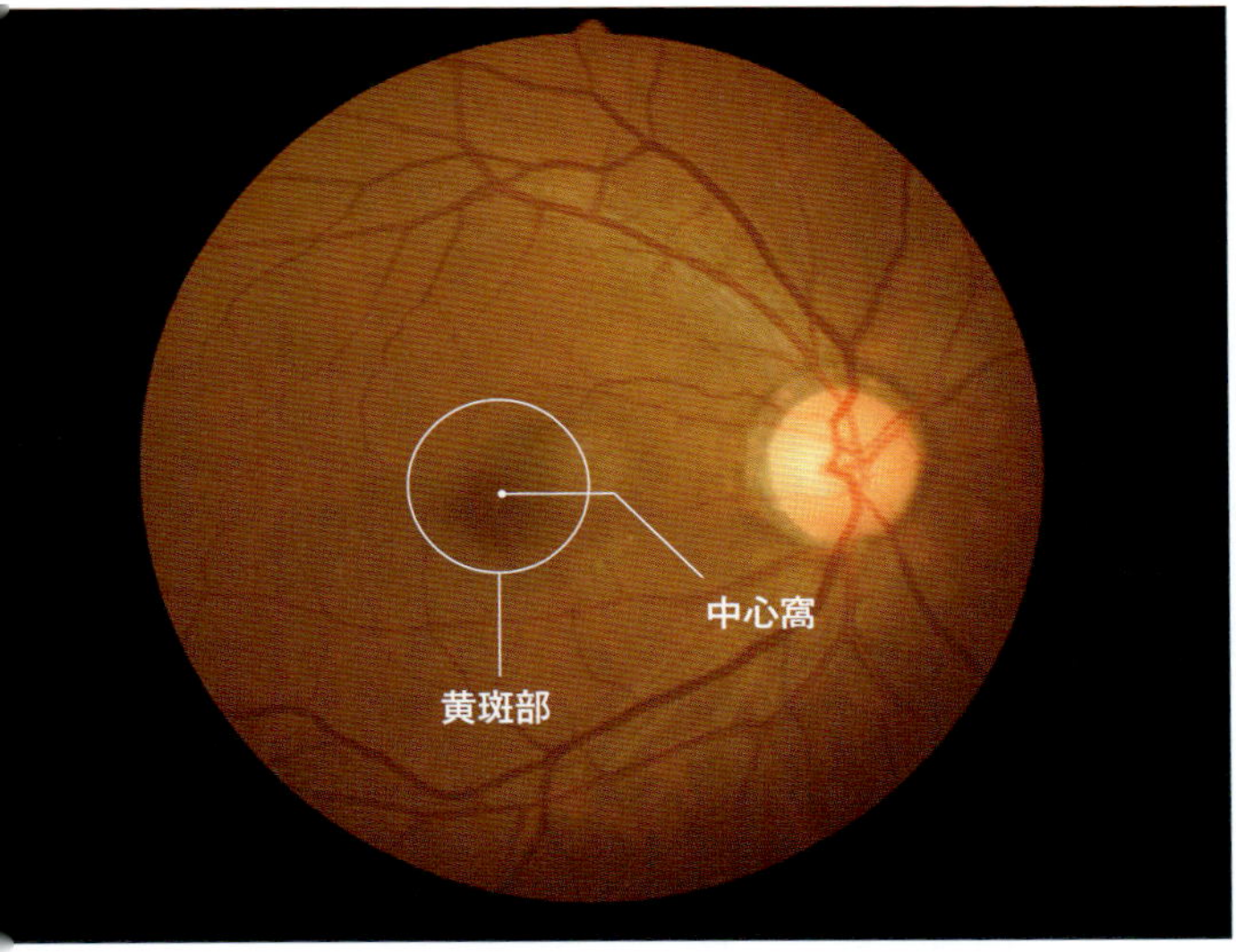


眼底鏡による眼底の画像。眼底は血管の状態を目視できる唯一の場所。黒く曇っているあたりが黄斑部で中心部が中心窩。眼の病気だけではなく、血管の状態から動脈硬化や糖尿病なども発見できる。

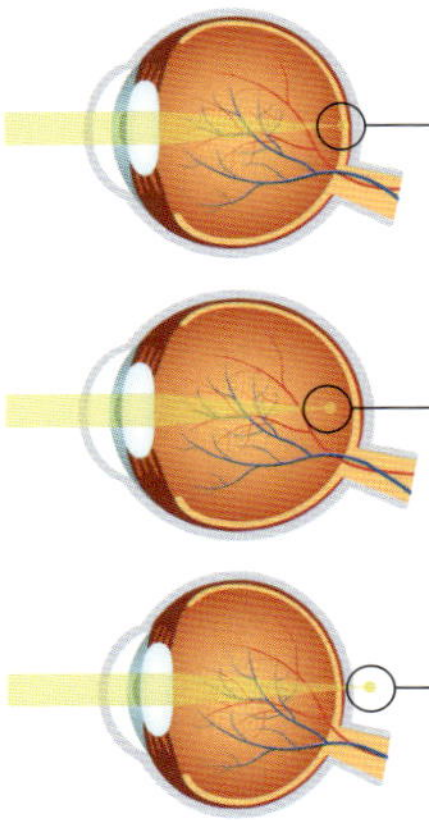


正視、近視、遠視での焦点位置のイメージ。（上）正視の場合は網膜で焦点を結ぶ。（中）近視の場合は、眼球の前後長が長くなり、網膜の前方に焦点を結ぶ。（下）遠視の場合は、角膜や水晶体の屈折率が低下し、網膜の後方に焦点を結ぶ。

光を取り入れ映像として認識する器官

# 眼の構造と視覚・色覚

頭蓋骨の眼窩の内側に位置し、顔の正面にふたつ並んでいる眼は、光を受容するための感覚器官だ。眼球は球状で、平均的な大きさは成人で直径約24㎜、重さは約7～8g。

眼球の黒目の部分は角膜、白目の部分は強膜で覆われている。強膜と角膜はつながっており、さらに強膜の前半分の表面には結膜がある。角膜の奥には光の入り口となる瞳孔と虹彩《こうさい》があり、虹彩は瞳孔の大きさを調節し、光の量を加減している。さらにその奥にあるのが水晶体で、厚みを変えピント調節をする。角膜と虹彩のあいだは前房、虹彩と水晶体のあいだは後房といい、眼圧を保ち栄養補給のための房水《ぼうすい》と呼ばれる体液が入っている。

眼球の内部は硝子体というゲル状の物質で満たされ、硝子体を包んでいる薄い膜が網膜だ。網膜には視細胞と視神経が密集している。そして、網膜の中央部分は黄斑部、その中心は中心窩《か》と呼ばれる。光の焦点が中心窩に合う場合にもっともよい視力が得られるが、中心窩から外れると視力は低下する。また、強膜と網膜のあいだには、血管が豊富で視神

**眼のおもな病気**

白内障、緑内障、加齢黄斑変性症、網膜剥離、網膜色素変性症、硝子体剥離、ウイルス制結膜炎など

経にエネルギーを供給する脈絡膜がある。

眼をカメラにたとえると、水晶体がレンズ、角膜がレンズを保護するフィルターにあたる。ピントの調整は、毛様体にある毛様体筋を伸縮させ水晶体の厚みを変えて行う。また、絞りの役目を担うのが虹彩。フィルムに相当するのは網膜で、明暗や色を感じ取る視細胞が密集し、取り込んだ光は網膜で電気信号に変換される。電気信号は視神経から大脳の視覚野へ送られ、人間は形や色を認識する。ちなみに、近視は光が網膜より前方に焦点を結んだ状態で、遠くがはっきり見えなくなる。遠視は逆に、後方に焦点を結んだ状態だ。遠視でも、ピントの調節力がある若いときは、遠くも近くも比較的よく見える。しかし老眼が始まると、まず近くが見えにくくなり、進行すると遠近とも見えにくくなる。

人間は光の波長を感知することで色を識別している。ただし、人間が識別可能な光（可視光）の波長は約380～780nmで、この範囲外の紫外線や赤外線などは見えない。

そもそも色覚とは、光（可視光）の各波長に応じて発生する感覚のこと。網膜には、3種類の錐体《すいたい》と呼ばれる細胞が存在し、それぞれの錐体が赤、緑、青の光を感知している。光が入ってくると錐体が反応して、その情報が網膜から視神経を通り大脳皮質の視覚中枢に届く。このようにして色覚が起こるが、錐体がうまく機能しないと色覚異常となる。

## 耳の内部構造

耳は外耳、中耳、内耳の3つに分かれている。耳介から鼓膜までが外耳、鼓膜の先は中耳で耳小骨があり、中耳の奥は蝸牛、耳石器、三半規管を有する内耳となる。

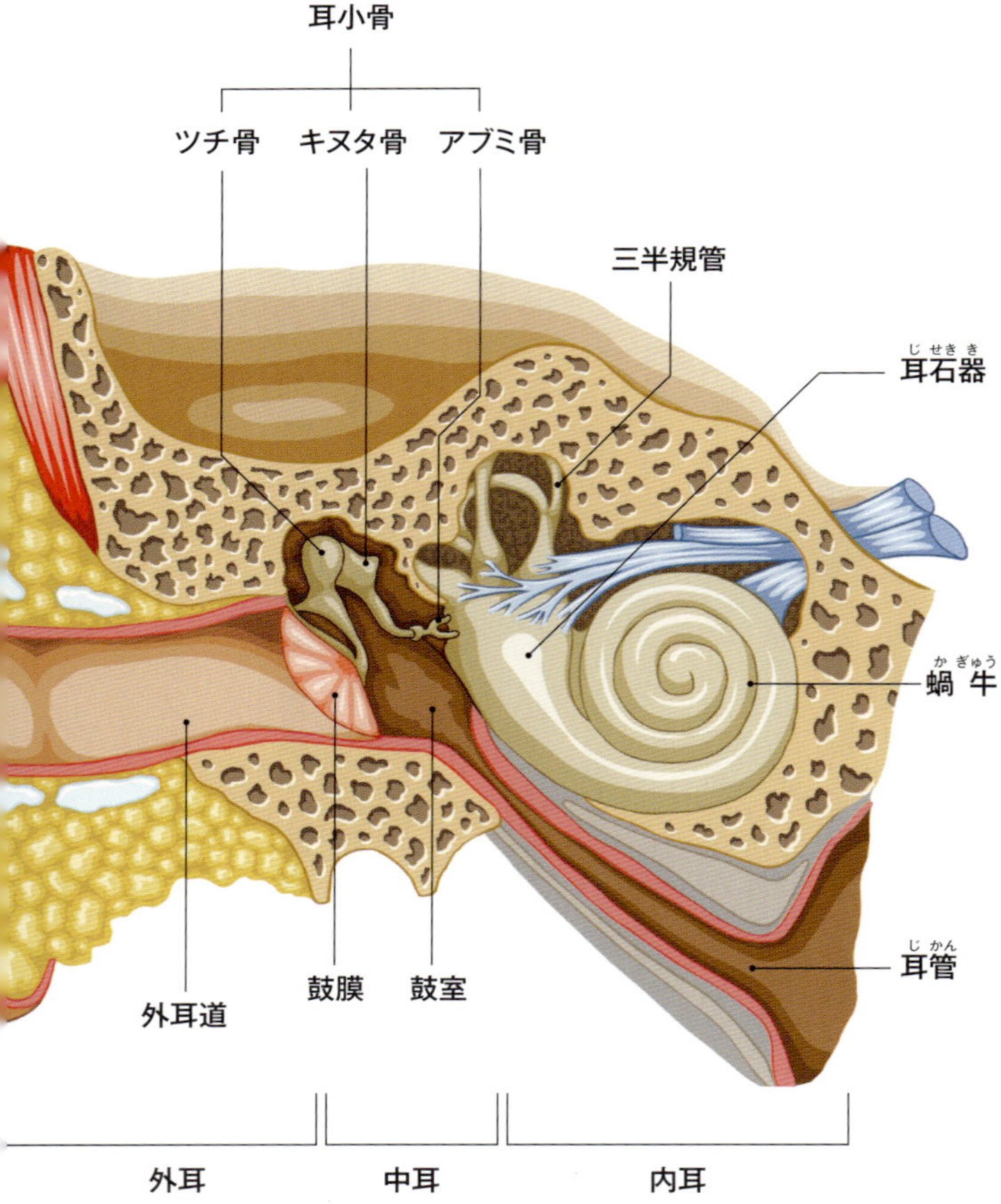

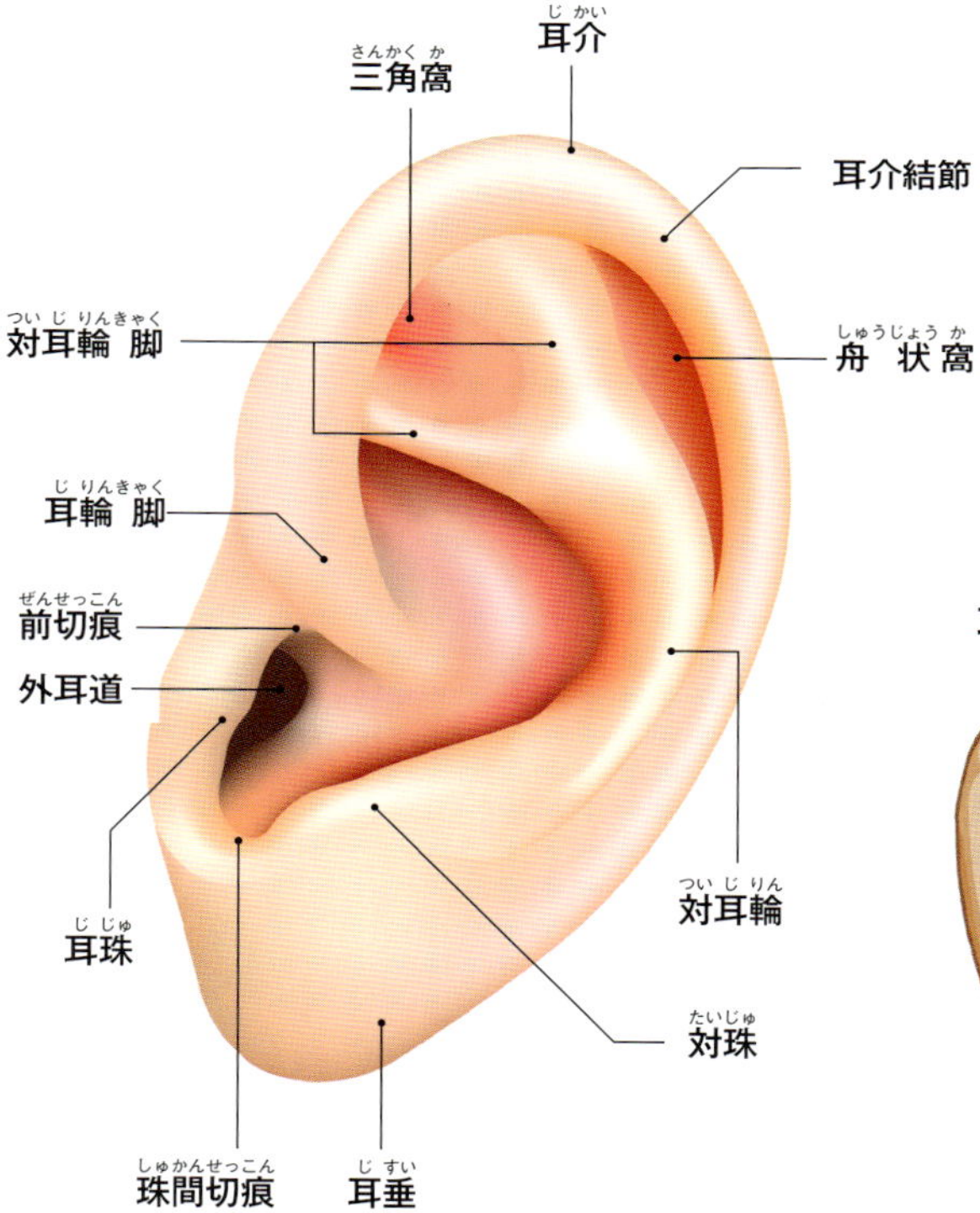


耳介のイメージ。耳のもっとも外側にあるのが凹凸状をした耳介。耳介の皮膚の下は軟骨があり、耳介の形を保つのに役立っている。

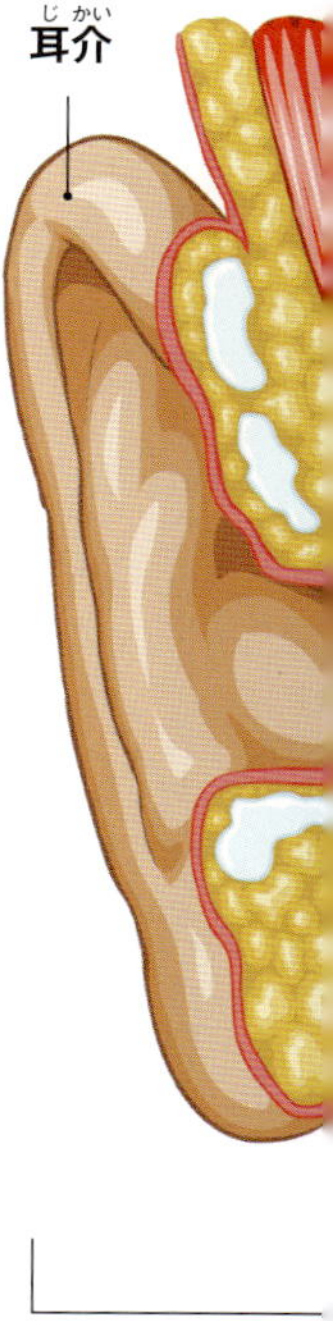

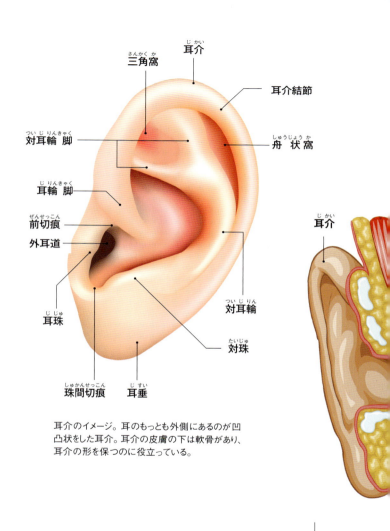

さまざまな機能を備えた集音器

# 耳の構造

頭部の両側にある耳は、音を集めて聞くための感覚器だ。加えて、体のバランスを保つための機能も備えている。構造的には内側から内耳、中耳、外耳の3つに分かれる。人が普段目にしている耳は、正確には外耳の外側にあたる耳介《じかい》。耳介は凹凸状をしていて、この形状により効率よく音を集めることができる。

次に外耳道だが、これは、いわゆる耳の穴にあたる部分。外耳道は緩やかなカーブを描いており、長さは約2~3㎝。その先にあるのが直径約8~9㎜の鼓膜だ。

鼓膜の先の中耳には、鼓室という空間がある。この空間は耳管により鼻咽腔とつながっている。耳管は普段閉じているが、外気と鼓室内の気圧に差が生じると鼓膜が損傷するため気圧調整時は開く。鼓室内にはツチ骨、キヌタ骨、アブミ骨からなる耳小骨がある。

内耳は、側頭骨のなかに埋まっている。ここにはカタツムリの殻のような形状をした蝸《か》牛《ぎゅう》、その隣に耳石器《じせきき》と3つの半円形の管で形成された三半規管からなる前庭がある。

**耳のおもな病気**

急性中耳炎、慢性中耳炎、急性外耳道炎、悪性外耳道炎、メニエール病、突発性難聴など

# 聴覚のしくみ

空気の振動を音として聞き取る

わたしたちは音の発生源から出た空気の振動を集めて、その振動を電気信号に変換して音を認識している。このとき、重要なはたらきをするのが蝸牛だ。

まず、空気の振動は耳介に集められる。そして、外耳道を通ってきた振動を鼓膜で受け止める。鼓膜は、弾力性に富むものの厚さ0・1㎜ほどの薄膜のため、空気の振動が大きすぎたり、強い空気の圧力を受けると破れてしまう。鼓膜が受け止めた振動は、耳小骨（ツチ骨、キヌタ骨、アブミ骨）を介して蝸牛へと伝わる。なお、耳小骨はただ振動を伝えているだけではなく、振動の調整機能も果たし、大きすぎる振動は小さく、小さすぎる振動は大きくして蝸牛へと伝えている。

蝸牛では、振動として伝わってきた音を電気信号に変換することになる。内部は基底膜（板）という膜で蝸牛管、前庭階、鼓室階に仕切られた3層構造で、それぞれがリンパ液で満たされている。

## 蝸牛と三半規管の構造

蝸牛はカタツムリの殻のような形状をしている。蝸牛の内部は基底膜により前庭階、蝸牛管、鼓室階の3つに仕切られ、蝸牛管内には感覚細胞が集まったコルチ器がある。蝸牛の隣には、耳石器と3つの半円形の管（前半規管、後半規管、外側半規管）で形成された三半規管からなる前庭がある。

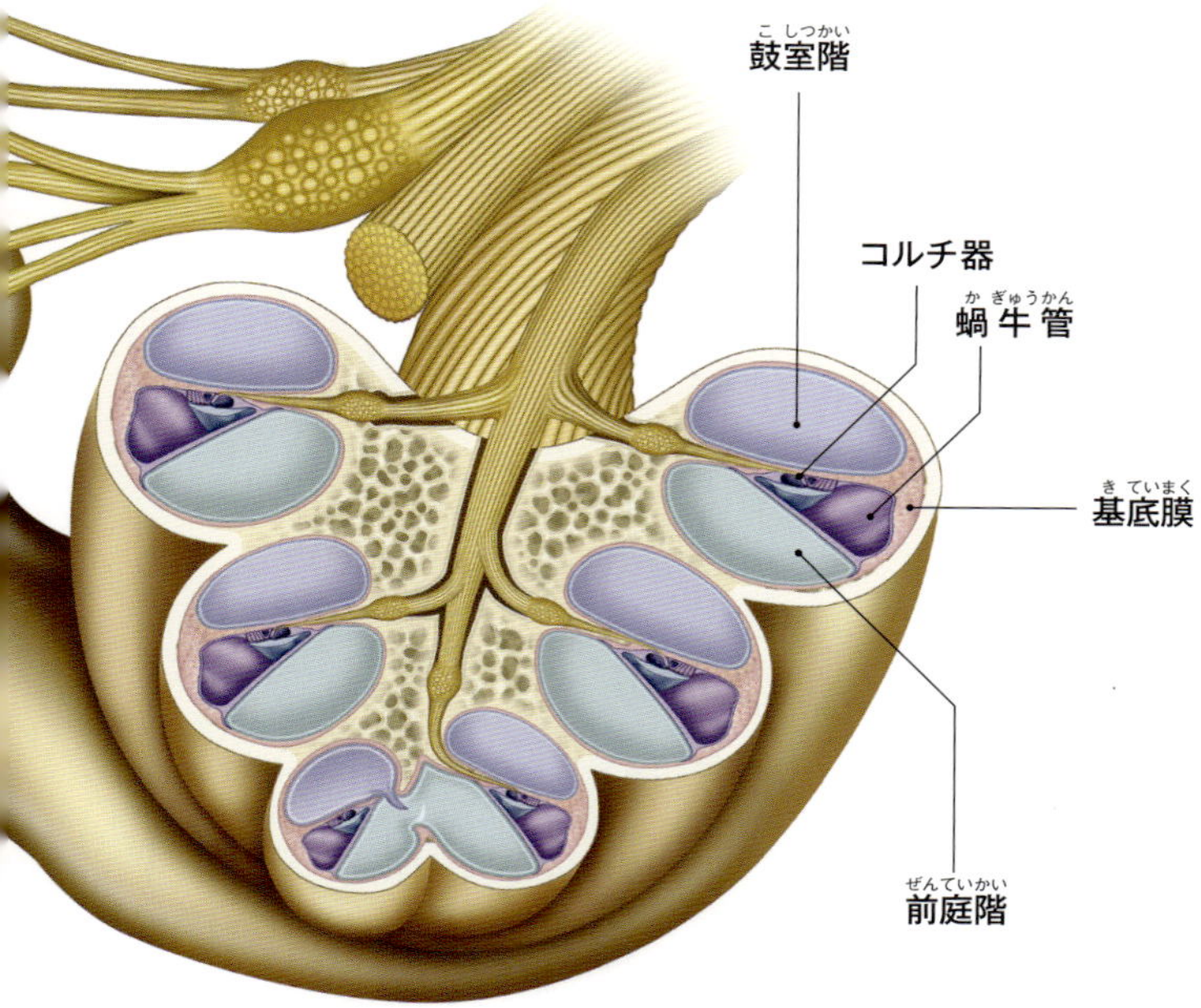

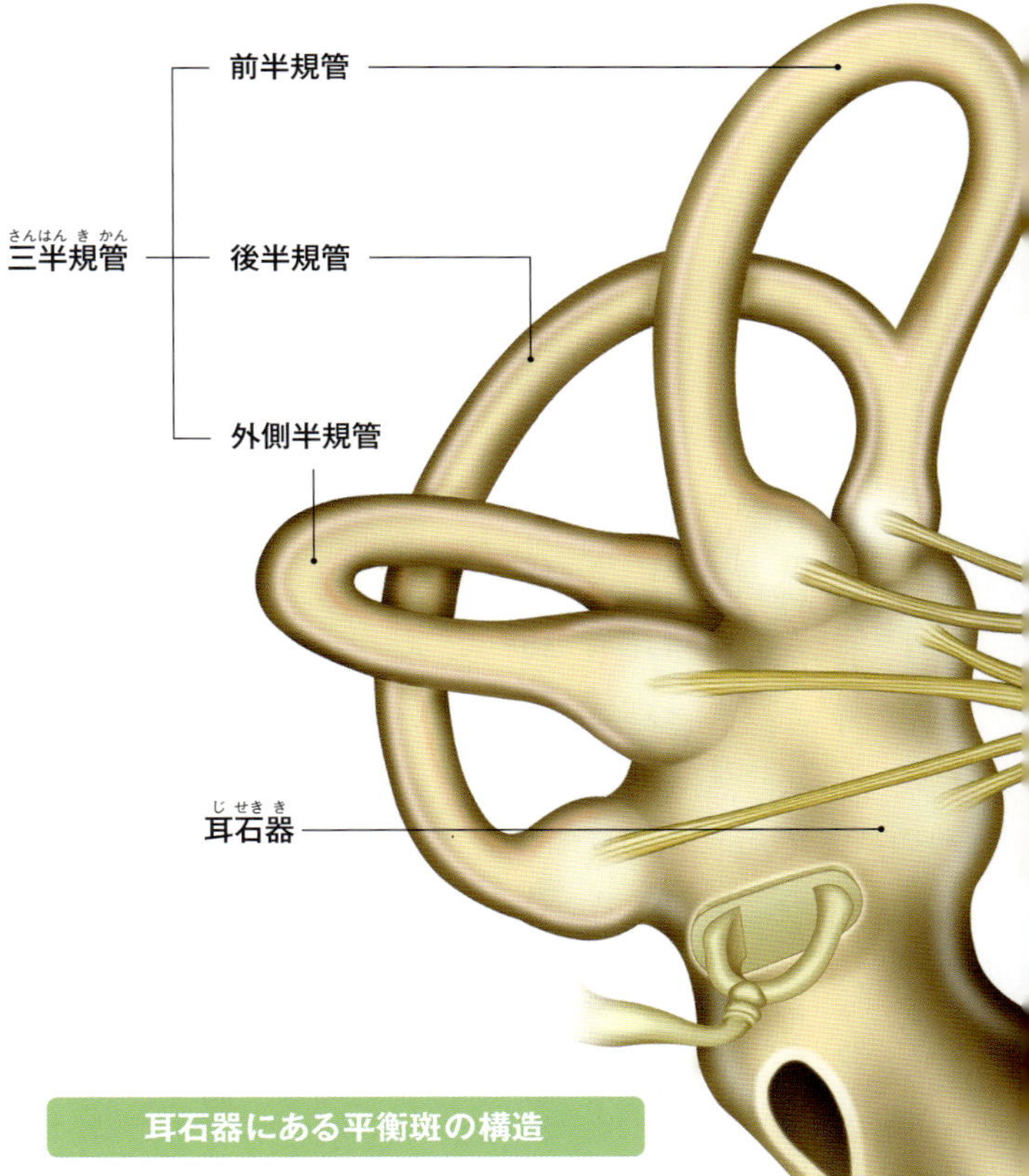


## 耳石器にある平衡斑の構造

平衡斑には有毛細胞や耳石などが存在している。耳石が動くと有毛細胞の感覚毛が倒れ、頭の位置や直線加速度、重力、遠心力を感知する。

さらに、蝸牛管内には蝸牛神経とつながったコルチ器と呼ばれる部位がある。コルチ器には、感覚神経や支持細胞が集まる有毛細胞があり、これが振動を電気信号へ変換する。有毛細胞は基底膜の上にあり、コルチ器を満たすリンパ液の揺れによって基底膜が振動する。この振動で有毛細胞の聴毛が倒れたり、直立したりを繰り返すことで、振動が電気信号に変換される。変換された電気信号は、蝸牛神経を通って大脳皮質の聴覚野へと到達する。こうして、人間は空気の振動を音として認識しているのだ。

蝸牛は周波数を感知する機能も備えているが、蝸牛の場所によって感知する周波数が違う。アブミ骨に近いところでは高い周波数、遠いところでは低い周波数を感知する。ちなみに、人間が聞き取れる周波数は、約20Hz～20000Hzといわれている。個人差はあるが、一般的な加齢による聴力低下の場合は、高音から聞こえづらくなる。

最後に、音が聞こえにくくなる難聴について述べておこう。外耳もしくは中耳の障害によって音が小さく聞こえるのが伝音難聴、内耳にある蝸牛の障害によって音が聞こえない、音がひずむなどするのが内耳性難聴だ。内耳より奥の神経が原因となる難聴は後迷路性難聴と呼ばれ、音は聞こえるが言葉が聞き取れないというのが特徴である。また、内耳性難聴と後迷路性難聴を合わせて感音難聴と呼ぶ。

姿勢制御のためのセンサー

# 平衡感覚のしくみ

内耳には平衡感覚をつかさどる耳石器と三半規管がある。耳石器には袋状の卵形嚢と球形嚢があり、内部に平衡斑と呼ばれる部位がある。平衡斑には有毛細胞が存在し、その上には耳石（平衡砂）が乗っていて体の動きによって耳石が動く。耳石が動くと、次は有毛細胞の感覚毛が倒れる。この動作から、直線加速度、重力、遠心力などを感知している。

体の回転運動を感知するのが三半規管だ。三半規管は前半規管、後半規管、外側半規管の3つの管からなる。管の内部はリンパ液で満たされており、一端は膨らんでいる。膨らんだ部分を膨大部といい、そのなかの膨大部陵という部位は有毛細胞、クプラ、支持細胞で形成される。体が動くとリンパ液の流れが生じてクプラが動く。耳石と同様に、クプラが動くことで有毛細胞の毛が倒れ、体の回転と傾きを感知している。

以上のように、感知した体の傾きなどは、内耳神経のひとつである前庭神経から大脳の体性知覚野へと送られる。その結果、人間は常に体の平衡を保っていられるのである。

## 鼻の構造

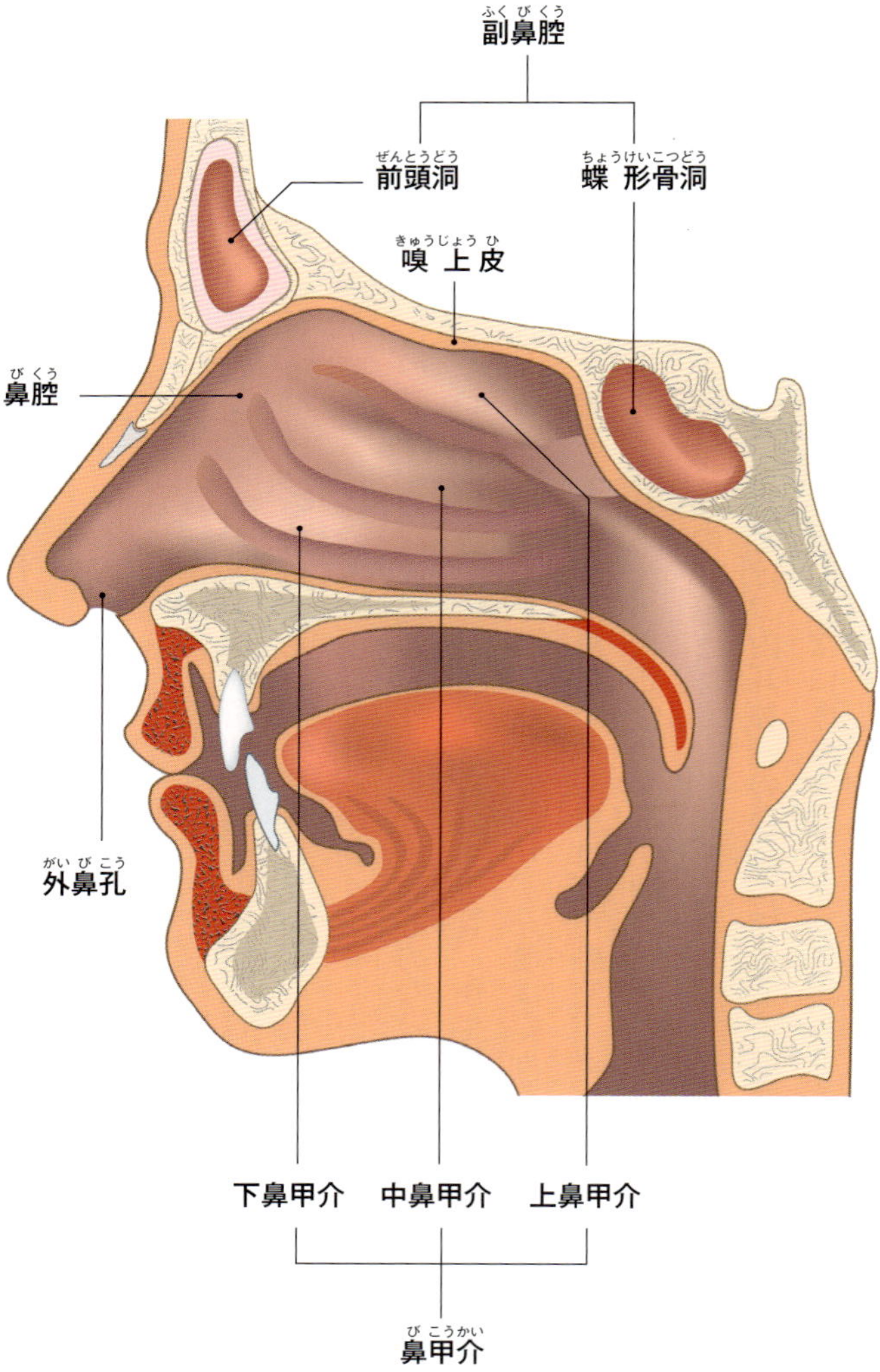
副鼻腔《ふくびくう》
前頭洞《ぜんとうどう》
蝶形骨洞《ちょうけいこつどう》
嗅上皮《きゅうじょうひ》
鼻腔《びくう》
外鼻孔《がいびこう》
下鼻甲介
中鼻甲介
上鼻甲介
鼻甲介《びこうかい》

## 嗅覚のしくみ

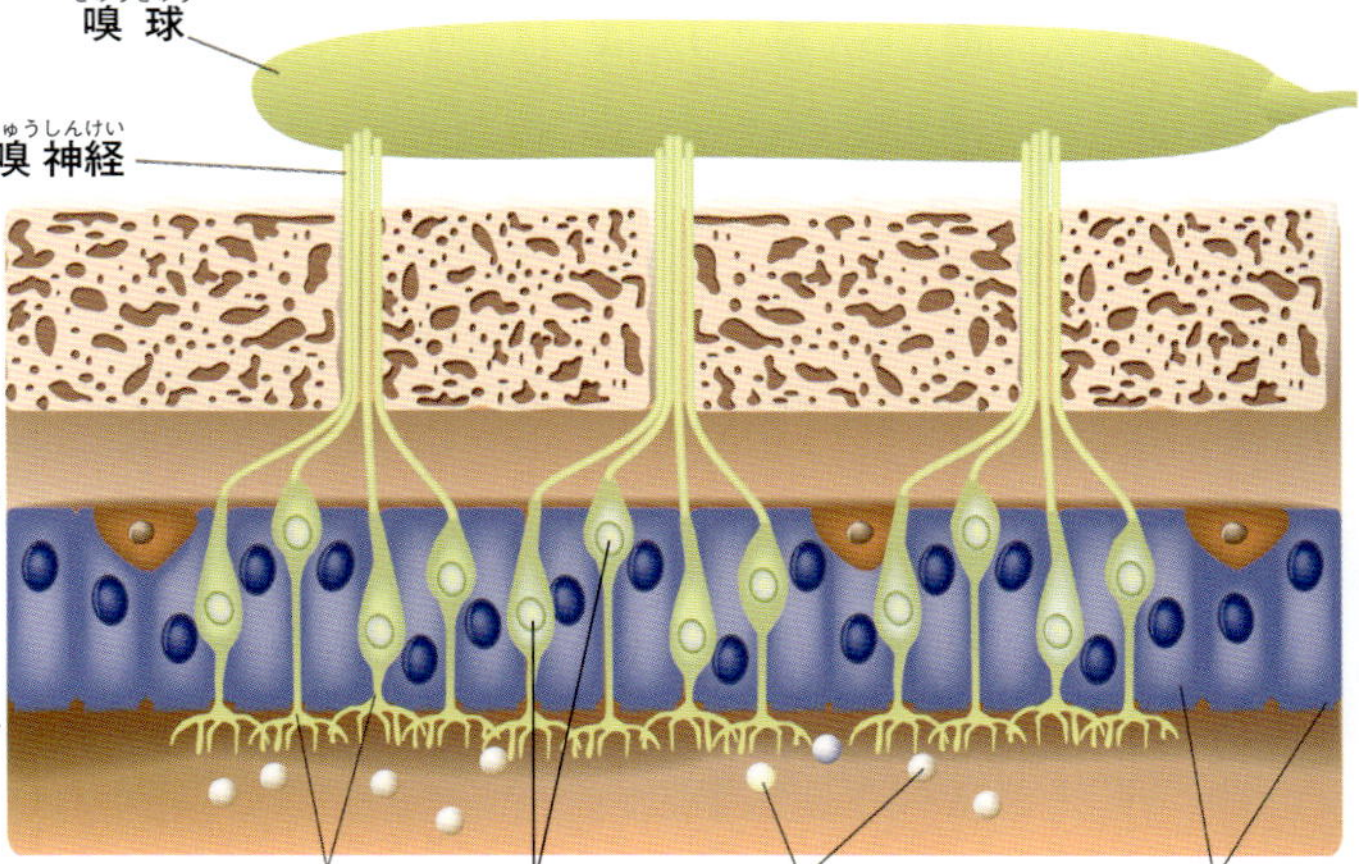


嗅上皮はにおい分子を感知する重要な部分。嗅球はにおいの情報を嗅神経へと送り、大脳へと届けるための中継地点だ。

鼻の内部は大きく分けて、鼻腔と副鼻腔で構成されている。鼻腔は鼻内部の空洞で、副鼻腔は鼻腔の周囲にある骨内の4種類ある空洞を指す（図中の3つのほかに蝶形洞がある）。

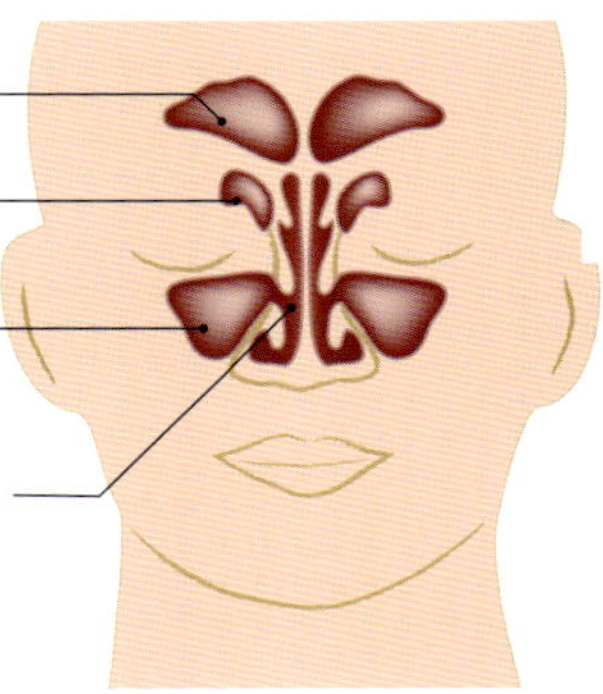

# 鼻の構造と嗅覚のしくみ

においを嗅ぐための嗅覚器官である鼻は、空気を取り入れる呼吸器官でもある。

鼻のなかは大きく分けて、鼻腔《びくう》と副鼻腔《ふくびくう》で構成されている。鼻腔とは鼻内部の空洞、副鼻腔とは鼻腔の周囲にある骨内の空洞を指す。

鼻には外鼻孔というふたつの鼻穴が開いており、その外鼻孔の奥が鼻腔だ。内部は鼻中隔という仕切り壁によって左右に分けられている。鼻中隔の左右それぞれの側面には、上から上鼻甲介《じょうびこうかい》、中《ちゅう》鼻甲介、下《か》鼻甲介と呼ばれる骨が張り出している。

これらの鼻甲介が張り出していることにより3つのひだができ、空気の通り道となっているのだ。この空気の通り道を上から上鼻道、中鼻道、下鼻道という。ちなみに、鼻から吸い込んだ空気は、おもに上鼻道を通過して肺に向かう。逆に、肺から吐き出される空気は、おもに中鼻道と下鼻道を通過して体外へ排出される。

鼻腔は粘膜で覆われ、粘膜の表面には線毛が生えている。粘膜には吸い込んだ空気を温

**鼻のおもな病気**

急性副鼻腔炎、慢性副鼻腔炎、アレルギー性鼻炎、急性鼻炎、嗅覚障害、上顎洞ガンなど

めたり、加湿する機能があり、線毛にはほこりなどの異物を吸着して除去するはたらきがある。さらに、鼻腔の天井部の嗅上皮《きゅうじょうひ》にある嗅粘膜が、においを感知している。

副鼻腔と呼ばれる空洞は4つある。両眼のあいだに篩骨洞《しこつどう》、額の裏側に前頭洞《ぜんとうどう》、頬の裏側に上顎洞《じょうがくどう》、鼻の奥に蝶形骨洞《ちょうけいこつどう》があり、これら4つの空洞は左右一対だ。副鼻腔の内部も鼻腔と同様に線毛が生えた粘膜で覆われ、ほこりなどを吸着し除去する。

においを感知するために重要な役目を担っているのが、においのセンサーとなる嗅粘膜だ。空気を鼻から吸い込むと、空気とともににおい分子が鼻腔の内部へと入り込む。鼻腔の天井部の嗅上皮にある嗅粘膜には嗅細胞が存在し、この嗅細胞のはたらきでにおい分子を感知している。

嗅上皮には、特殊な粘液を分泌する嗅腺（ボーマン腺）もある。嗅腺が分泌した粘液は、嗅細胞から伸びている嗅小毛《きゅうしょうもう》を覆っている。この嗅小毛には、におい分子をキャッチするはたらきがある。鼻腔内に入ったにおい分子は嗅粘膜に触れ、嗅小毛に達すると、嗅細胞により、においの情報が電気信号に変換される。それから、頭蓋底にある嗅神経とつながった嗅球《きゅうきゅう》へ電気信号が送られる。さらに、嗅球から嗅神経を介して嗅覚野へ伝達され、大脳がにおいを感じ取るしくみだ。

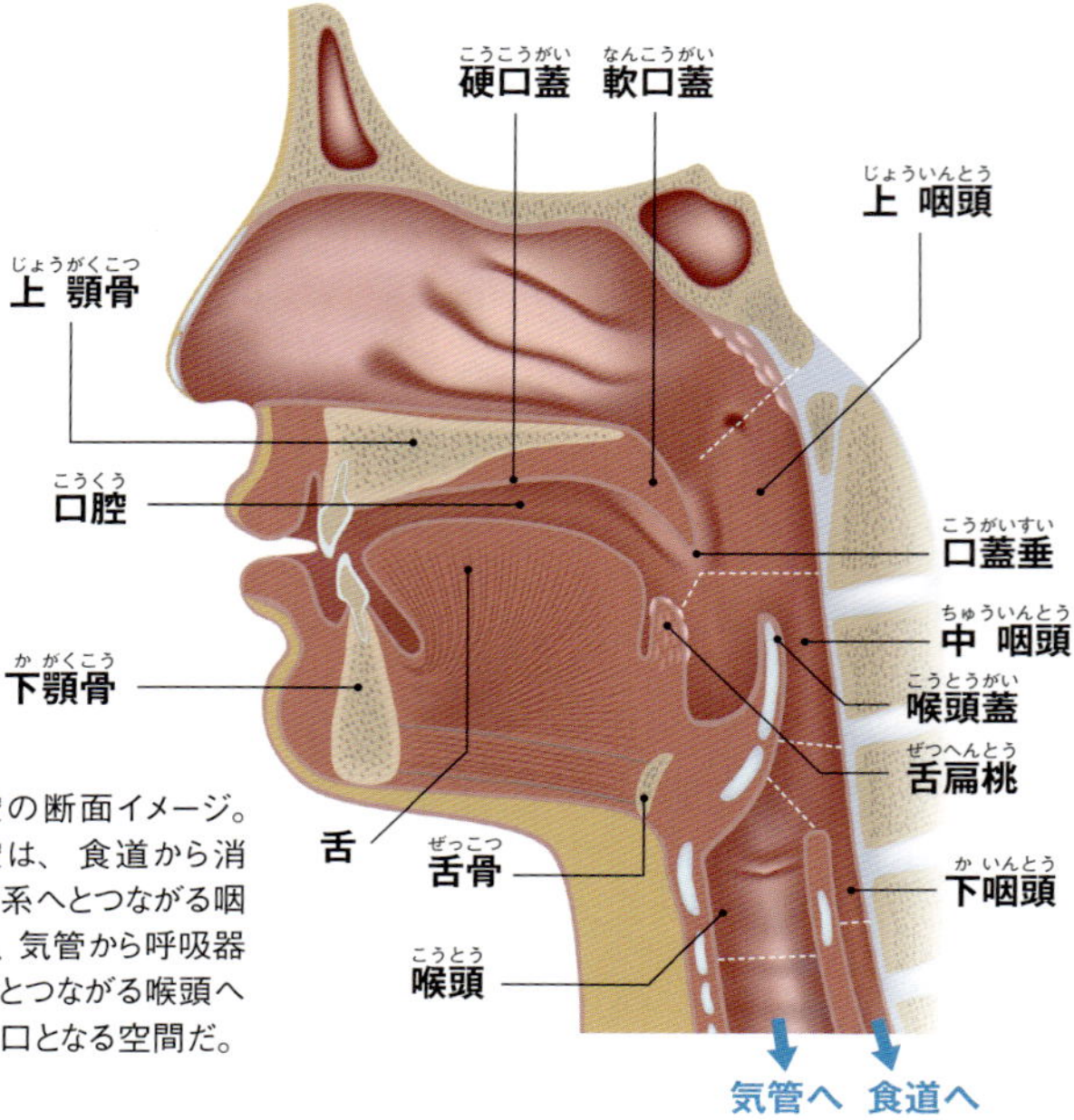


口腔の断面イメージ。口腔は、食道から消化器系へとつながる咽頭と、気管から呼吸器系へとつながる喉頭への入口となる空間だ。

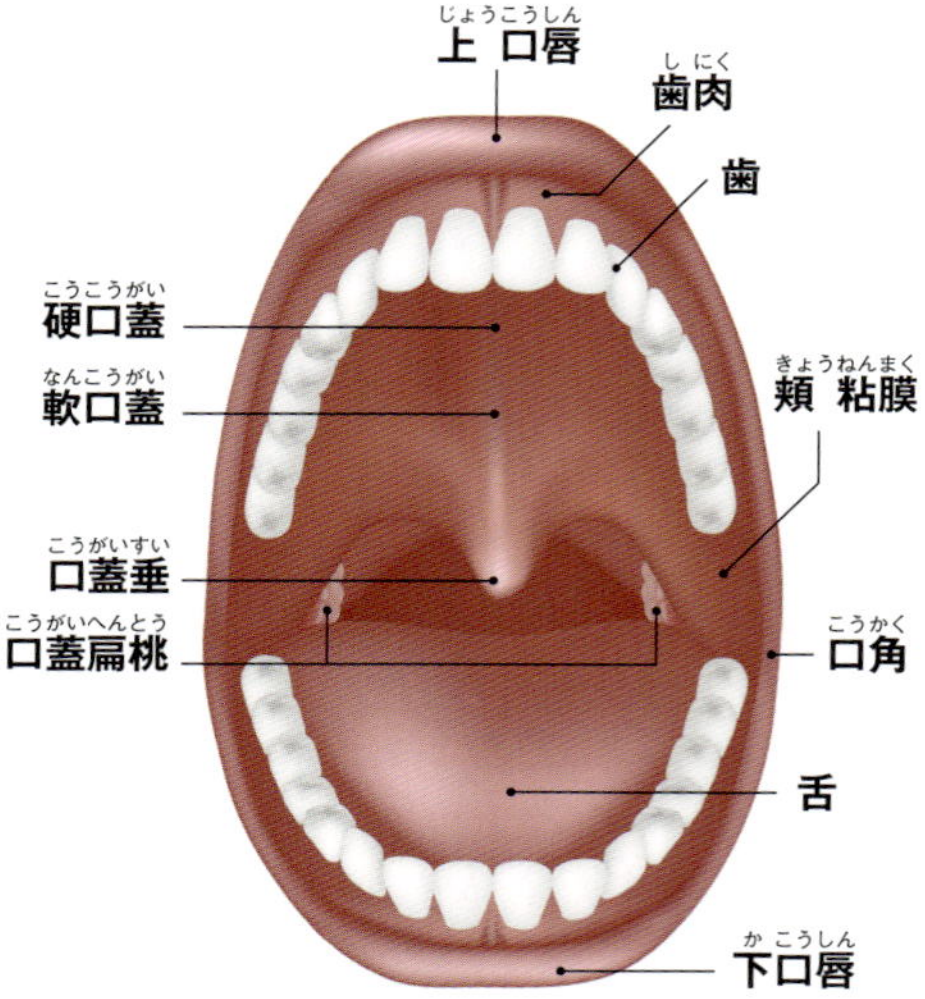


正面から見た口腔内のイメージ図。口腔内には、舌や歯、扁桃などが存在し、飲食物の咀嚼や唾液分泌のほか、外部から侵入する細菌やウイルスを防ぐなどの生体防御、味覚や構音（言語音にするしくみ）などにはたらく。

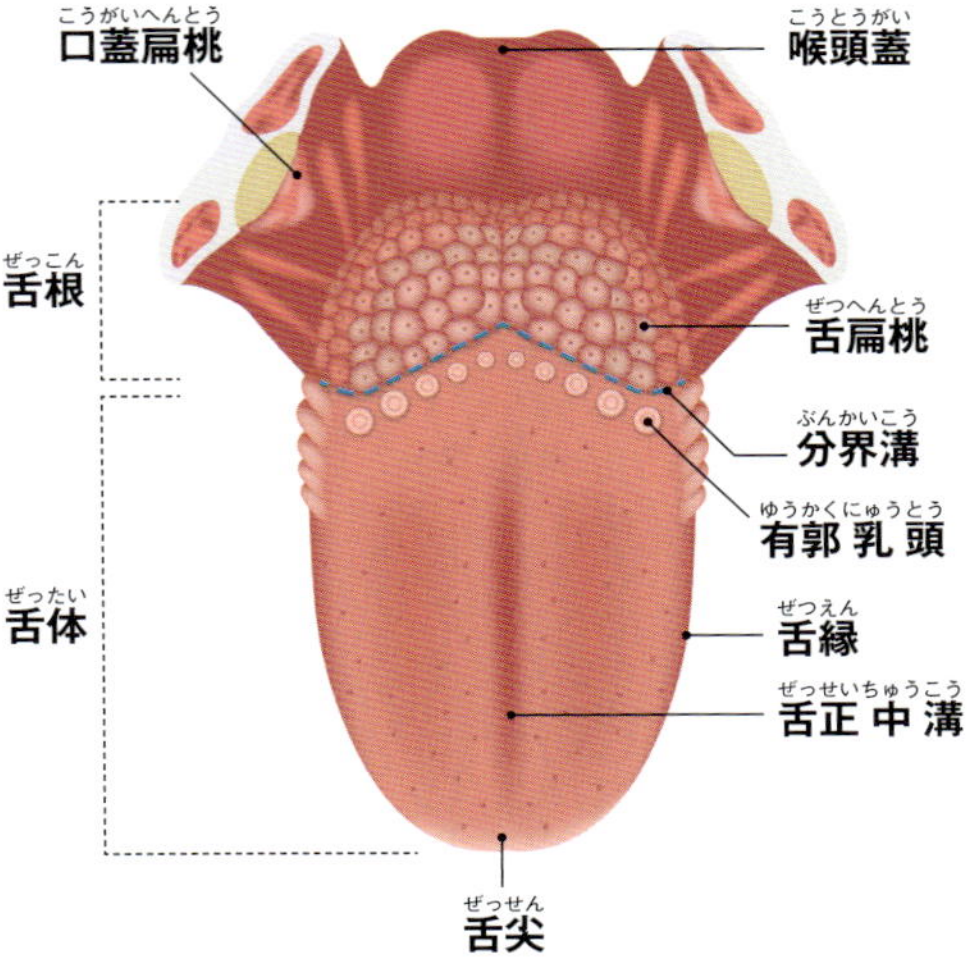


頭部側から見た舌の構造イメージ。舌体と舌根は、肉眼で確認できる山字型の分界溝を境界にして分けられる。専門的には、舌体は口腔部に、舌根は中咽頭部に分類される。

## 乳頭の分布と味蕾の構造

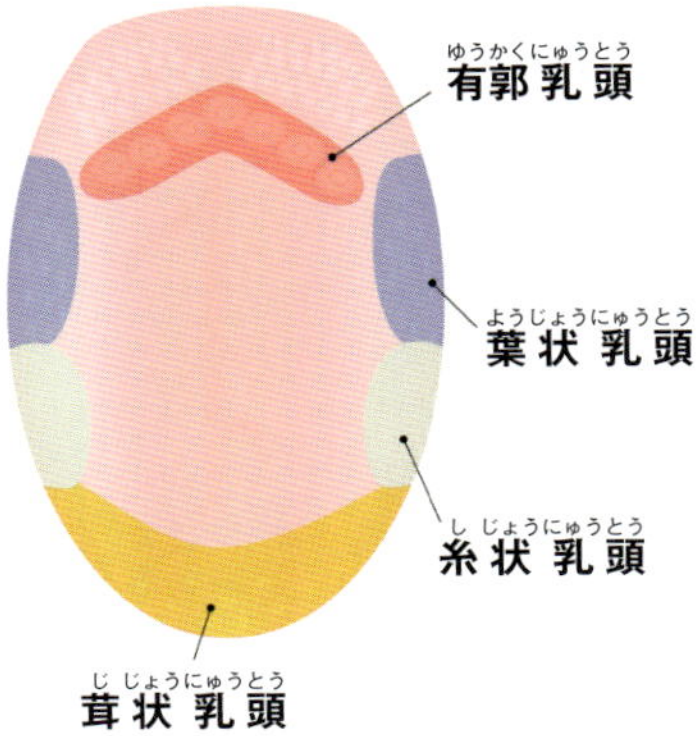


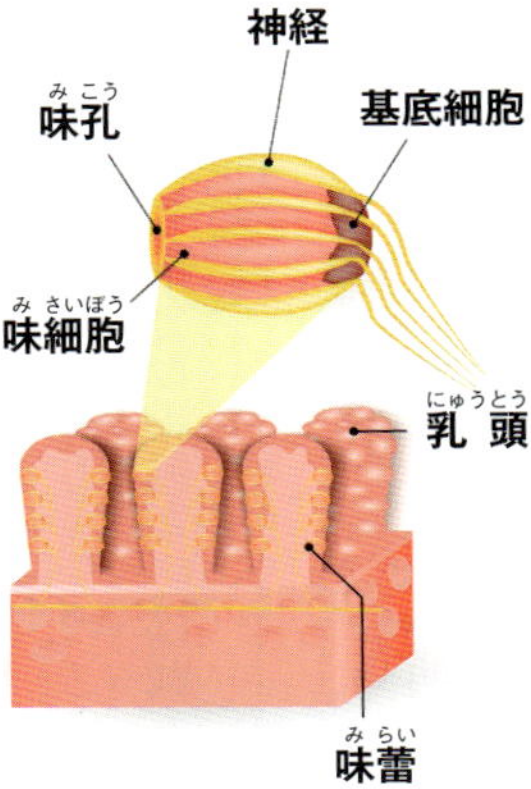


左は、4種ある乳頭の分布を示した舌の味覚地図。このうち糸状乳頭には、味覚を感じ取る味蕾はない。右図は乳頭と味蕾のイメージで、味は、口腔内の味成分を味孔がキャッチし、その情報を味細胞が受け、神経を介して大脳皮質の味覚野などに伝えられることで感じる。

多彩な機能をもち体内外をつなぐインターフェイス

# 口腔と舌の構造

口腔《こうくう》は、上下の口唇《こうしん》のうしろに広がる空間で、舌や歯が存在する。そのため、ここで飲食物の咀嚼や唾液の混合など、消化の第一段階が行われる。また、味覚を感じとる部位でもあり、声帯から出た音や声に変化を与え言語音（言葉）として発するはたらきももっている。外界とは口唇によって隔てられ、側壁は頬粘膜、上壁前部の硬口蓋《こうこうがい》、後部の軟口蓋《なんこうがい》、下方は口腔底（舌の下方）に囲まれ、奥は口峡《こうきょう》から咽頭へと続いている。

舌は、内舌筋《ないぜっきん》と外舌筋《がいぜっきん》というふたつの柔軟な筋肉からなり、前方3分の2は舌体《ぜったい》、後方3分の1は舌根《ぜっこん》と呼ぶ。舌体の先端は舌尖《ぜっせん》といい、縁の部分は舌縁《ぜつえん》と呼ばれる。なお、口腔ガンのうち舌ガンは50～60％にも上るが、とくに舌縁は、その約90％を占める。これは、臼歯との隣接による慢性刺激があり、喫煙や飲酒の刺激を受けやすいためだ。

ところで、舌の表面（口腔底側の面を除く）にはつぶつぶとした細かい凹凸があるが、これは舌乳頭《ぜつにゅうとう》という組織で、味蕾《みらい》と呼ばれる味覚の受容体が無数に分布している。

**口腔と舌のおもな病気**

舌炎、口角炎、口腔カンジダ症、粘液のう腫、舌ガン、上咽頭ガン、中咽頭ガン、下咽頭ガンなど舌乳頭には糸状《しじょう》乳頭、有郭《ゆうかく》乳頭、葉状《ようじょう》乳頭、茸状《じじょう》乳頭の4種類あり、かつては先端部の茸状乳頭で甘み、奥の有郭乳頭では苦味というように、舌の部位で感じる味覚が異なるとされてきた。しかし、各味覚受容体は舌の全域にわたっており、実験的に前記のような部位差は認められていない。いっぽうで、舌の両側に分布する糸状乳頭には味蕾が存在せず、味蕾の約40％が有郭乳頭に、約30％ずつが茸状乳頭と葉状乳頭に分布している。

舌乳頭の味蕾からは、舌組織の内部に向けて味覚を感じる細胞（味《み》細胞）の神経線維が伸び、束になって舌咽《ぜついん》神経、顔面神経、三叉神経などに連絡している。味蕾で受けとった味覚情報はこれら神経を通り、延髄、視床を経由し、大脳皮質の味覚野へと伝えられる。

また、食物情報で味覚、視覚、嗅覚が刺激されると唾液の分泌が増えるが、口腔内には唾液分泌のための唾液腺がいくつかある。顎下腺《がっかせん》は、顎下骨にあり、下顎の歯列と舌根のあいだに導管が開いている。耳の前に広がる耳下腺《じかせん》は、導管は頬の粘膜に開いている。残りの唾液は、複数の導管をもつ口腔底にある舌下腺や、多くの小唾液腺から分泌される。

唾液は、食べ物を咀嚼や嚥下などで取り込む際、口腔の動きをなめらかにし、食道へスムーズに送る役割をもつ。ほかにも口腔内部の殺菌や、粘膜保護のため乾燥を防ぐ、口腔内をほぼ中性に保ち歯を保護するなどのはたらきもある。

## 歯列と歯の種類

上下の永久歯は右図のように歯列をなしている。外界に近い中切歯、側切歯、犬歯はものを噛み切る役割をもち、口腔奥側の第１～第２小臼歯、第１～３大臼歯はものをすりつぶす役割を担う。

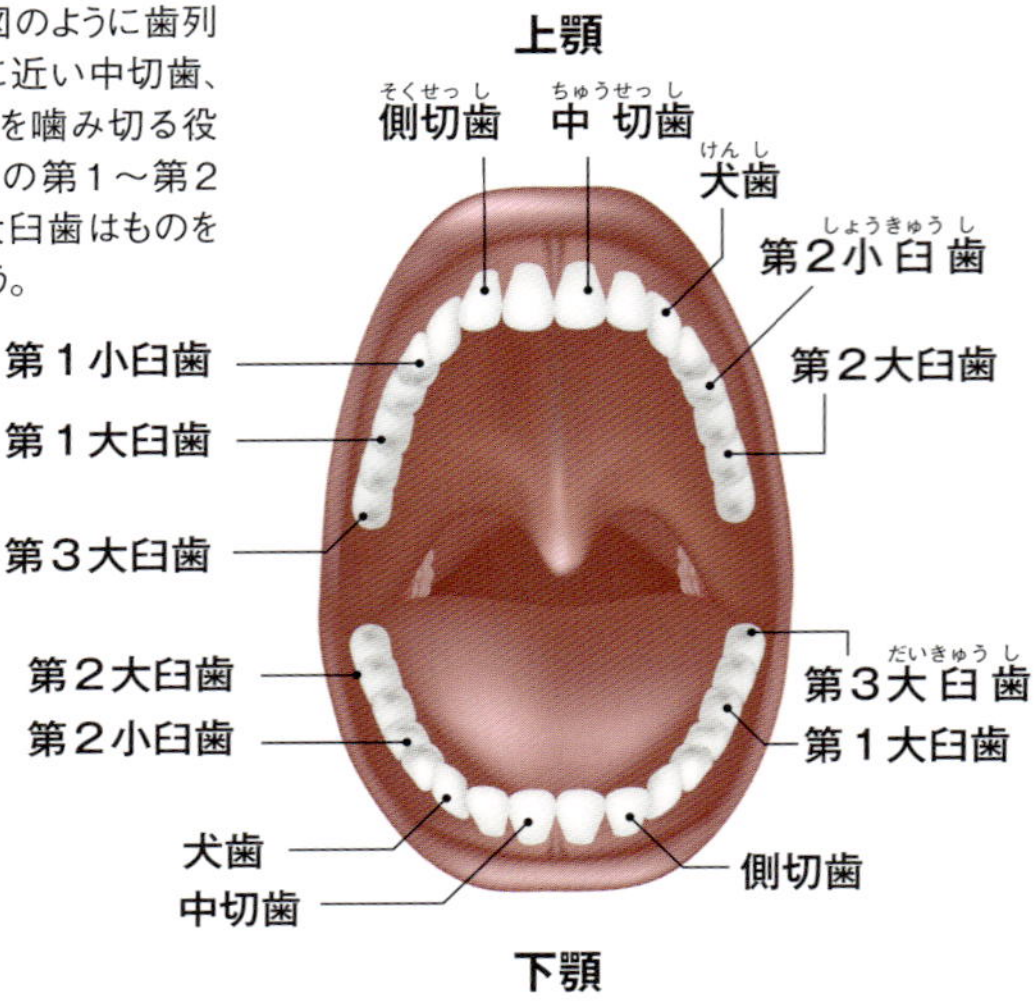


## 歯の構造

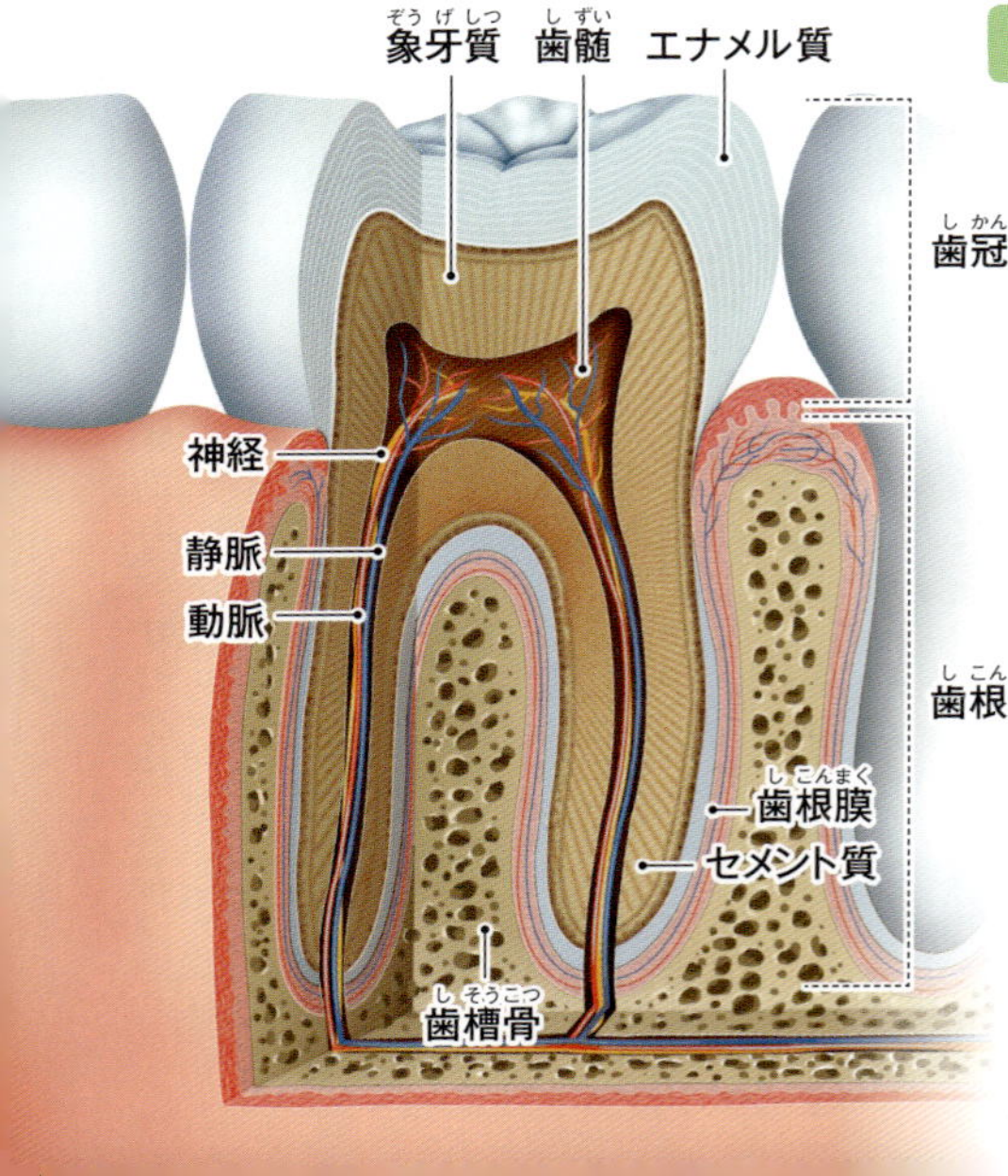


歯の断面イメージ。歯を支持しているのはセメント質、歯根膜、歯槽骨で、これらは歯周組織と呼ばれる。また、歯根膜には触感や圧力などを感知する機械受容器があり、咀嚼運動時の歯への圧力を調節している。

## 皮膚の構造

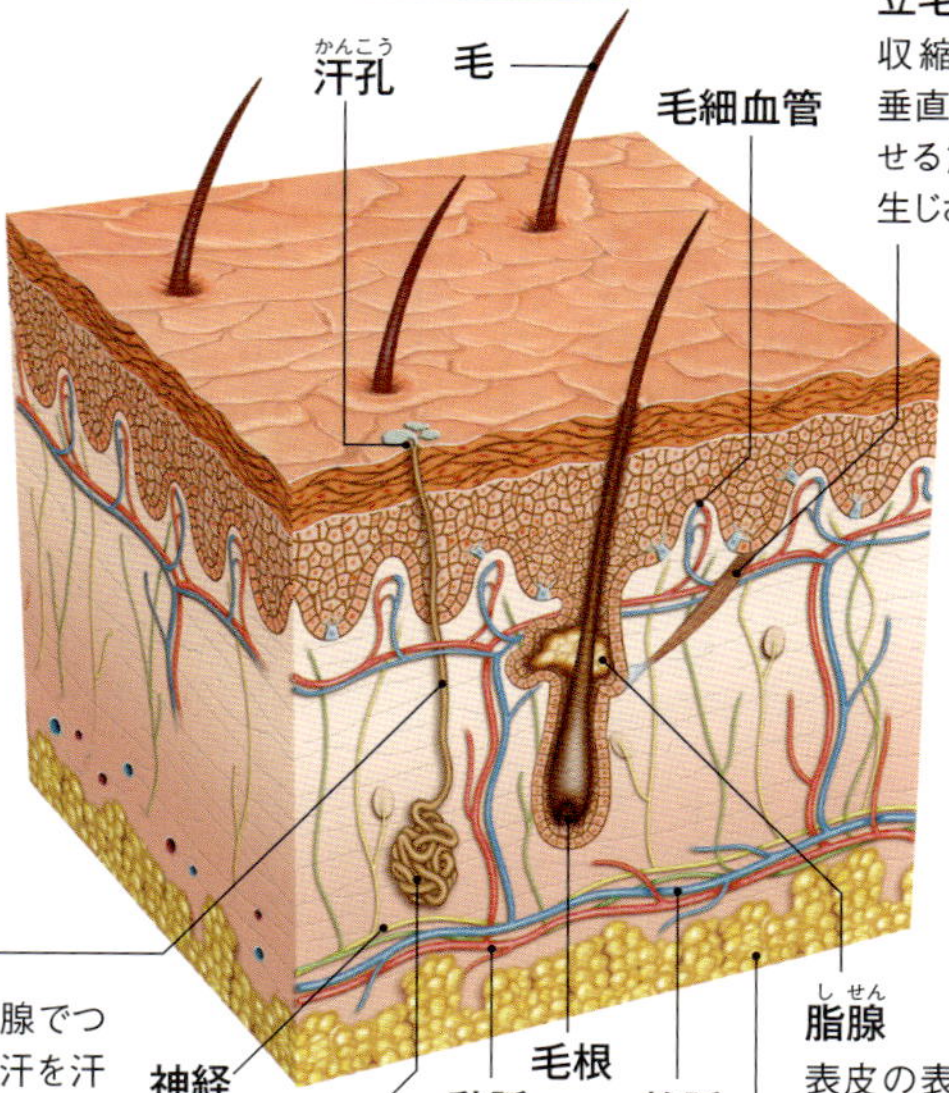
表皮
真皮
皮下組織
汗孔《かんこう》
毛
毛細血管
立毛筋《りつもうきん》
収縮により毛を垂直方向に立たせる筋。鳥肌も生じさせる。
汗腺《かんせん》
エクリン腺でつくられた汗を汗孔から分泌し、体温を調節する器官。
神経
エクリン腺
血液から水分を吸収して汗をつくりだす。
動脈
毛根
静脈
脂腺《しせん》
表皮の表面をうるおす皮脂を分泌する。
皮下脂肪

皮膚は、人体で最大・最重の器官で、成人で平均1.6㎡、重さは約9kgもある。表皮、真皮、皮下組織からなり、外部からの刺激や感染から体を守るバリアの役割を担う。なかでも、もっとも外側にある表皮は、平均0.2㎜という厚さで、約45日周期でターンオーバーをくり返している。なお、表皮の最厚部位は足の裏で約2㎜、最薄部位は瞼で約0.04㎜だ。

## 表皮の層構造

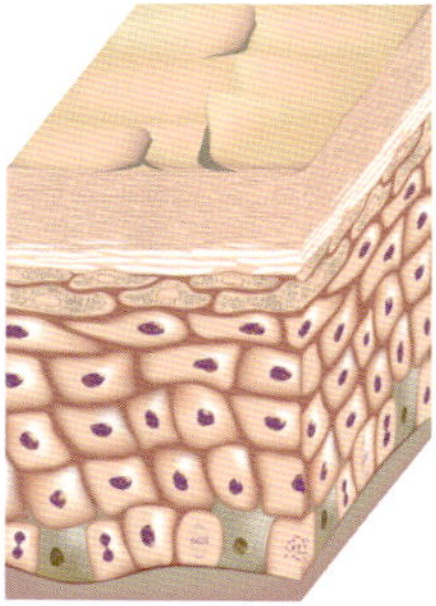
角質層
顆粒層
有棘層
基底層
真皮

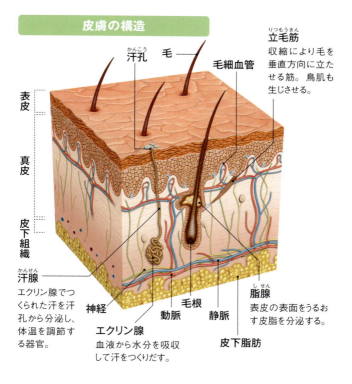

食べ物を噛み砕く人体でもっとも硬い部位

# 歯の構造

歯の
おもな病気

歯周病、う歯、歯髄炎、知覚過敏症など

口腔内に並ぶ歯は、歯肉を支えにして生え、舌と協働して食べ物を細かく噛み砕き、食道へと送りやすくする役割を担う。歯肉から露出した部分を歯冠《しかん》と呼び、歯肉に埋まっている部分は歯根《しこん》と呼ぶ。歯冠の表面は硬いエナメル質が覆い、歯根の表面にはセメント質があり、その内部に歯をかたちづくる象牙質がある。エナメル質は、人体のなかでもっとも硬く、象牙質はエナメル質より少々硬度が落ち、セメント質はさらに硬度が低い。

また、歯の土台である歯槽骨《しそうこつ》の下部は骨髄で、内部には骨同様に神経や血管が通っており、歯髄《しずい》（歯の内側にある空洞）にある神経や血管と接続している。そして歯槽骨と歯根は、あいだにある歯根膜という丈夫な膜によってつながっている。

歯は、小児のときに生え替わり、幼児期の歯を乳歯、生え替わった歯を永久歯と呼ぶ。永久歯は第1臼歯、切歯、犬歯、第1小臼歯、第2小臼歯の順に生え替わり、乳歯は上下20本なのに対し、永久歯は上下28本、「親知らず」と呼ぶ第3臼歯を含めて32本ある。

約45日かけて代謝する、人体最大の感覚器

# 皮膚の構造

人体の器官で最大の面積、重量をもつ皮膚は、外界の環境変化や物理的な刺激から人体を守って生命活動を維持し、温度、接触、圧力などの刺激を感知する機能を備える。

皮膚はおおまかに、表面から表皮、真皮、皮下組織の3層からなる。

表皮は、おもに角化細胞《かくかさいぼう》で構成され、角化細胞は表皮の最下層でつくられ成熟とともに上層に移行する。また、角化細胞の成熟度によって、深部から基底層、有棘層《ゆうきょくそう》、顆粒《かりゅう》層《そう》、角層《かくそう》（角質層）の4層に分けられる。なお、基底層でつくられた細胞が、成熟して角層まで押し上げられ、垢になって落ちるまでをターンオーバーと呼び、約45日かかる。

表皮と基底膜で接着している真皮《しんぴ》には、血管、脂腺、毛根、汗腺、弾力性線維などがあり、痛覚や触覚などを感知する知覚神経の末端、自律神経の末端もここにある。

真皮の下方にある皮下組織は、多くは脂肪細胞からなる脂肪組織で、中性脂肪の貯蔵所としてはたらき、その他、物理的外力への緩衝、断熱・発熱などの保温の役割も担う。

**皮膚のおもな病気**

アトピー性皮膚炎、帯状疱疹、湿疹・皮膚炎症候群など

## 毛の構造

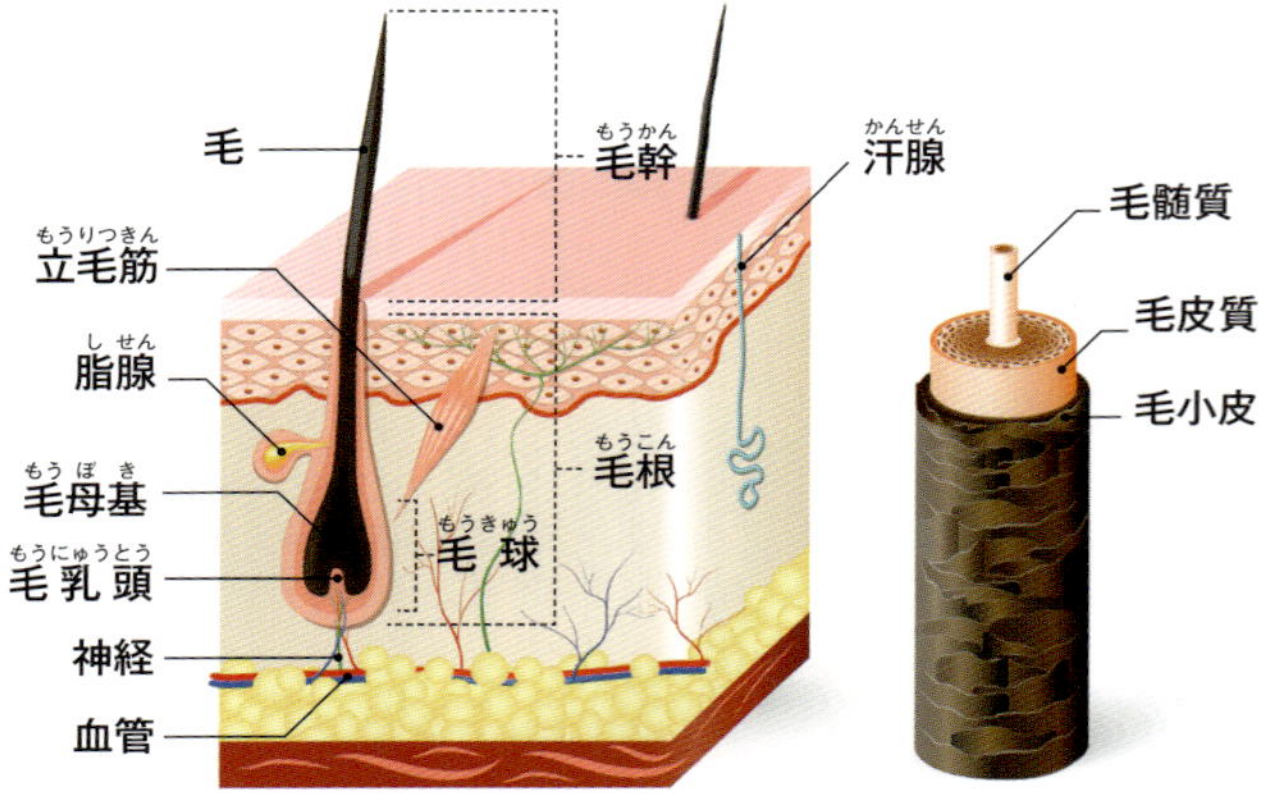


頭髪や体毛などの毛は、根元にある毛母の活動によって成長する。毛そのものは、外側から毛小皮、毛皮質、毛髄質で構成される。黒髪や金髪、赤髪といった毛色は、メラニン色素を含む毛皮質の細胞の量によって決まるが、この細胞の量は遺伝的に決まっているとされる。

## 毛の成長過程

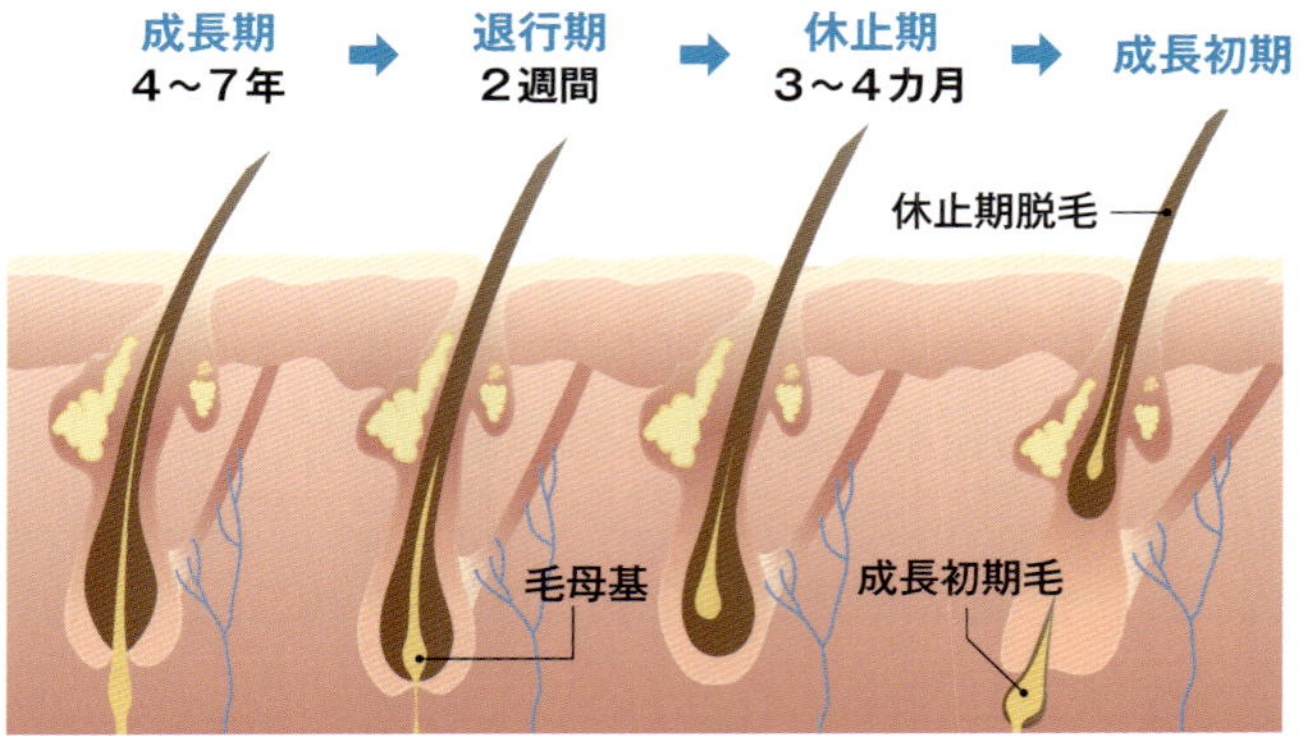


毛は一定の周期で発育し、成長期→退行期→休止期の順で、発毛と脱毛を繰り返す。休止期には、毛母の細胞分裂能は失われて毛乳頭からの栄養供給もなくなり、同じ毛穴に新しい毛が生じると、休止期にあった毛が脱落する。

## 爪の構造

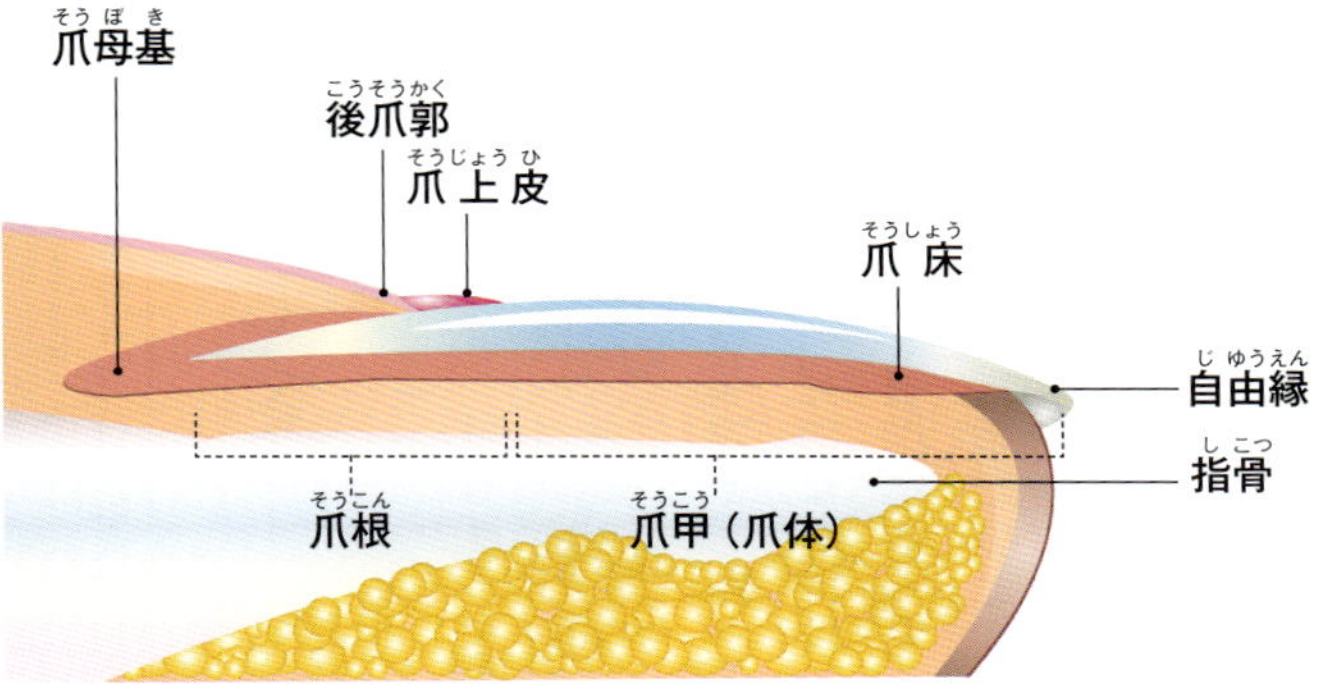


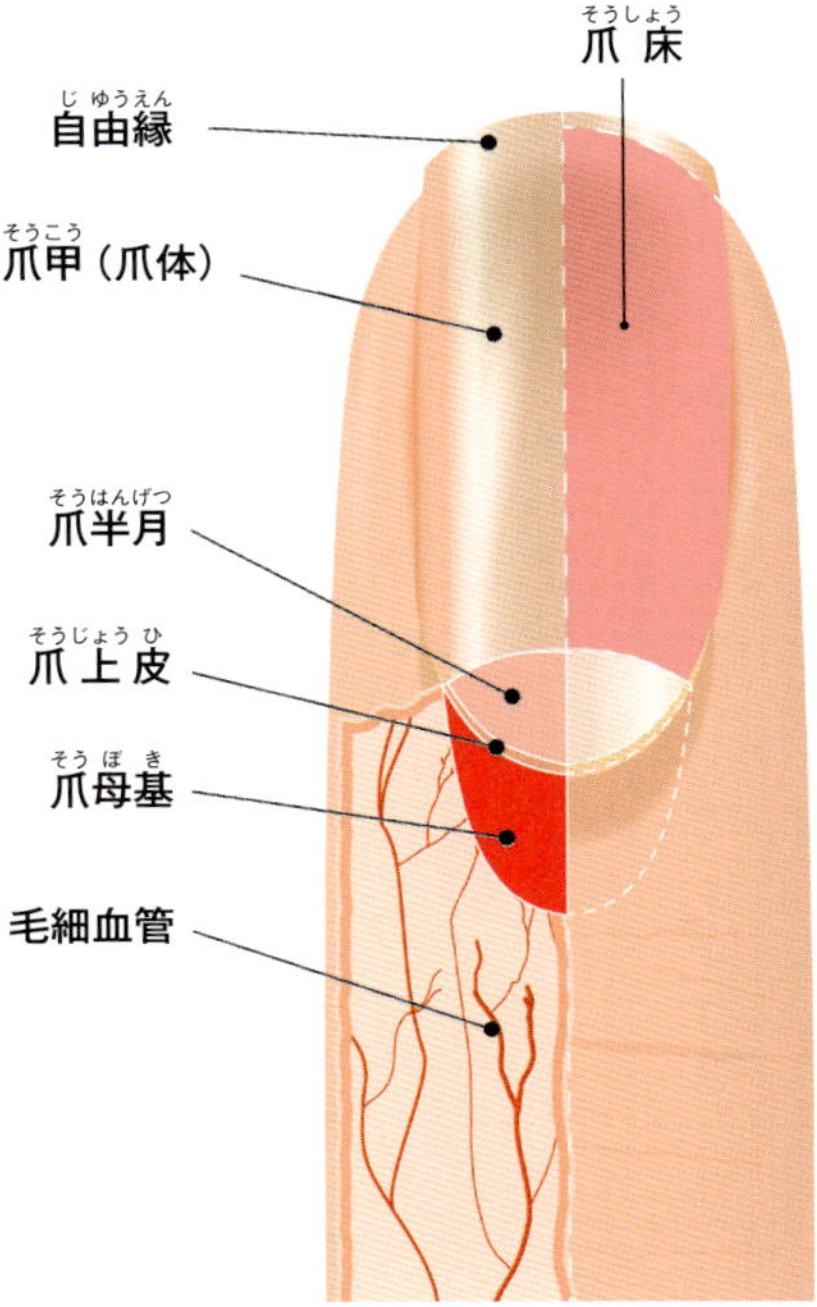


爪は、指を保護するとともに、ヒト特有の微細な作業を可能にしている。爪母基内の爪母細胞が細胞分裂し、角質化することで爪になる。爪母基は胎児期から現れ、爪は胎生5カ月頃に見られる。また、ケガなどで爪が剥がれても、爪母基が残っていれば爪は元通りになるが、爪母基が破壊されると再生不可能。

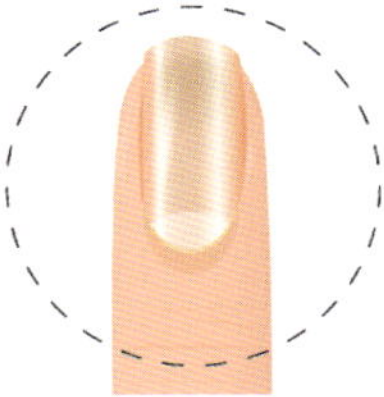

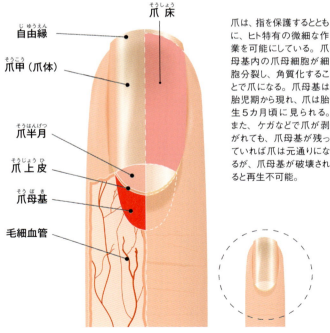

3～4年サイクルで生え替わる体の防護役

# 毛のしくみ

毛は、まつ毛、まゆ毛、ひげ、腋毛《わきげ》などの体毛と頭髪の総称で、体を物理的に保護している。日々成長し、一定の長さで成長が止まり、抜け落ちるという周期を繰り返すが、この周期は毛周期《もうしゅうき》と呼ばれる。毛周期がもっとも長いのは頭髪で、3～4年で生え替わる。

真皮内にある部分を毛根《もうこん》、表皮から外部に出ている部分を毛幹《もうかん》といい、毛根の根元には毛球《もうきゅう》がある。毛球のなかには、毛をつくる細胞である毛母細胞を擁する毛母基《もうぼき》がある。この毛母細胞が、毛母基下の毛乳頭《もうにゅうとう》から栄養を受け取り、毛をつくり毛根から伸びていく。ちなみに、毛根は胎児のときにつくられるが、基本的にその数は一生変わらない。

ケラチンとタンパク質を主成分とする毛は、外側から毛小皮、毛皮質、毛髄質からなる3層構造だ。毛小皮は、ウロコ状に角化した細胞からなっている。毛皮質は、細胞が密になっている層で、細胞内にメラニン色素を多く含むため、この色素の多少が毛の色を決める。最奥層の毛髄質は、細胞間にすき間があり、栄養の通り道になっている。

手足の力加減を調節して微細な運動を可能にする

# 爪のしくみ

爪は、指の先端を保護するとともに、指腹に加える力を支える役割を担っている。そのため、手指での細かい作業を可能にし、体を支え足先に力が入る歩行などを可能にする。

一般に「爪」と呼ばれる部分は、専門的には爪甲《そうこう》（爪体《そうたい》）といい、皮膚の表皮が角質化し変形したもので、皮膚の付属器官である。主成分は、毛にも含まれるケラチンで、神経や血管は通っていない。爪甲の根元、皮膚の下に隠れている部分は爪根《そうこん》と呼ばれ、爪の下層、爪が付着している部分は爪床《そうしょう》という。爪床は表皮と同じような組織からなるが、顆粒層がなく、爪甲に密着している。さらに深層、爪床の内部には指骨がある。

また、爪床の末端にある爪母基《そうぼき》という部分には、爪母細胞が集まっている。この爪母細胞が、細胞分裂して角質化し、爪の先端部へと押しやることで爪は伸びる。成長した爪は爪床から剥離して指先に伸び、この部分は自由縁《じゆうえん》と呼ばれる。なお、爪は常につくられ続け、健康な成人で手指の爪は1日約0.1㎜、足趾の爪は1日約0.05㎜ほど伸びる。

# 眼、耳、鼻、口のおもな病気

外界の情報を得る感覚器である、眼、耳、鼻、口では、慢性的な場合はもちろん、すぐに完治する場合であっても、疾患によって生活に支障をきたしやすい。

代表的な眼の疾患では白内障がある。白内障になると眼球の水晶体が濁り、それにより視界がかすんで見え、進行すると眼鏡で矯正できないほど視力が低下する。原因としては多くが加齢によるもので、早い人では40代から、80代では大部分の人に見られる。その他の原因として、先天性、外傷性、アトピー性、薬剤によるもの、ほかの目の病気に続発するなどが挙げられる。白内障は、濁った水晶体を取り除き、眼内レンズを挿入するなどの手術で改善できる。

また緑内障は、40歳以上の日本人の約5・0%が患っているともいわれ、国内の失明原因ではもっとも多い病気だ。眼球内に液体（房水）が貯まり眼圧上昇するなど視神経に障害が起こり少しずつ視野が狭くなる病気で、眼痛や頭痛、吐き気などを起こすこともある。その他失明原因の上位には、加齢により視力が徐々に低下する、加齢黄斑変性症などもある。

耳の疾患としては、中耳炎や外耳道炎がよく知られる。中耳炎は細菌感染などで中耳が炎症を起こすもので、外耳道炎は、耳かきや水泳などの刺激、緑膿菌《りょくのうきん》などの細菌感染で起きる。いずれも耳痛、耳漏、難聴などの症状がある。これらの治療は、基本的に薬物投与で済む。

難聴自体も疾患のひとつで、突然片耳だけ聞こえなくなる突発性難聴や、加齢で起きる老人性難聴など難聴にもさまざまある。突発性難聴はステロイド治療で改善できるが、老人性難聴は加齢が原因のため治療できず、補聴器をつける以外での改善は難しい。なお、激しいめまいをともなうことでも知られるメニエール病などでも、難聴が症状に現れる。

鼻の主疾患には、鼻炎と副鼻腔炎がある。鼻炎は、ウイルスによって引き起こされる急性鼻炎と、花粉症などのアレルギー性鼻炎があり、いずれも鼻粘膜が炎症を起こして発症する。症状はくしゃみ、水のような鼻汁、鼻づまりだ。いっぽうの副鼻腔炎は、鼻炎に続発しやすく、粘性の高い鼻汁、のど側に流れる鼻汁（後鼻漏）、鼻づまり、嗅覚障害などが主症状。ちなみに「蓄膿症」と呼ばれる病気は、副鼻腔炎のひとつである慢性副鼻腔炎を指す。

食べ物などとの接触がある口（口腔）では、細菌やウイルスなどが繁殖しやすい環境であるため、抜歯の可能性もある歯周病や虫歯、飲食がしにくくなる知覚過敏症や口内炎などが生じる。また、歯などの力・喫煙・飲酒による刺激があるので、舌ガンや上・中・下咽頭ガンといった、重大な疾患もしばしば起きる。口腔内にガンが発症してしまうと、進行次第では、予後に言語や咀嚼、嚥下に大きく支障をきたすことがある。

## 眼、耳、鼻、口、皮膚のおもな病気（五十音順）

| | 病名 | おもな原因や症状など |
|---|---|---|
| 眼 | 加齢黄斑変性症 | 物が歪んで見えたり、小さく見えたり、暗点するなどの初期症状ののち、視力が徐々に低下し、色覚異常があることも。加齢により網膜色素上皮の下に老廃物が蓄積し、新生血管がつくられて発症する。 |
| | 白内障 | おもに加齢によって眼球の水晶体が濁り、視界がかすんで見え、進行すると眼鏡で矯正できないほど視力が低下する。大きく、前嚢下白内障、皮質白内障、核白内障、後嚢下白内障に分けられる。 |
| | 緑内障 | 視野が狭くなる視野狭窄や、見えない場所が出現する（暗点）、視力低下などがある。急性の場合は、眼痛や頭痛、吐き気などを起こすことも。眼球内に房水という液体が溜まることで、眼圧が上昇して生じる（眼圧が上昇しない場合もある：正常眼圧緑内障）。 |
| 耳 | 外耳道炎 | 耳かきや入浴・水泳などの刺激で起きる急性のものは耳痛、耳漏、ときに発熱がある。病原菌（おもに緑膿菌）により感染する悪性の場合は、耳痛、耳漏のほか、脳神経麻痺や、発声や嚥下に影響があることも。 |
| | 中耳炎 | 中耳に炎症が起こり腫れることによる、強い耳痛、耳漏、一時的な難聴などがある。急性、慢性のほか、滲出性、真珠腫性、好酸球性などがある。治療は基本的には抗菌薬の投与だが、まれに手術することもある。 |
| | 難聴 | 突然耳鳴りとともに片耳だけ聴力が低下する突発性難聴、加齢にともなって聴力低下が起きる老人性難聴、強大な音などの外傷によって生じる騒音性難聴、先天的に聞こえが良くない遺伝性難聴などがある。 |
| | メニエール病 | 難聴、激しい（回転性）めまい、耳鳴りなどの発作と、発作にともなう吐き気や嘔吐、冷や汗といった自律神経症状を繰り返す。原因不明だが、内耳の内リンパ腔の拡大（内リンパ水腫）が症状にかかわるとされる。 |
| 鼻 | 鼻炎 | 鼻粘膜が炎症を起こして発症し、くしゃみ、水のような鼻汁、鼻づまりの３症状が主特徴。細菌・ウイルスによって引き起こされる急性鼻炎、花粉症などのアレルギー性鼻炎がある。 |
| | 副鼻腔炎 | 粘性の高い鼻汁、後鼻漏、鼻づまりが基本症状で、嗅覚障害をともなう場合もある。急性鼻炎の続発による急性副鼻腔炎や急性副鼻腔炎が慢性化する慢性副鼻腔炎のほか、真菌（カビ）による真菌性副鼻腔炎、鼻茸（ポリープ）がたくさんでき好酸球が蔓延する難治性の好酸球性副鼻腔炎などがある。 |
| 口腔・咽頭 | 口内炎 | 口内の粘膜に炎症が生じ、接触すると痛む。アフタ性口内炎、口腔カンジダ、潰瘍性口内炎、急性壊死性潰瘍性口内炎などがあり、急性壊死性潰瘍性口内炎では、摂食障害、発熱、全身倦怠感が出現する。 |
| | 歯周病 | 歯茎の腫れ、出血、痛み、口臭などが主症状。歯肉から炎症が起こる歯肉炎（歯肉病変）や歯周炎と、歯周組織の深部（セメント質や歯槽骨など）から非炎症性の損傷が起こる咬合性外傷に大別できる。 |
| | 上・中・下咽頭ガン | 上咽頭ガンは難聴、耳痛、鼻出血、鼻づまり、嚥下困難、顔面知覚異常、中咽頭ガンは咽頭違和感、自発痛、嚥下時痛、開口障害、嚥下障害、呼吸困難、嗄声（声質の異常）、下咽頭ガンは咽頭違和感、嚥下痛、嚥下障害、嗄声、血痰などの症状が典型的だが初期は無症状のことも多い。 |
| | 舌ガン | 初期は無症状だが、進行するにつれて疼痛、出血、運動障害（言語、咀嚼、嚥下の障害）、口臭（壊疽臭）などが生じる。歯や義歯などによる慢性の機械的な刺激、タバコやアルコールなどの化学的な刺激が誘因とされる。 |
| 皮膚 | アトピー性皮膚炎 | アレルギー疾患の代表で、かゆみの強 い湿疹を繰り返す。多くの場合、アトピー性素因（喘息など）をもっている。悪化の原因としては、ダニなどが知られている。治療としては、保湿外用薬によるスキンケアと炎症を鎮める薬物療法が欠かせない。 |
| | 帯状疱疹 | 水痘（みずぼうそう）と同じウイルスが神経の末端に潜んでおり、再度活性化するのが原因の皮膚疾患。初期は痛みのみで皮膚病変が出現しないこともあり、また背中側など本人から見えづらいこともある。 |

# 第3章

# 呼吸器系

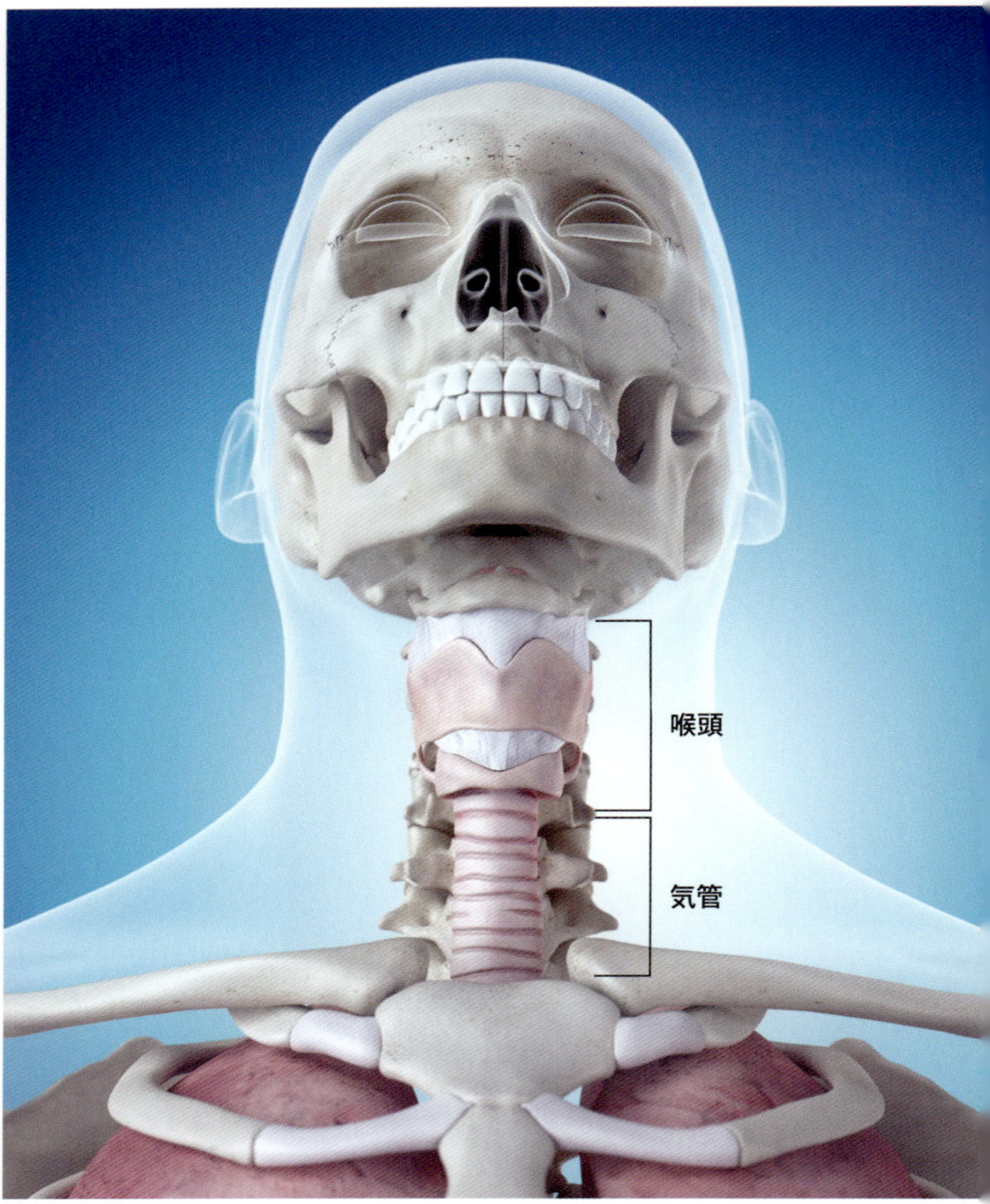


喉頭は、鼻から気管までの上気道のなかの一部。気管へ通じる気道の部分と、食道へ通じる部分の分かれ目になっていて、空気と飲食物の交通整理をしている。また、気道部分には声帯がある。

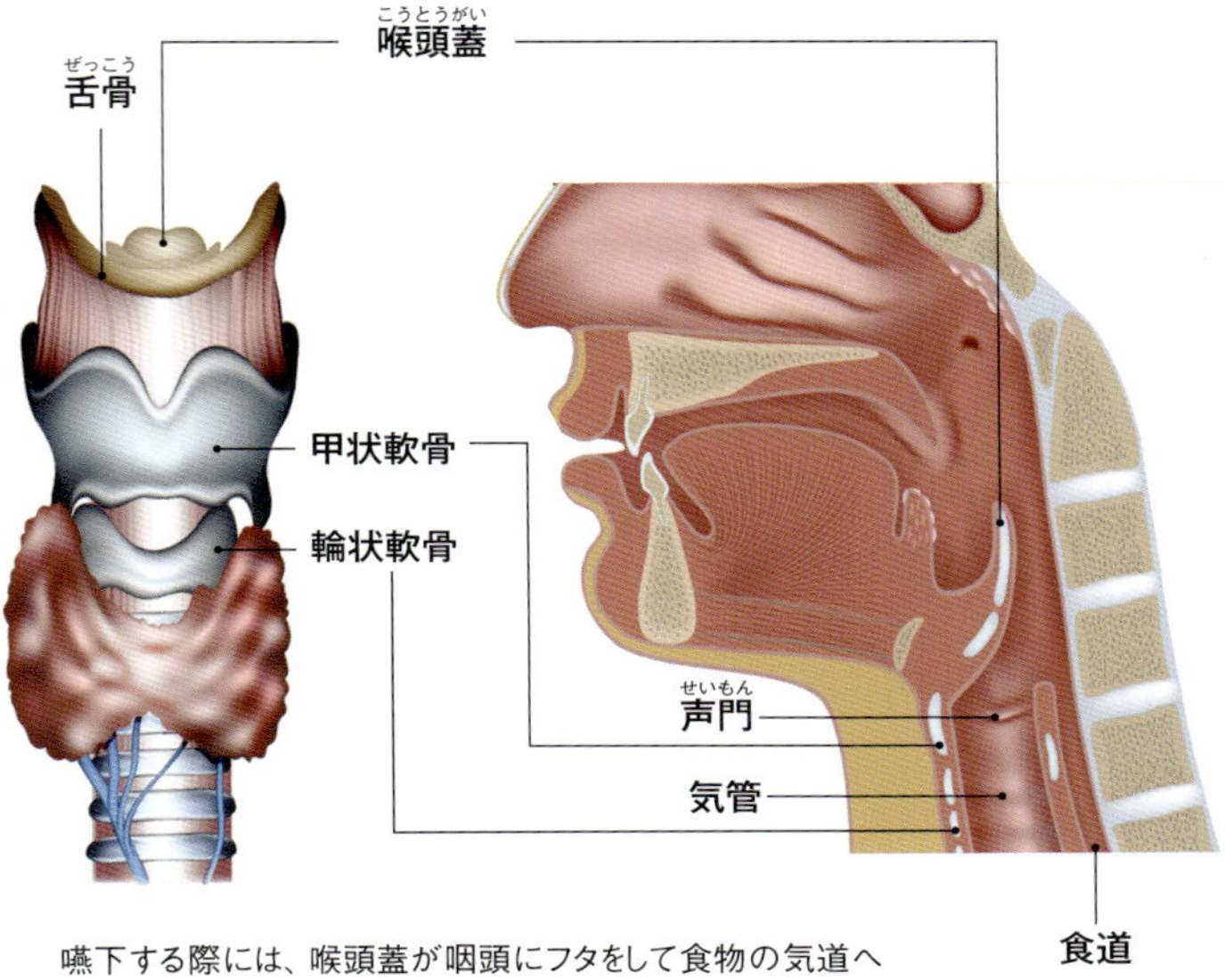


嚥下する際には、喉頭蓋が咽頭にフタをして食物の気道への流入を防いでいる。

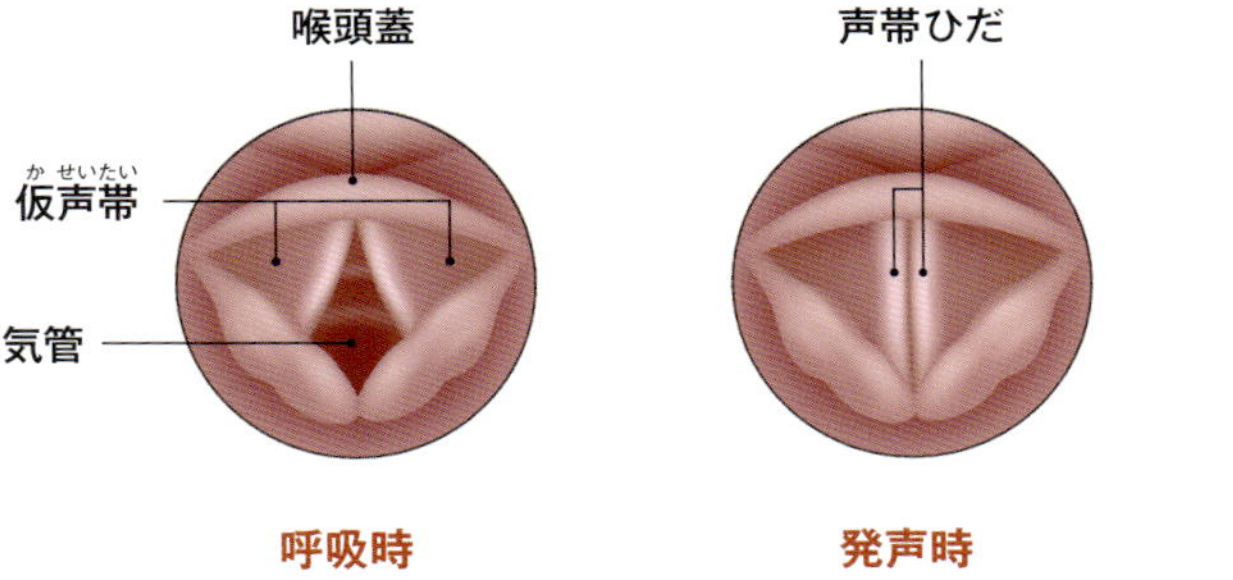


喉頭蓋も声帯も、呼吸時は開いており、飲み込むときはすべてが閉じる。声を出すとき、声帯ひだは、薄くすきまが開く程度に閉じられ、そのあいだを空気が通り震えることで声になる。

嚥下と呼吸の交通整理をする器官

# 喉頭と声帯の構造

喉頭《こうとう》は上気道の一部で、口腔の奥から気管の入口までを指し、呼吸で換気される空気の通り道だ。また、気道と食道の分岐点で空気と飲食物の交通整理の役割を果たす喉頭蓋《こうとうがい》や、発声にかかわる声帯などがある。構造は、外郭としてのどを守る甲状軟骨、輪状軟骨をはじめとした6種類、9個の軟骨、それらと連携する関節や靭帯、筋肉で構成されており、空気が漏れない密閉した空間を保つ。喉頭の筋肉は外咽喉筋群と内咽喉筋群に分けられ、軟骨を支える役目をもつ。また、嚥下《えんげ》、呼吸、発声においてもさまざまな動き方をする。

気道の内壁は、繊毛（線毛）が生えた粘膜上皮で覆われ、異物や細菌などは粘液にからめられて、上に向かって動く繊毛によって押し上げられ、咳や痰によって体外へ出される。

最上部にあり、食道との分岐点に上向きについている喉頭蓋は、軟骨と筋肉でできた弁のような形をしている。通常、呼吸や発声のときは開いているが、飲食物を飲み込むときは、ここが動いて気管の入口を覆うフタとしてはたらき、異物が入らないようにする。

**咽頭のおもな病気**

喉頭ガン、声帯ポリープなど

その下には、声帯を含む声門部がある。甲状軟骨（男性の「のどぼとけ」はこれが発達して隆起したもの）の内側にあり、甲状披裂筋《こうじょうひれつきん》、輪状甲状筋など多数の筋肉がある。これらの筋肉は声帯の形状を変えたり、気管への空気を遮断するはたらきなどがある。呼吸や発声のときは開き、嚥下時は迷走神経の反射で、声帯を含むすべてが閉じられる。

声門部は上中下に大別され、上層部には仮声帯（または室ひだ、前庭ひだ）という、粘膜に覆われた筋肉のひだがある。下層部には、声帯ひだという、前後に張り左右に開閉するひだがある。これが一般にいう声帯で、長さは男性で約20㎜、女性で約17㎜である。

声帯ひだのすきまを声門裂《せいもんれつ》といい、閉じたひだのすきまを空気が通り抜けるときに、管楽器のリードのように震えることで音が発生する。これを喉頭原音というが、まさに、「すきま風」のような音でしかない。しかし、声を出す際には、軟骨や筋肉によって声帯を緊張・弛緩させて音程を変え、吐く息の強弱でボリュームを調節している。

このように声帯で調律された声は、さらに、仮声帯と声帯の中間にある喉頭室というくびれた部分や、咽頭、口腔、鼻腔、胸郭などで共鳴する。これらの体の部分の形状は個人差があるため、声帯の振動や共鳴の状態も変化し千差万別となる。これが「声」の個人差につながる。

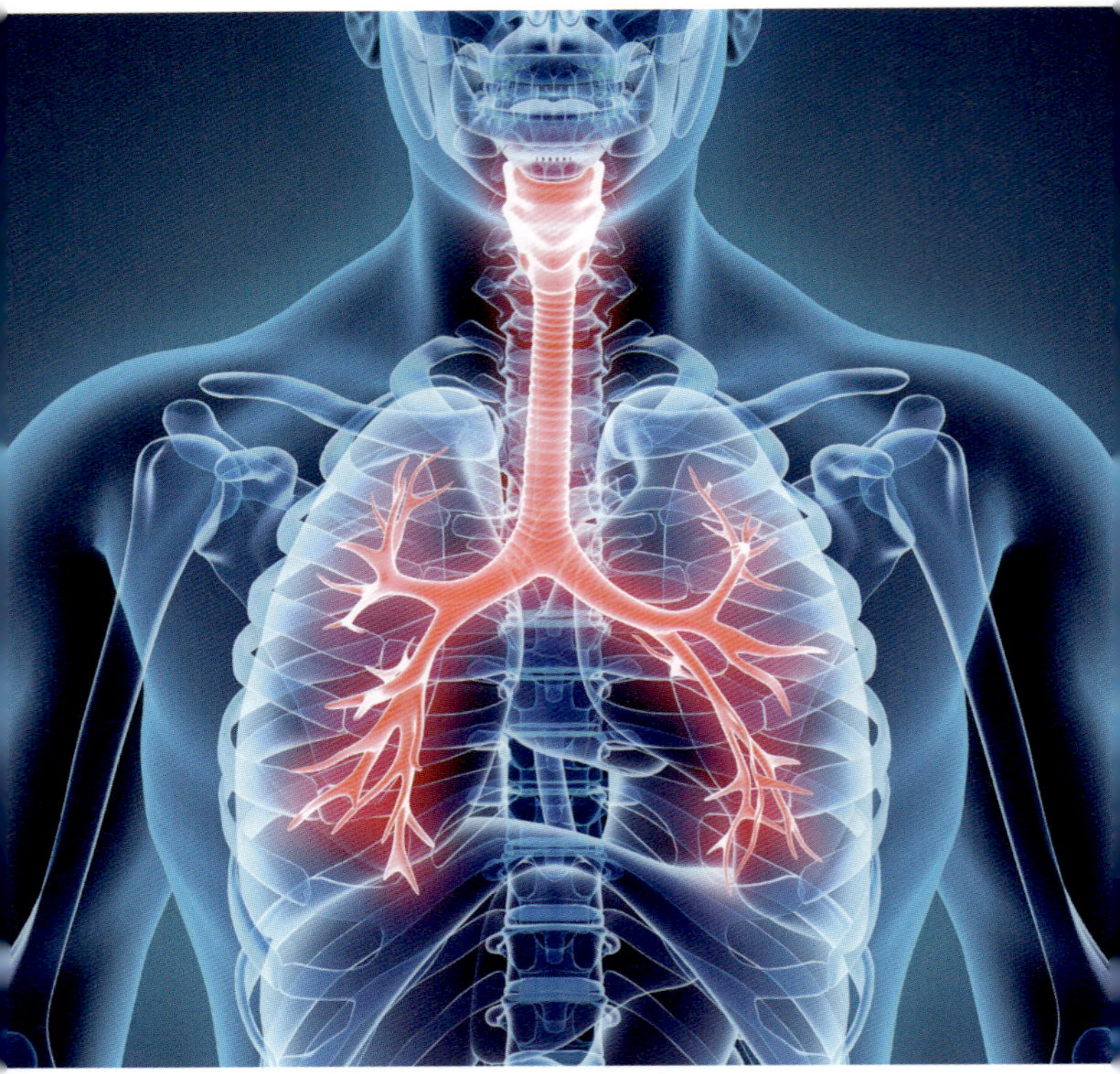

気管は下気道にあたり、呼吸で口や鼻から入った空気を肺へ送る役目をもつ。末端までのあいだに23回分岐を繰り返し、最終的には0.2㎜ほどの細さになる。また、吸い込んだ空気のなかに混ざって入ってくるウイルスや細菌を肺の手前でブロックするために、さまざまな抗体や免疫細胞が存在する。

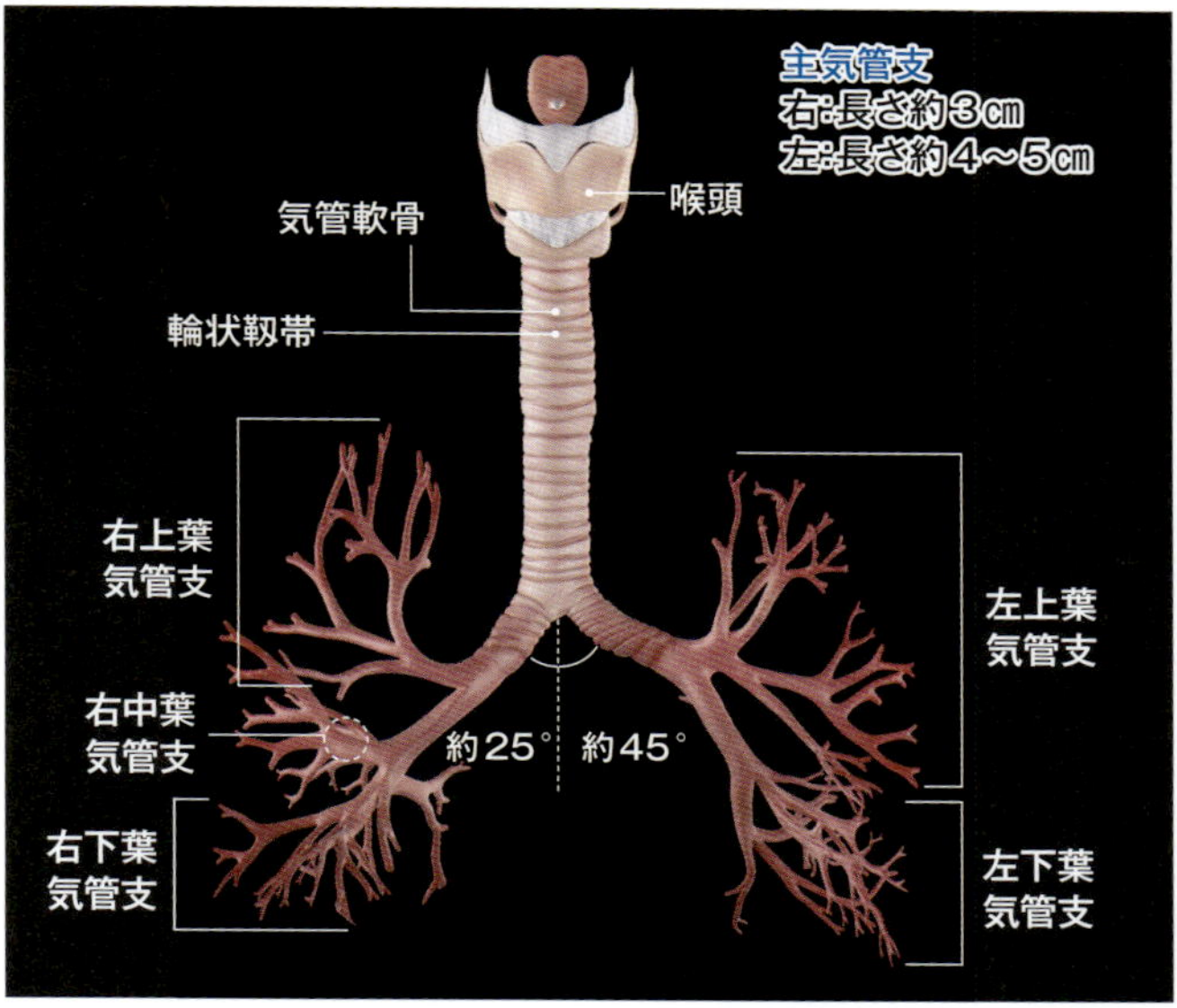


気管は喉頭の下から伸び、左右2本の主気管支に分かれる。その後、肺葉気管支、区域気管支、細気管支、終末細気管支と分岐していく。また、気管の外周を気管軟骨と輪状靱帯が、交互に積み重なるように取り囲んでいる。

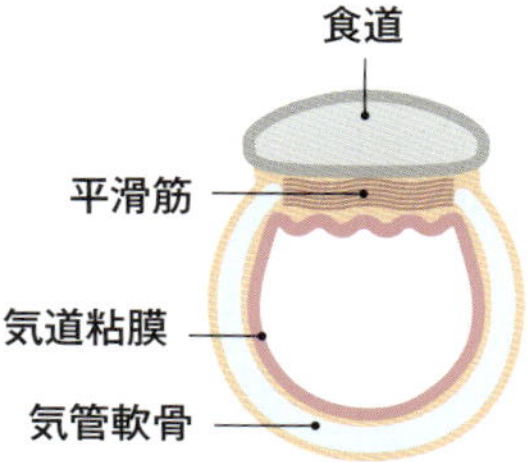


気管軟骨は、食物が通過するときに膨らむ食道を妨げないように馬蹄形をしている。また、気道粘膜は繊毛があり、抗炎症の粘液を分泌している。

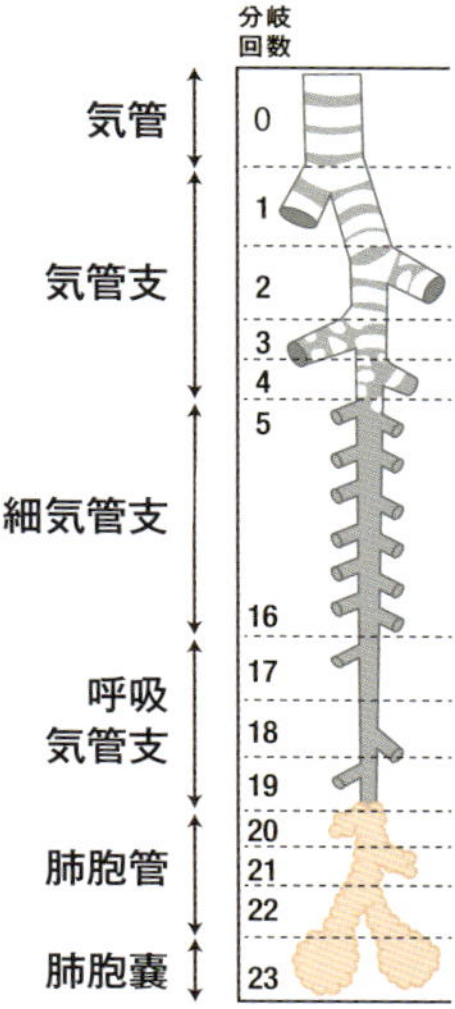

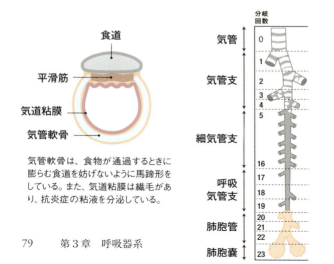

空気の通り道かつ異物の見張り役

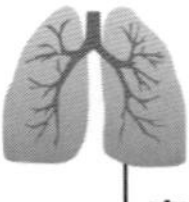

# 気管と気管支の構造とはたらき

気管と気管支は、ともに下気道《かきどう》の一部である。気管は、第6頸椎付近の喉頭で食道と分かれた所から第4～5胸椎付近で左右に分岐する所までを指し、長さ約10㎝、内径約1・6～1・7㎝の円筒形をしている。掃除機のホースをイメージするとわかりやすいが、外周を気管軟骨と輪状靱帯が交互に積み重なるように取り囲み、首の動きに従う柔軟性と弾力性をもちながらも、常時空気を通すために、つぶれない筒状の形を維持している。気管軟骨は、食物が通過するときに膨らむ食道を妨げないように、馬蹄形をしており食道に接するほう（背中側）の欠けている部分を平滑筋が埋めるかたちで円環が閉じられている。

気管支は、中央の気管から左右2本の主気管支に分岐したのち、肺門という部分から肺の内部に至り、細くなりながら枝分かれを繰り返す。次に、肺の各葉への葉気管支、その先の細分区域へ至る区域気管支となる。さらに、細気管支、終末細気管支、内径が0・2㎜ほどの呼吸細気管支になるまで23回分岐し、終端で肺胞嚢《はいほうのう》がつく肺胞管となる。

**気管・気管支のおもな病気**

気管支炎、気管支喘息、気管支拡張症など

主気管支の長さは左右で異なり、右のほうが左より短く太い。また、肺門までの傾斜も右のほうが急な下向きだ。このため、誤嚥《ごえん》による異物は右肺に入ることが多い。

葉気管支は、肺の葉の数にしたがって左肺は2本、右肺は3本に分かれている。細気管支の手前までは軟骨と靱帯があり、強度と形態が維持されている。細気管支から先には、軟骨は存在せず、弾性線維と平滑筋が組織づくる。

気管や気管支の内壁は粘膜で覆われ、ほこりや煙、刺激物質、気温の変化などが吸気の際に影響すると、気道に張り巡らされている迷走神経の反射で、のどから肺まで反応し呼吸筋や横隔膜を急激に収縮させ、胸腔内圧を上げて強い排気を行う。これが咳である。

また、上に向かってなびく繊毛は、粘液がからめ取った異物を痰として排出する。この粘液中には、さまざまな免疫抗体が分泌されており、細菌やウイルス感染から生体を防御する役目を担っているが、これらが過剰に反応するとアレルギー症状となる。

たとえば花粉症は、IgE（免疫グロブリンE）が肥満細胞を刺激して分泌されるヒスタミンが、粘膜の炎症を引き起こすもの。気道内でも数種の抗体が免疫細胞に作用して化学伝達物質が産生・放出され、気道の収縮、炎症による粘膜肥厚、繊毛運動の低下などを起こし、気管支喘息《ぜんそく》などの気道閉塞・呼吸困難の発作をともなう呼吸器疾患を発症する。

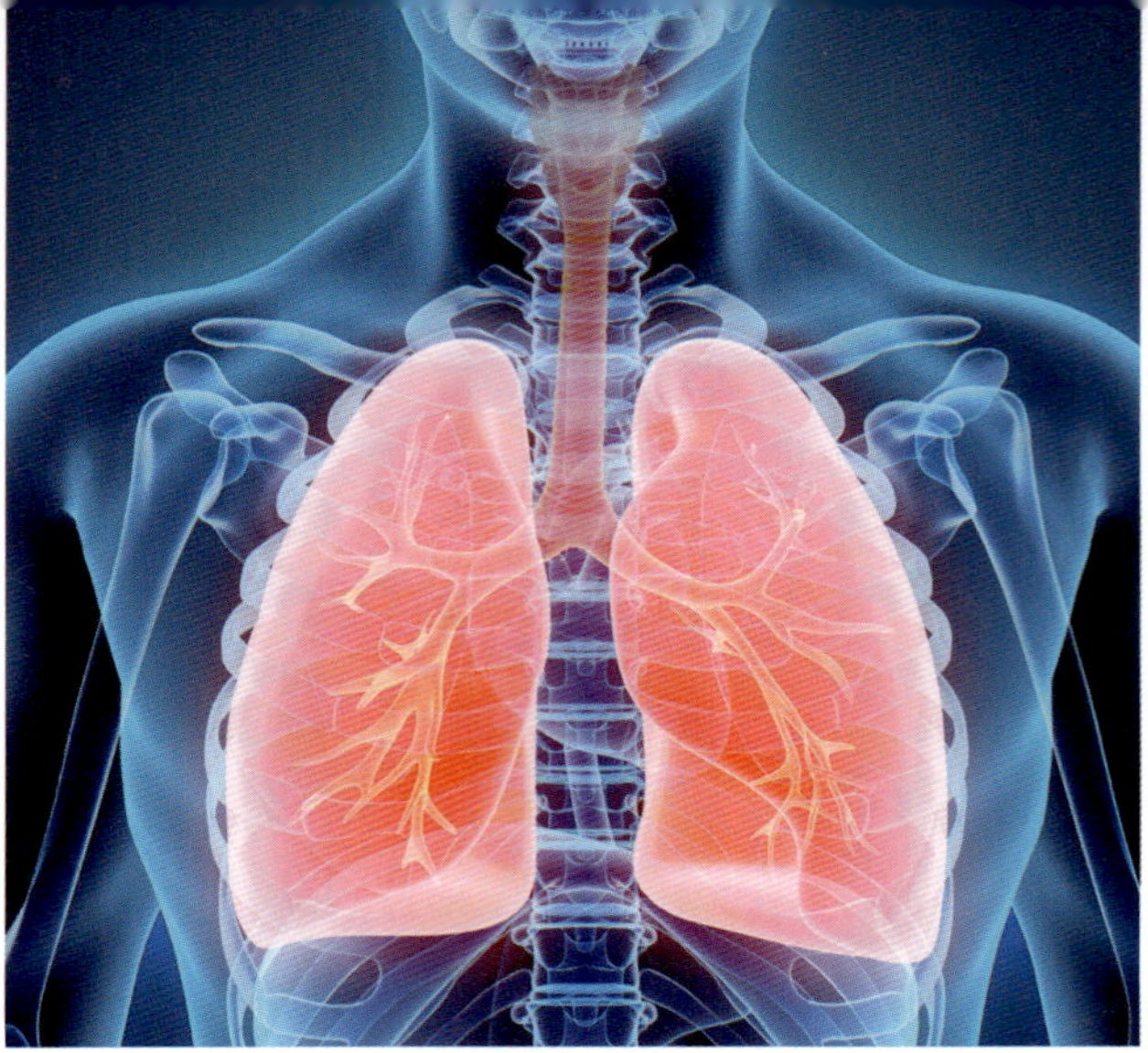

肺は吸い込んだ空気を肺胞に入れ、取り込んだ酸素と、体内で発生した二酸化炭素を入れ替える。

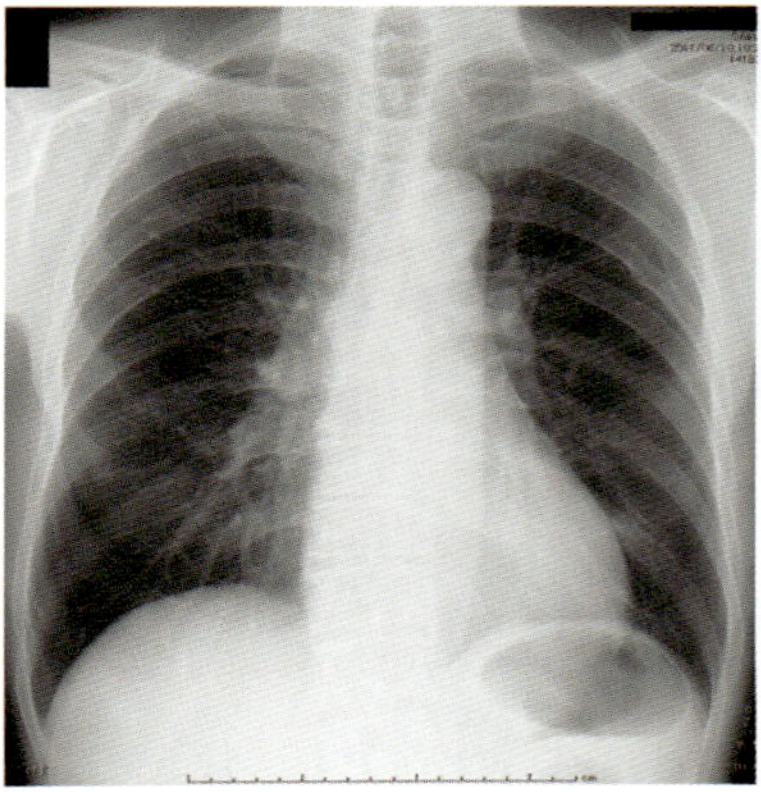

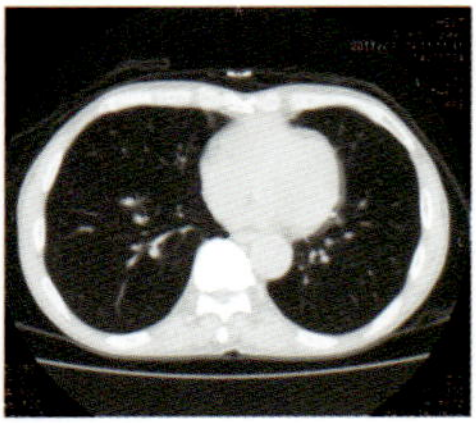


胸部のX線写真（左）と胸腹部のCT画像（上）。通常のX線写真では心臓などが邪魔して見づらい背中側の小さなガンなどを、CTを使うことで早期に発見しやすくなる。

画像提供:東京逓信病院

左右の肺は、肋骨や筋がカゴのように取り囲んだ胸郭で守られており、外側に二重になった胸膜がある。下部には、腹部とのあいだを仕切る横隔膜がある。人体は、胸郭と横隔膜によって肺を膨張、収縮させている。

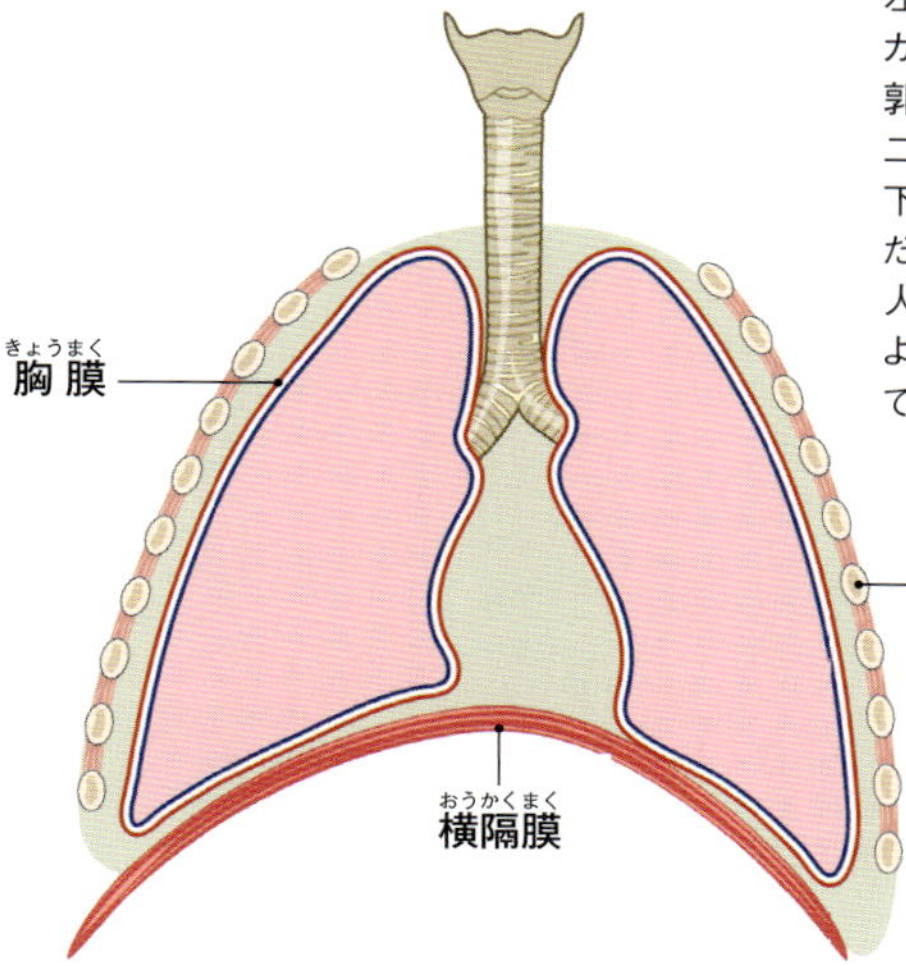


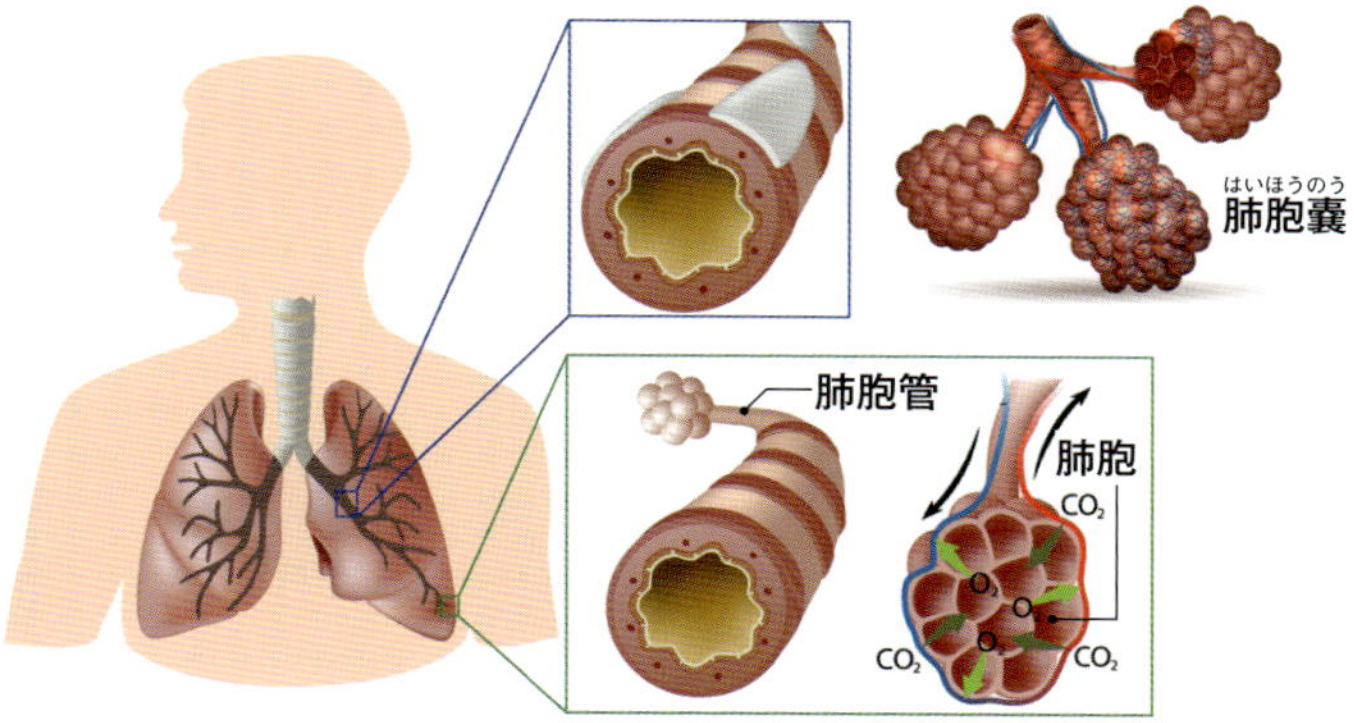


気管支の終端には、ぶどうの房のように肺胞がついた、肺胞嚢がある。ぶどうの粒にあたる部分が肺胞で、その数は3億個以上。周囲の毛細血管とのあいだでガス交換を行う。

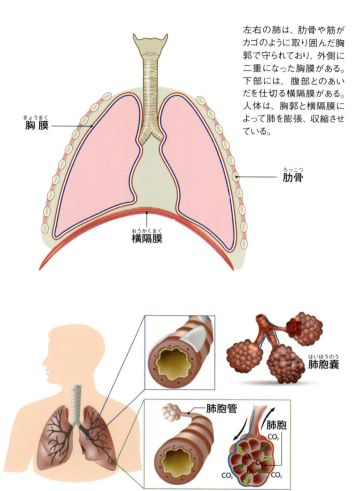

生命活動を支える呼吸の要

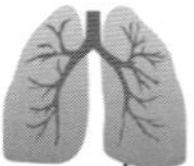

# 肺の構造とはたらき

肺は、呼吸で酸素を取り込み、体内で発生した二酸化炭素を排出する「ガス交換」を行う重要な臓器だ。肋骨や筋がカゴのように囲む胸郭のなかにあり、外側を二重の胸膜に包まれている。胸膜のあいだには胸水という液体があり、肺が伸縮する際の摩擦を避ける緩衝となっている。下部には、腹部とのあいだを仕切る横隔膜があり、この胸郭と横隔膜によって肺を膨張、収縮させる。また、胸郭と横隔膜で閉じられた空間を胸腔という。

肺の構造は右が3つ、左が2つの葉と呼ばれる部分に分かれ、さらに右が10区、左が8区ある肺区域に分割される。心臓に場所をとられるため、左肺のほうがやや小さい。左右の肺は密接せず、縦隔というすき間が中央にあり、気管や血管、心臓や食道が通る。

中央で左右に分岐した気管や血管、リンパ管などは、中央寄りの側面にある肺門という穴から肺へ通じている。肺動脈は二酸化炭素を含んだ静脈血を、肺静脈は酸素を取り込んだ動脈血を運ぶ。最大限に息を吸って吐いた肺活量は、成人で3～5Lだが、普通の呼吸

**肺のおもな病気**

肺炎、間質性肺炎、肺結核、COPD、肺ガン、肺高血圧症、肺水腫、気胸など

では、1回あたり500mL程度である。息を吐ききっても、胸郭と気管内の気圧差で、肺は常に少し膨らみ空気が残っている。これを残気量という。

前述のとおり気管支は分岐を繰り返し、終端は直径0・1mmほどの肺胞管となり、その先には肺胞嚢というぶどうの房のような集合がある。この房が200ほど集まって肺細葉となり、さらにまとまった部分が肺小葉となる。ぶどうの粒にあたる風船状の袋は肺胞といい、これがガス交換の中心的役割を果たす。肺胞は直径約0・1~0・2mmで、肺全体で約3億個あり、酸素と二酸化炭素を交換する内壁の総面積は約70m²（約40畳）にもなる。

肺胞内は空洞で、内壁面には肺胞上皮細胞がある。この薄膜のような組織は、肺胞内の空気と、外側に張り巡らされている毛細血管のなかの血液のどちらにもアクセスできる関門のような役目をもち、この細胞を介して酸素と二酸化炭素をやりとりする。

肺胞と肺胞をつないでいる結合組織を肺間質《はいかんしつ》といい、内部には毛細血管が多くある。血管から出る水分もあるため、水滴が表面張力で丸くなるように、肺胞がしぼむほうに内側への力がはたらく。これをサーファクタントという界面活性効果のある物質が緩和している。また、肺胞全体には、肺胞マクロファージなどの免疫細胞が存在しており、この免疫細胞は、ほこりや微生物などを取り込んで死滅させる生体防御機能をもっている。

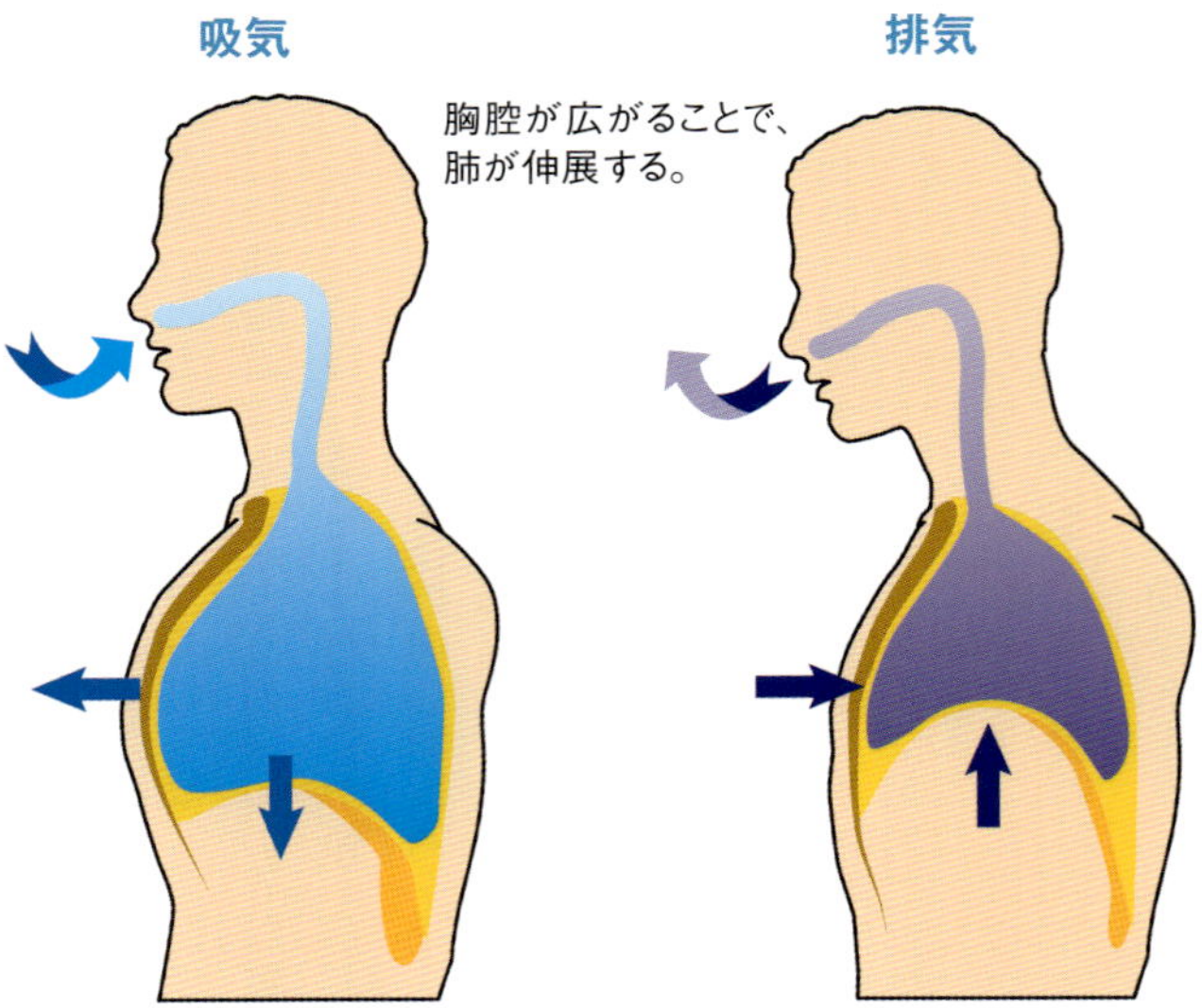


肺自体には、動かすための組織はないので、胸郭と横隔膜や肋間筋を使って、膨張、収縮させる。普段は無意識に行っている胸式呼吸と、意識的にお腹を膨らませて横隔膜を動かす腹式呼吸がある。

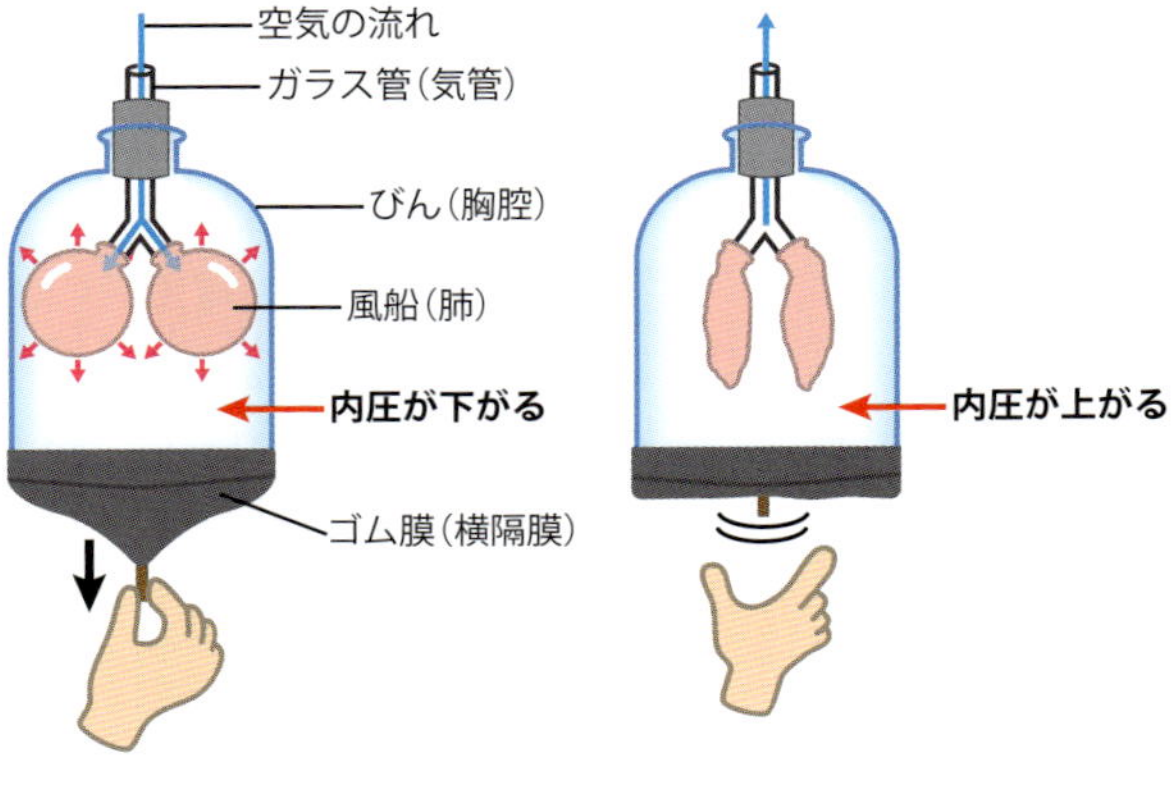


ビンの内圧が変わることで風船が膨らむように、胸腔の内容積によって、肺が膨張、収縮する。

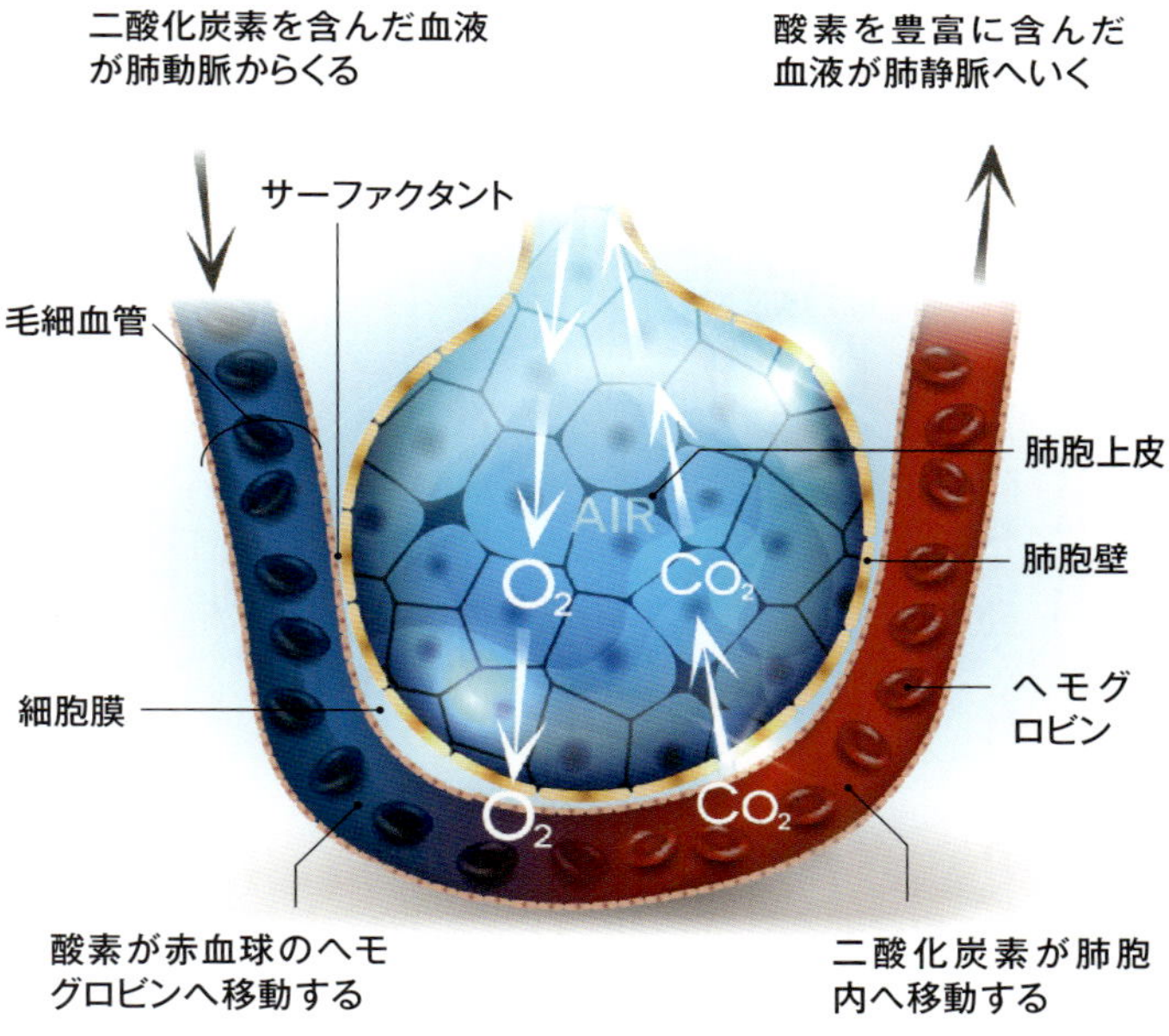


肺胞で行われるガス交換のイメージ。分子を通す肺胞上皮細胞を介して、二酸化炭素は静脈血から肺胞へ移り、同時に肺胞内の空気から酸素のみがヘモグロビンに移る。これは物質が濃度の高いほうから低いほうへ、均一な濃度になるまで移動する拡散による。酸素も二酸化炭素も、多く存在するほうから少ないほうへ移動するために、肺胞内と毛細血管のあいだを移動する。

酸素と二酸化炭素の濃度を調節

# 呼吸とガス交換のしくみ

酸素を取り込み二酸化炭素を排出することをガス交換という。肺でのガス交換を外呼吸《がいこきゅう》といい、体内の組織や細胞が行うものを内呼吸《ないこきゅう》という。人間は１日に約１万５０００Ｌ前後の空気を取り入れるが、組織内で消費される酸素はわずかである。

肺自体に、肺を動かすための組織はない。肺呼吸とは肋骨に囲まれた胸郭と、呼吸筋と呼ばれる肋間筋や横隔膜とを使って、胸郭を広げたり狭めたりすることで内容積を変え、それにともなって肺が受動的に膨張、収縮することである。外肋間筋は、吸気のときに肋骨を引き上げることで肺の内圧を下げ、気道から空気が流れ込んで胸郭が広がる。内肋間筋は、肋骨を下げて容積を小さくして排気させる。これを胸式呼吸という。同様に、腹式呼吸はお腹を膨らませ、おもに横隔膜が動くことで胸郭の内容積が変わる。

また、呼吸には意識呼吸と無意識呼吸があり、普段の呼吸は呼吸中枢により一定の間隔で無意識に行われる。肺胞には伸展受容器というものがあり、十分に空気が入って拡がったことを感知すると呼吸中枢に伝えられ、そこで吸気から排気へ移る（ヘーリング・ブロイヤー反射）。血中の酸素飽和度と二酸化炭素の増加による血液の酸性度を監視する頸動脈小体や大動脈小体なども、呼吸を促すシグナルを呼吸中枢に送る。

肺胞の手前の終末細気管支までは、肺細動脈と肺細静脈が並行して伸びており、肺胞に到達すると、網の目のように分岐した毛細血管が肺胞壁の表面を取り囲む。ガス交換は、分子を通す膜状の肺胞上皮細胞を通じて、毛細血管の血液と肺胞内の空気とのあいだで、酸素と二酸化炭素をやり取りすることで成り立つ。体内の代謝で発生した二酸化炭素が、肺動脈を流れてきた静脈血から肺胞へ放出され、同時に肺胞内の空気から酸素のみがヘモグロビンに移る。酸素が豊富になった動脈血は、肺静脈を経て左心房に戻り、左心室から大動脈を通って全身へ酸素を供給する。

このように、肺胞の内と外でガス交換を可能にしているのは、物質が濃度の高いほうから低いほうへ均一な濃度になるまで移動する「拡散」という現象だ。毛細血管に、酸素が少なく二酸化炭素を多く含んだ静脈血が回ってくると、肺胞内に濃く存在する酸素はヘモグロビンへ移動して結合し、同様に二酸化炭素は、その濃度が薄い肺胞内へ移動するというしくみである。肺へ放出された二酸化炭素は、その後呼気として体外へ排出される。

# 呼吸器系のおもな病気

呼吸器の病気は、その原因から、感染、免疫・アレルギー、腫瘍、循環器障害、生活習慣などに大別できる。感染によるものは、風邪症候群をはじめ、肺炎や肺結核などがある。風邪症候群とは一般にいう感冒やインフルエンザ、咽頭炎、扁桃炎などで、鼻汁、咳、発熱、頭重、咽頭痛、倦怠感、筋肉痛、関節痛などを伴う。インフルエンザウイルスは突然変異をすることがあり、それが新型インフルエンザとして大流行する。結核菌による結核は、最近また増えており注意を要する。肺炎は原因微生物から細菌性肺炎、非定型肺炎などに分けられる。細菌性肺炎は肺炎球菌などが肺胞に化膿性の炎症を起こし、高熱、全身倦怠などが特徴である。非定型肺炎はマイコプラズマ、クラミジア、レジオネラといった細菌以外の感染が原因となる。ほかに真菌（カビ）が原因の真菌性肺炎、ウイルスが原因のウイルス性肺炎がある。

免疫やアレルギーによる代表的な疾患は、喘息と過敏性肺炎だ。喘息は、本来は外部からの侵入物や異常細胞を排除するように働く化学伝達物質が過剰に反応して、咳や呼吸困難をなどの発作をひき起こす。過敏性肺炎は、長期間アレルゲンにさらされる事で肺炎の症状が出る。

最近話題にのぼった夏型肺炎はカビが原因だが、住宅の密閉度が高くなったことにより患者が増えている。鳥の羽やフン、加湿器などの汚染水、化学物質の吸引などでも発症する。

循環器障害による肺の病気は、肺高血圧症、肺水腫などがある。急性の肺血栓塞栓症は、いわゆる「エコノミークラス症候群」のことで、長時間安静のあとで動いたとき、足などにできた血栓が肺に飛んで肺血管が詰まり、呼吸困難、失神などを起こし手当が遅れると死に至る。

換気異常としては、睡眠時の気流制限により低酸素状態に陥る睡眠時無呼吸症がある。

常に死因の上位に位置する肺腫瘍は、おもに喫煙などの発ガン物質が原因となる。リスクは1日の本数×喫煙年数の結果が400以上は肺ガン危険群、600以上は肺ガン高度危険群、1200以上は喉頭ガン高度危険群とされる。

自分で生活習慣を変えることでリスクを減らせるのが、COPD（慢性閉塞性肺疾患）だ。肝疾患を抜いて死因第9位になったが、「たばこ病」といわれるように最大の原因は喫煙である。慢性気管支炎と、肺気腫の合併症のような症状で、咳や痰、軽い息切れから始まり、進行すると、肺胞が壊れガス交換の効率が著しく低下し、食事や着替えといった日常的な労作ですら困難になる。悪化すると常に酸素ボンベを携帯する在宅酸素療法が必要となり、生活の質も下がるため精神的な負荷も大きい。たばこをやめた時点から必ずリスクは下がっていくので、健康寿命を延ばし、節約にもなる「禁煙」を今すぐ始めてほしい！

## 呼吸器のおもな病気（五十音順）

| 病名 | おもな原因や症状など |
|---|---|
| インフルエンザ | 風邪症候群のひとつ。インフルエンザウイルスによる感染症。38度以上の高熱が続き、強い全身倦怠感、筋肉痛、関節痛などをともなう。飛沫感染や手指による接触感染が多く、手洗いマスクなどの予防が重要。 |
| 過換気症候群 | 換気異常の症状。緊張やストレスによって、呼吸数が多くなり酸素が過剰になることで、呼吸困難、動悸、しびれ、めまいなどが現れ、パニックを起こす人もいる。肺血栓塞栓症などの病気でも起きる。 |
| 過敏性肺炎 | 長期間、抗原に接触することでアレルギー反応が引き起こす肺炎。中高年に好発し、咳、呼吸困難、発熱などの症状を繰り返す。カビや鳥のフン、汚染水といった環境が原因の場合が多く、環境を変えると治る場合が多い。 |
| 間質性肺炎 | じん肺や膠原病などが原因となるが、原因不明のものは特発性間質性肺炎という。肺胞の間質が何らかの原因で線維化し、肺胞が膨らまなくなったり、ガス交換の能力が低下するため、換気障害が起こる。特発性間質性肺炎は50歳以上の男性喫煙者に好発する。乾いた咳や呼吸困難が特徴。 |
| 感冒 | 一般的な風邪。鼻汁、鼻づまり、咽頭痛、くしゃみ、咳などをともなう。通常、安静、栄養などで、自然治癒する。 |
| 気管支喘息 | 気管支喘息は、サイトカインやメディエータと呼ばれる化学伝達物質が過剰に反応するために慢性的な気道炎症や閉塞が起こる病気。夜間・早朝に発作が起きやすく、呼吸困難や換気障害をきたす。咳や呼吸時にゼーゼーヒューヒューという音が出る喘鳴(ぜんめい)が特徴。生活習慣と薬剤の管理が重要。 |
| 気胸 | 自然気胸が多く、20歳前後のやせ型の男性に多い。通常胸腔内は大気圧より低く保たれているが、何らかの原因で胸腔に空気が入ると、肺自体の力でしぼんでしまうため、急激な胸の痛みと呼吸困難を呈する。安静により治る場合もあるが、空気を抜く措置を行う場合もある。 |
| 結核/肺結核 | 結核菌による感染症で飛沫によって空気感染する。感染後すぐ発病する一次結核と長期間をおいて発病する二次結核がある。若年と高齢者に多い。咳や発熱が2週間以上続く。気道から肺へ達し進行すると肺が空洞化する。薬剤により治癒するので、早期に気づいて治療にあたることが重要。 |
| COPD（慢性閉塞性肺疾患） | 喫煙を主因とする炎症性の疾患。喫煙歴が長い中年以降に好発する。気道の炎症と、肺胞が壊れることでガス交換能力が低下。咳や痰が多くなり、息が吐けなくなるため気流制限状態となり、日常労作での呼吸困難をきたす。酸素量が不足するため、全身性の症状を呈するようになる。 |
| 睡眠時無呼吸症候群（SAS） | 閉塞型と中枢型がある。閉塞型では、睡眠時に咽頭や上気道が弛緩して垂れ下がり、気流制限され低酸素状態に陥る。自覚症状がないまま、日中の眠気による事故など深刻な事態を招きかねない。発症した場合は、肥満や過度の飲酒などの原因を取り除く必要がある。 |
| 肺炎 | 細菌性肺炎は肺炎球菌などの細菌によって発熱、咳や痰、呼吸困難などの症状を呈する。マイコプラズマやレジオネラなどによるものは非定型肺炎という。誤嚥性肺炎は飲食物や嘔吐物の誤嚥、唾液の誤嚥で口内菌が気道へ入ることなどでおこる。気道の繊毛運動が弱くなっている高齢者に多い。 |
| 肺ガン | 肺ガンの主原因は喫煙である。症状は全身倦怠や咳、痰などで、周囲の臓器へも浸潤し、脳や肝臓、骨、リンパ節などに転移しやすい。治療の第一選択は手術が多い。石綿（アスベスト）など別の要因による場合もある。 |
| 肺気腫 | COPDの代表で多くは喫煙が原因。肺胞壁が破壊されガス交換が低下する。 |
| 肺高血圧症 | 肺動脈圧が高くなる状態。心臓や肺の疾患による場合と原因不明の場合がある。呼吸困難やむくみ、チアノーゼなどの症状が出る。 |
| 肺水腫 | 肺毛細血管からの水分が肺胞内に多くしみ出て呼吸困難を起こす。おもな原因は、心臓疾患による肺うっ血や、腎疾患による水分の滞留、また肺胞壁が炎症、損傷することによる水分貯留などが挙げられる。 |
| 肺血栓塞栓症 | 急性のものはエコノミークラス症候群といわれ、安静状態から動作へ移ると、足などでできた血栓が肺へ飛んだ場合に肺血管が詰まる。突然の呼吸困難、失神などの症状を呈し、救命処置が必要となる。 |

# 第4章

# 循環器系

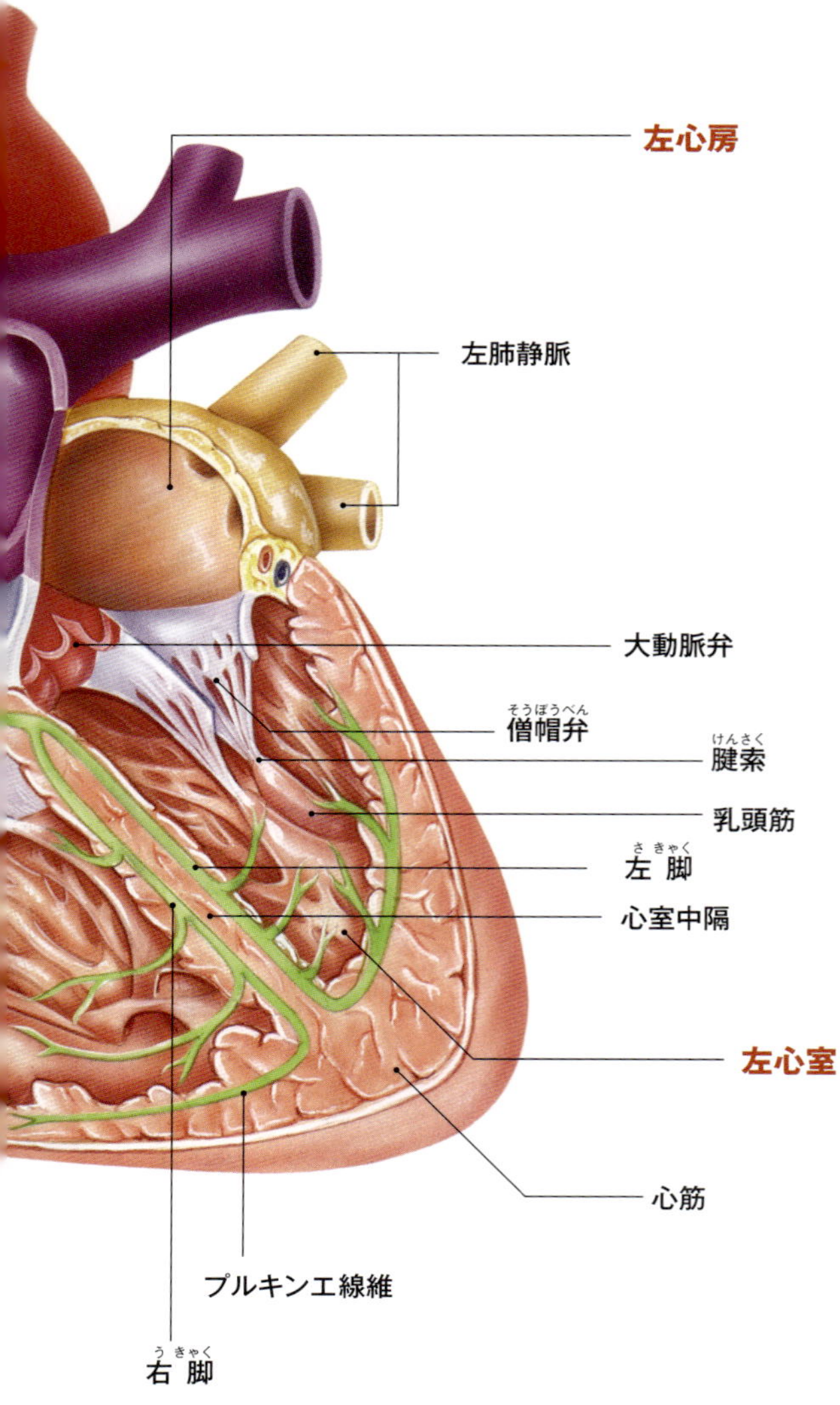
左心房
左肺静脈
大動脈弁
僧帽弁《そうぼうべん》
腱索《けんさく》
乳頭筋
左脚《さきゃく》
心室中隔
左心室
心筋
プルキンエ線維
右脚《うきゃく》

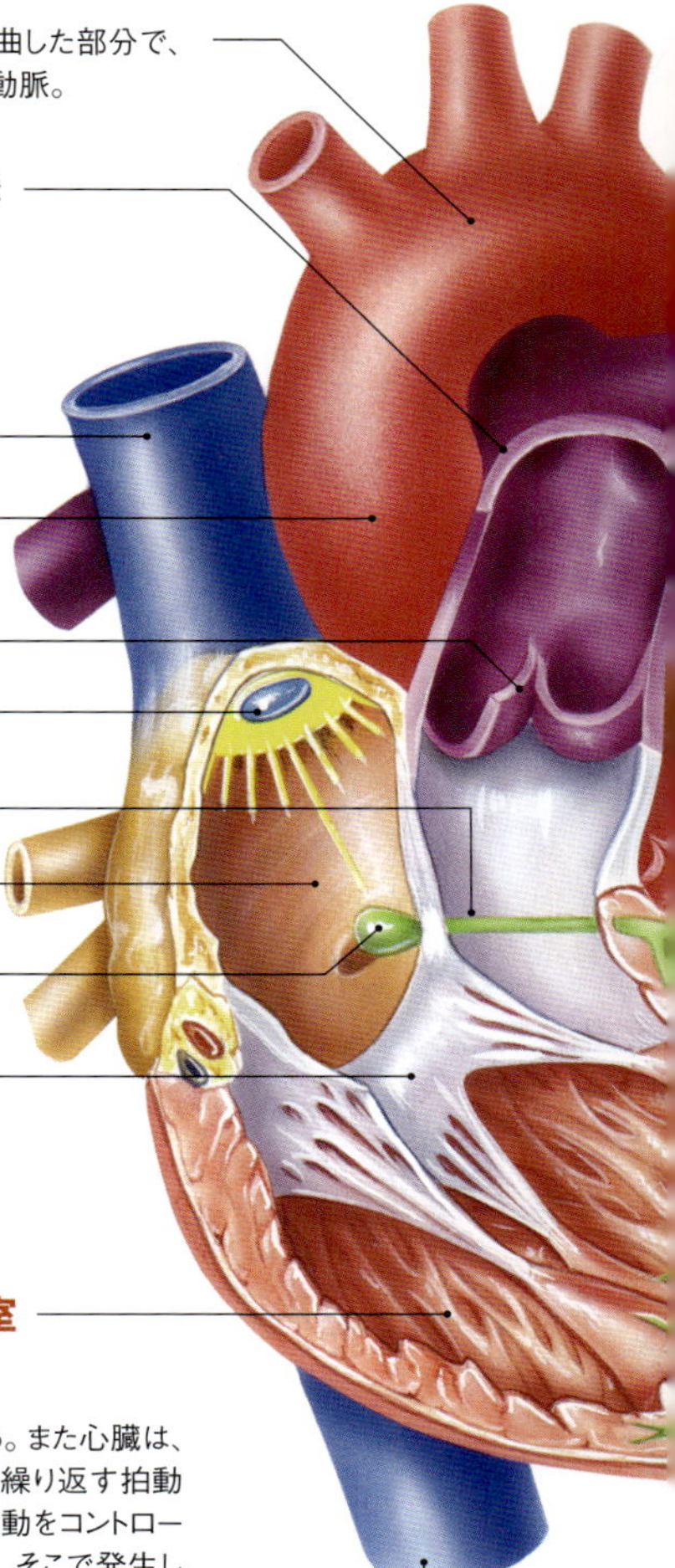
大動脈弓《だいどうみゃくきゅう》
上行大動脈が湾曲した部分で、この先が下行大動脈。
肺動脈
上大静脈
上行大動脈
肺動脈弁
洞房結節《どうぼうけっせつ》
ヒス束《そく》
右心房
房室結節《ぼうしつけっせつ》
三尖弁《さんせんべん》
右心室
下大静脈

心臓内部は4つの部屋に分かれている。また心臓は、発達した筋肉（心筋）が収縮と弛緩を繰り返す拍動によって全身に血液を送っている。拍動をコントロールしているのが、右心房の洞房結節。そこで発生した電気信号が左右の心房を収縮させ、さらに信号は、右心房内側の房室結節を経てヒス束で左脚と右脚に分岐。プルキンエ線維を通って心室筋へと伝わり、心室全体が収縮する。

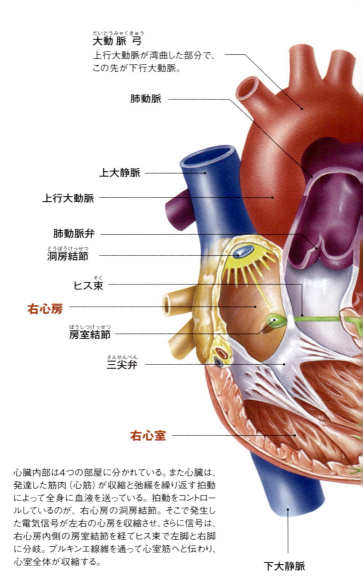

# 心臓の構造

心臓は、規則正しく収縮と弛緩を繰り返し、血液を全身に送るポンプの役目を果たしている。その位置は、胸骨と第2～第6肋骨の背面、体の中心よりやや左側。左右は肺に接している。大きさは握りこぶし大、重量は成人で250～300g程度だ。

心臓の断面を見てみると、内側から順に、心内腔、心内膜、心筋、心外膜（臓側心膜《ぞうそくしんまく》）、心膜腔、壁側心膜、心嚢《しんのう》（線維性心膜）という層状になっている。

心臓内部は左心房、左心室、右心房、右心室という4つの部屋に分かれている。全身へ血液を送る大動脈とつながっている左心室は、大きな圧力を必要とするため、右心室と比べて数倍厚い筋肉（心筋）でできている。また、4つの部屋にある血液の出入り口には、血液が逆流しないよう、一方向のみに閉じたり開いたりする弁がついている。右心房と右心室のあいだが三尖弁《さんせんべん》、左心房と左心室のあいだが僧帽弁《そうぼうべん》、心臓に戻ってきた血液を肺に送る肺動脈の入り口にあるのが肺動脈弁、大動脈の入り口にあるのが大動脈弁だ。肺動脈

**心臓のおもな病気**

心不全、動脈硬化、狭心症、心筋梗塞、不整脈、心筋症、心膜炎など

弁と大動脈弁はともに、3枚のポケット状の弁膜（半月弁）でできている。

　心臓が担う最大の機能は、酸素と栄養素を豊富に含んだ動脈血を全身に送ることである。送られた血液は全身の細胞や組織に酸素や栄養素を供給し、二酸化炭素や老廃物を回収し、静脈血となって心臓に戻ってくる。心臓に戻った静脈血は、右心房から右心室を経て肺動脈に流れる。そのため、肺動脈は心臓から血液を送り出す動脈だが、静脈血が流れている。そして、静脈血は肺に送られ、血液中の二酸化炭素と酸素を交換（ガス交換）することで、新鮮な酸素を含んだ動脈血となって心臓へと送られる。なお、肺静脈は、心臓に血液を戻す血管だが、流れているのはガス交換を終えたばかりの動脈血だ。そして動脈血は左心房、左心室を経て大動脈から全身に送られる。

　絶えず活動している心臓を養っている（栄養血管）のは、心臓の表面を取り巻く冠動《かんどう》脈《みゃく》という血管だ。大動脈の心臓に近い根元の部分には、膨らんだ大動脈洞《どう》（バルサルバ洞）があり、左の大動脈洞からは左冠動脈が、右の大動脈洞からは右冠動脈が枝分かれして心臓に酸素と栄養素を供給している。

　いっぽうで、静脈血の多くは冠状静脈洞に集まり右心房へ注がれる。そのほかにも心臓には、大動脈、大静脈、肺動脈、肺静脈といった大血管が通っている。

## 心臓にある4つの弁

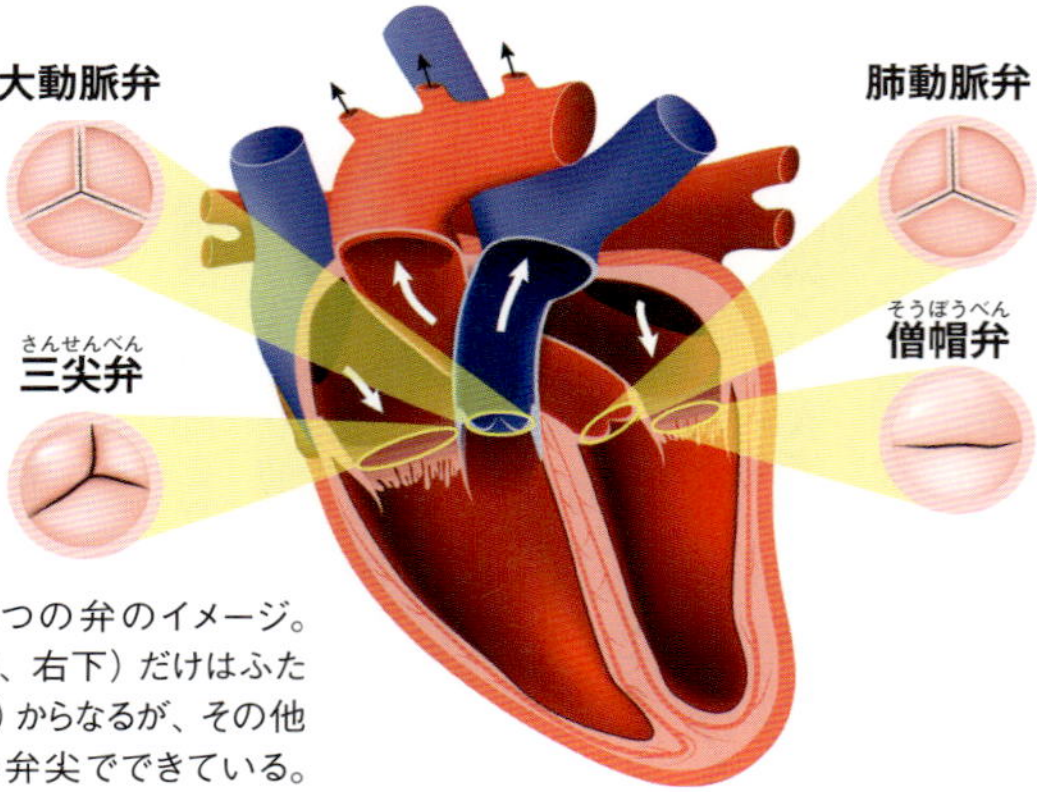


心臓にある4つの弁のイメージ。僧帽弁（図中、右下）だけはふたつの弁尖（膜）からなるが、その他の弁は3つの弁尖でできている。これらの弁は心筋（筋肉）でできているのではなく、発生の過程で心内膜が盛り上がったもの。

## 拍動のしくみ

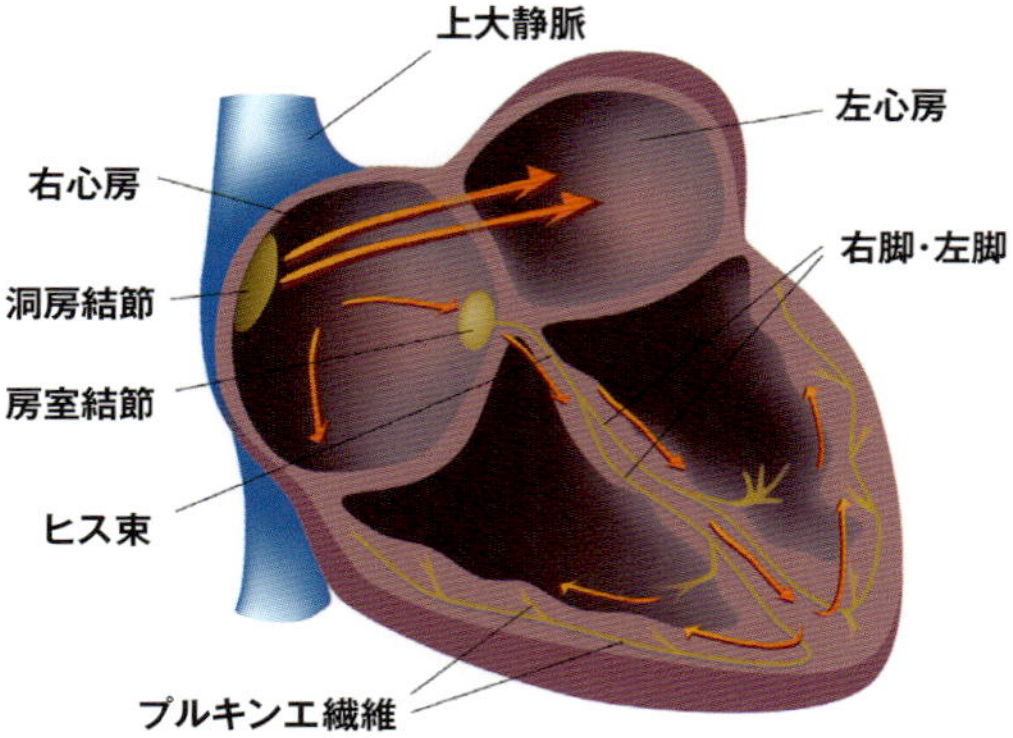


心臓の拍動をつかさどる電気の流れ（刺激伝導系）のイメージ。洞結節で発生した電気信号は、先ず左右の心房へ伝わり、右心房の房室結節を中継点に、ヒス束、脚（左脚・右脚）を経てプルキンエ繊維に達する。こうして心房や寝室が収縮と弛緩を続けている。

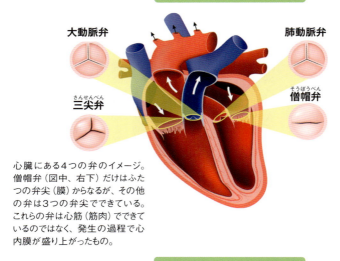

## 心臓のポンプ機能のしくみ

心室が収縮して血液を肺（静脈血）と全身（動脈血）へと送り出したのち、右心房には新たな静脈血が、左心房には動脈血が入ってくる。

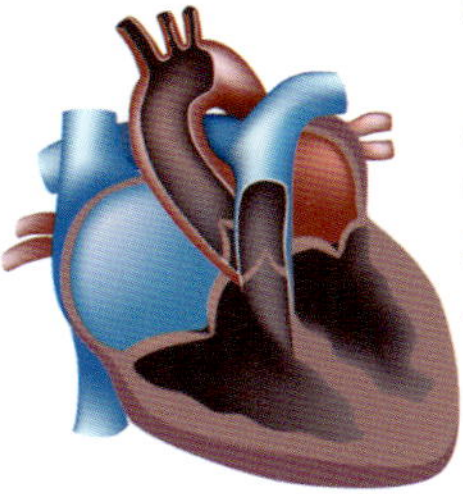

心室が収縮し、大動脈弁が開いて左心室の動脈血が全身に、肺動脈弁が開いて右心室の静脈血が肺へと送られる。

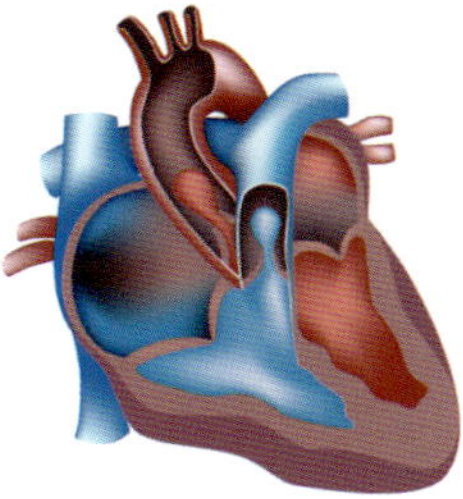

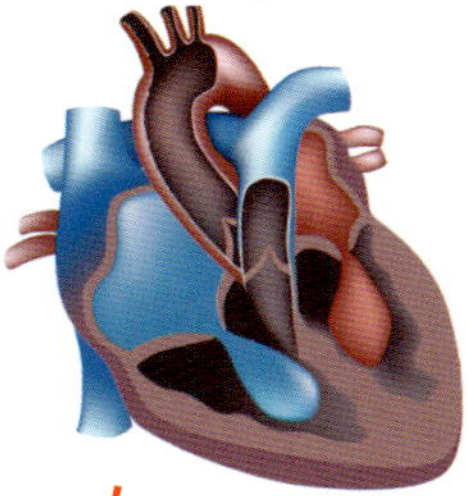

心筋が弛緩して肺動脈弁と大動脈弁が閉じられると、房室弁（三尖弁、僧帽弁）が開き、右心室に静脈血が、左心室に動脈血が急速に流入する。

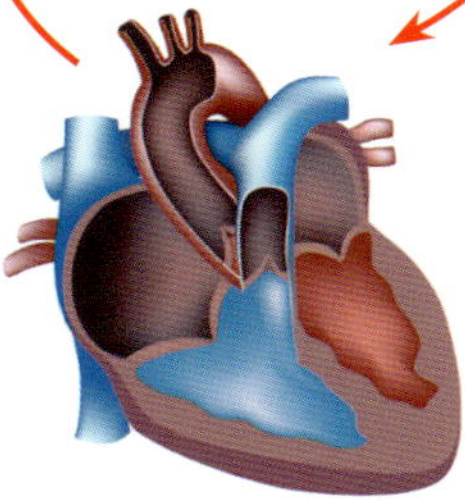

心室が血液で満たされると心室内の圧が上がり、左右の房室弁、肺動脈弁、大動脈弁と4つの弁すべてが閉じられる。

# 拍動のしくみ

心室の筋肉（心筋）が、収縮と弛緩を繰り返すことを拍動《はくどう》という。心臓は拍動によって肺から送られてきた血液を全身に送り出す。拍動のしくみは次のようになる。

① 心室が収縮することにより心室の圧力（心室圧）が上昇。これにともない、三尖弁と僧帽弁が閉じる。

② 心室圧が大動脈の圧力（大動脈圧）を超えると大動脈弁と肺動脈弁が開き、左心室から全身へ、右心室からは肺へと血液が送り出される（これを心臓の拍出《はくしゅつ》、駆出《くしゅつ》という）。駆出は急速だが、その後、拍出速度は減少して大動脈弁が閉鎖する。

③ 血液が送り出されたあと、左右両方の心室の心筋が緩み、大動脈弁に続いて肺動脈弁も閉じる。

④ 心室の内圧が心房の内圧より下がると、三尖弁と僧帽弁が開いて、血液が左右の心室に流入する。

こうした心臓内の血液の流れをコントロールしているのは、右心房にある洞房結節《どうぼうけっせつ》だ。洞房結節では周期的に電気信号が発生しており、その信号が心筋に伝わることによって心臓は拍動を続けている。

洞房結節で発生した電気信号が左右の心房に伝わると、心房が収縮する。次に、電気信号は右心房の内側にある房室結節《ぼうしつけっせつ》を中継点として、ヒス束《そく》で左脚《さきゃく》と右脚《うきゃく》に分岐する。さらに、プルキンエ線維と呼ばれる特殊な心筋を通って心室筋に伝わり、心室全体が収縮する。心臓は、この電気信号の繰り返しによって拍動を続けているのだ。なお、電気信号が伝わり、心臓を能動的に動かす一連の連絡路を刺激伝導系という。

また、一定時間内に心臓が拍動する回数を心拍数といって、1分間の平均心拍数は、安静時で60~100回が正常とされている。心拍数は、原則として同値をとる脈拍（手首や首の横、こめかみ、足の甲や付け根などで計測）から知ることができる。

心臓の動きは、自律神経のはたらきによって調整されている。自律神経には、交感神経と副交感神経の2種類があり、心拍数を上げるはたらきをしているのが交感神経だ。ストレスにさらされたり緊張したりして心拍数が上がるのは、交感神経のはたらきが高まったため。逆に、心拍数を下げるはたらきをするのが副交感神経である。

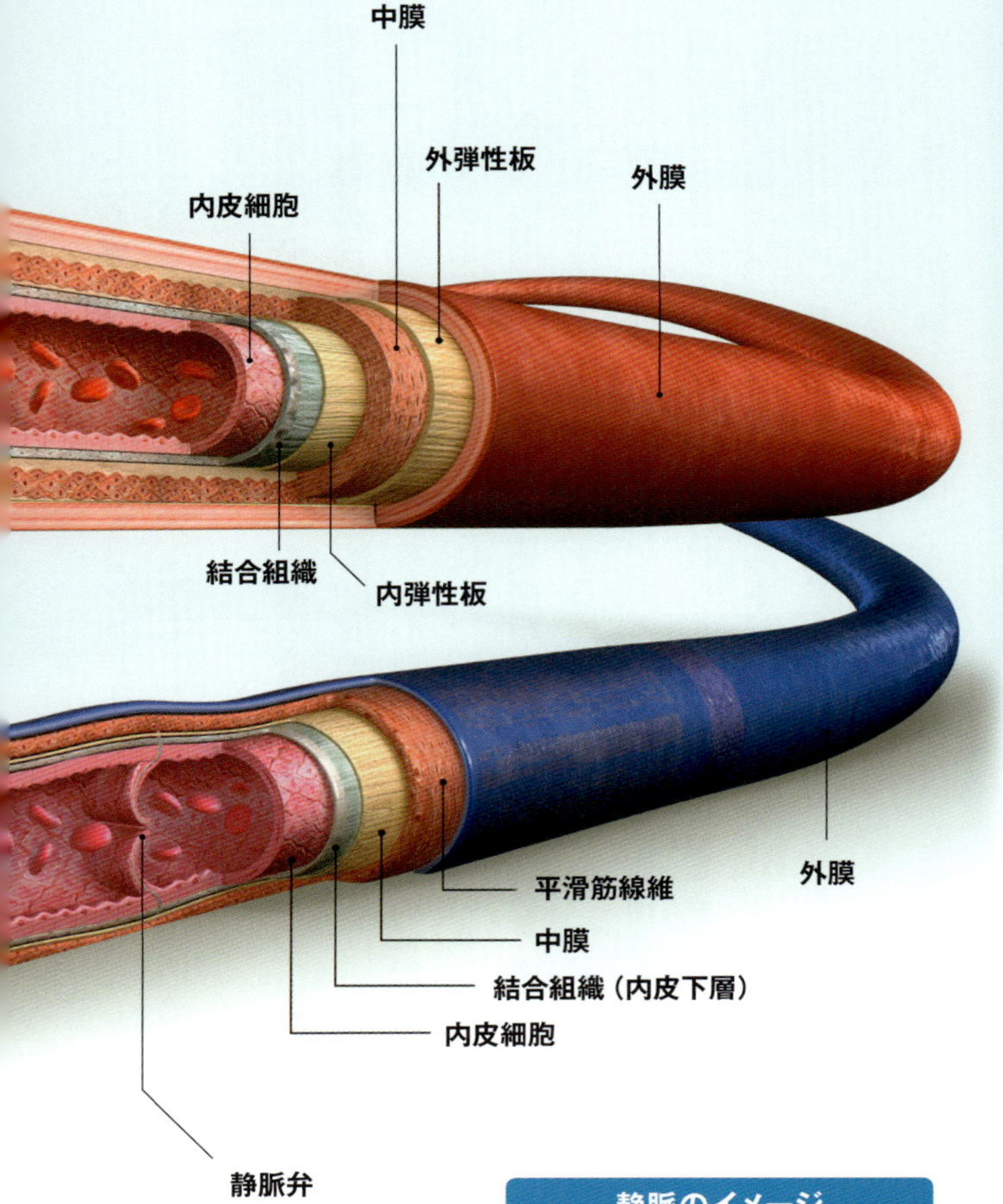


静脈のイメージ

## 動脈のイメージ

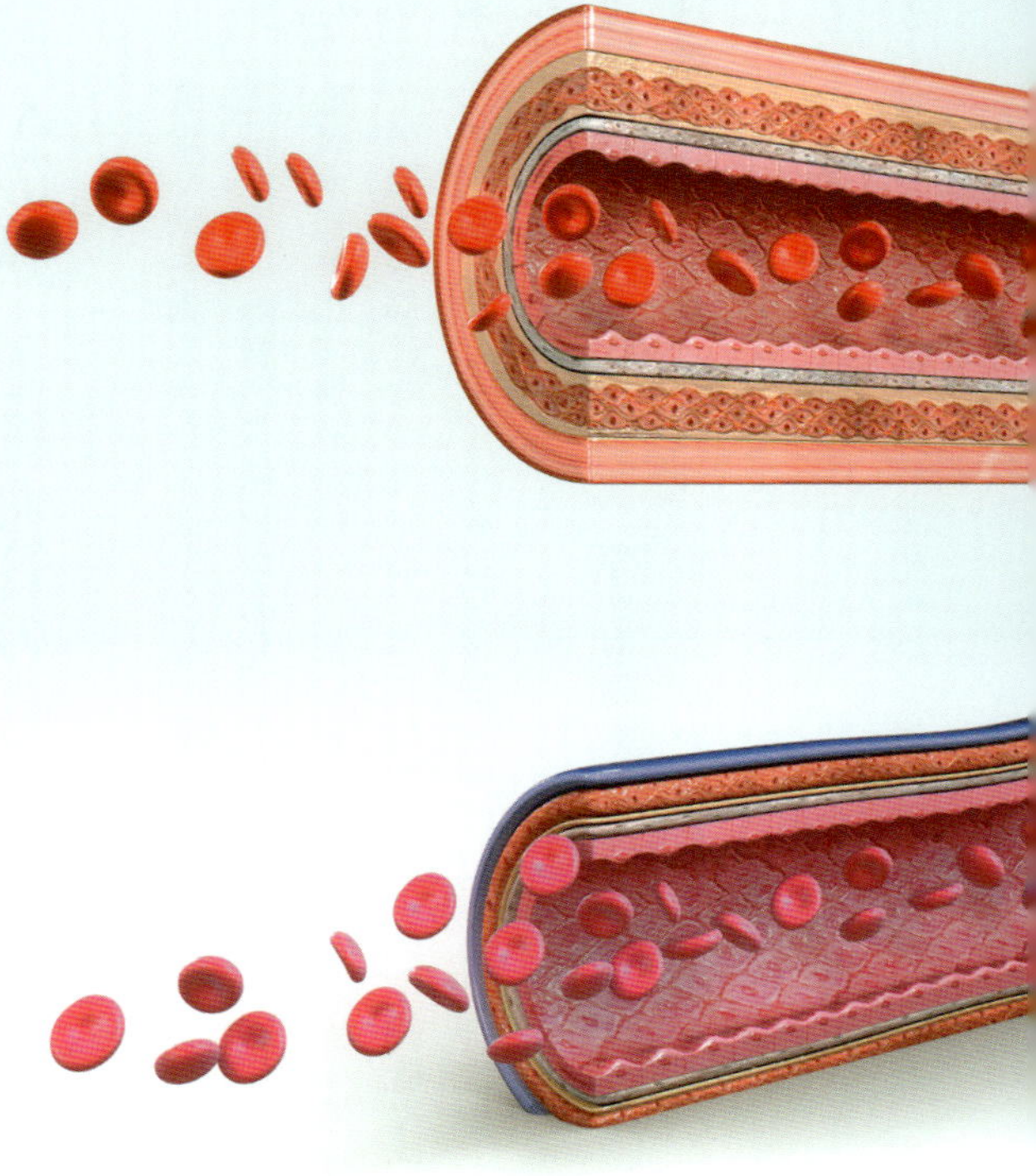

動脈も静脈も大きく分けて内膜、中膜、外膜の3層構造をしている。ただし、より強い圧力で全身を巡る動脈、とくに大動脈は、弾力性を保つため血管壁に豊富な弾性線維層がある。いっぽうの静脈の血管壁は薄く、弾性線維なども少ない。また、重力に逆行する静脈には、血液の逆流を防ぐための弁がついている。

機能が違えば形も異なる3種の血管

# 動脈や静脈、毛細血管の構造

血管は、酸素や栄養素を含む血液を全身の細胞や組織に運ぶパイプラインである。血管には動脈、毛細血管、静脈の3種類があり、それぞれ役割に適した構造をしている。

動脈は、心臓が送り出す血液を体の各部に運ぶ血管だ。動脈の断面は円形で、内側から内膜、中膜、外膜の3層になっている。さらに内膜は、内皮細胞や内弾性板、ごく少量の結合組織による層構造をとり、中膜は平滑筋・弾性線維と外弾性板、その外側を結合組織でできた外膜が覆っている。とくに、血液の圧力（血圧）が強くかかる大動脈の血管壁には弾性線維が豊富に含まれており、弾性型動脈とも呼ばれる。

動脈は総じて、弾力性と伸縮性に富んだ厚い血管壁をもつため、血管内部の圧力が減ることがあっても丸い形を保てるようになっている。なお、動脈には弁がついていないが、それは心臓から送られる血液の圧力が高く、弁がなくても逆流することがないためだ。

心臓から伸びている大動脈は、末梢へいくほど中動脈、小動脈、細動脈と枝分かれして

**血管のおもな病気**

大動脈瘤、大動脈解離、急性動脈閉塞症、下肢静脈瘤、深部静脈血栓症など

細くなっていき、やがて毛細血管となる。毛細血管のすぐ手前にある細動脈は平滑筋細胞が多く、前毛細血管括約筋が収縮・拡張することによって血管の太さを変え、血液の供給量を調節している。毛細血管は、細動脈と細静脈とを結ぶ網目状の血管で、心臓の弁、軟骨組織、目の結膜、水晶体を除く全身に分布している。毛細血管は非常に細く、直径はおよそ5～10㎛しかない。これは髪の毛の10分の1ほどの太さだ。また、毛細血管の壁は、一層の内皮細胞と薄い周皮細胞からできていて平滑筋はない。血管の壁の細胞の隙間を通じ、血管内の血液と細胞組織のあいだで栄養素、酸素、二酸化炭素、老廃物などの交換（ガス交換）を行う。また、皮膚にある毛細血管には体熱を放散するはたらきがあり、寒いときには毛細血管が収縮して、そこへ流れる血液の量を減らし、血液を体幹《たいかん》に集めて体温が下がるのを防いでいる。

静脈は、動脈ほど圧力がかからないため、血管壁は薄く動脈に比べて弾力性は低い。断面は、動脈と同様に、内膜、中膜、外膜の3層構造になっている。動脈は心臓のポンプ機能で血液を送り出しているが、静脈は筋肉のポンプ機能によって血液を心臓まで戻している。そのため、腕や足などの静脈には、血液が逆流しないように半月状の弁がついている。いっぽう、頭部や胴体の静脈には弁がついていない。

## 全身のおもな静脈

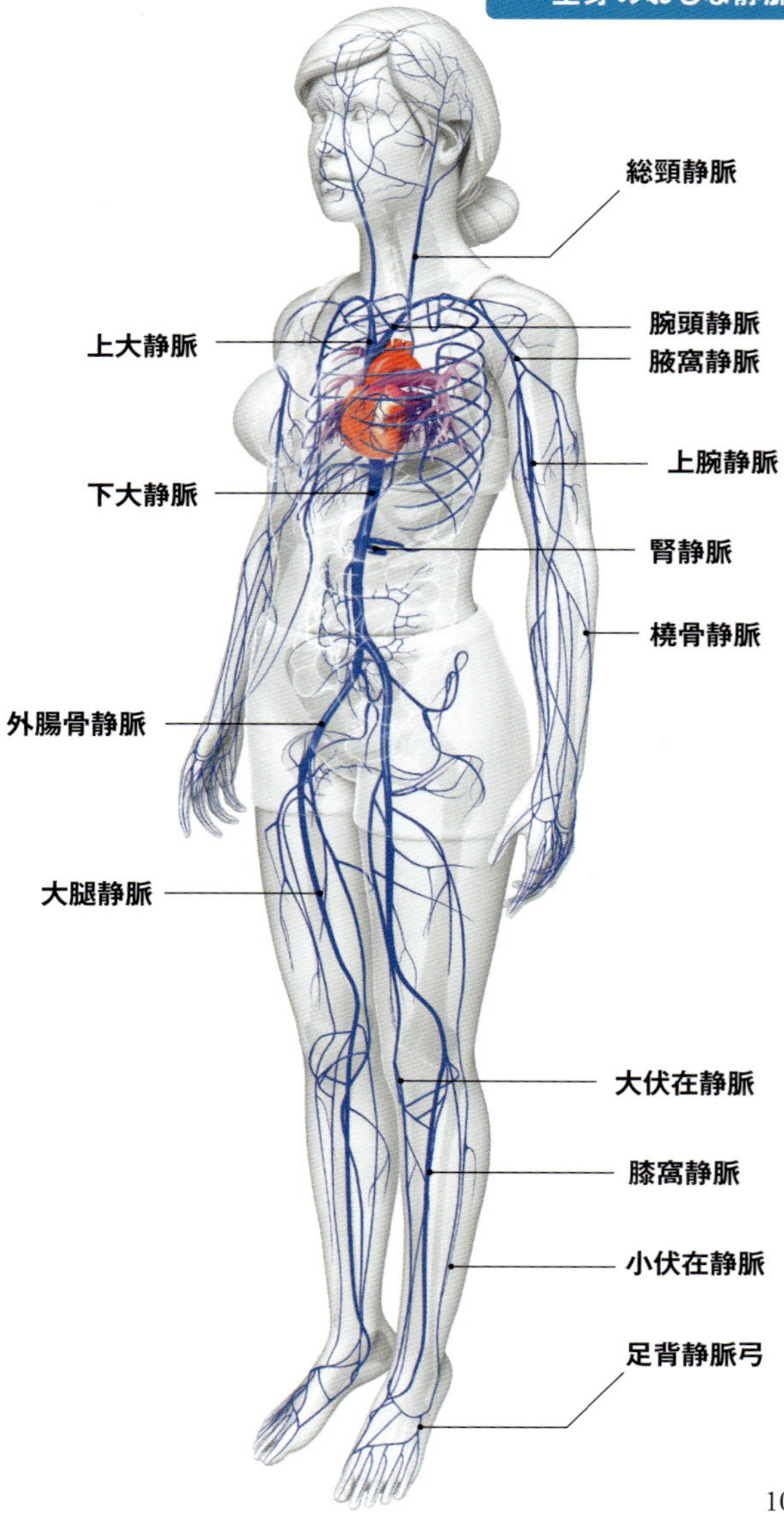

総頸静脈
腕頭静脈
腋窩静脈
上腕静脈
腎静脈
橈骨静脈
大伏在静脈
膝窩静脈
小伏在静脈
足背静脈弓
上大静脈
下大静脈
外腸骨静脈
大腿静脈

# 愛読者カード

このハガキにご記入頂きました個人情報は、今後の新刊企画・読者サービスの参考、ならびに弊社からの各種ご案内に利用させて頂きます。

●本書の書名

●お買い求めの動機をお聞かせください。
1. 著者が好きだから　2. タイトルに惹かれて　3. 内容がおもしろそうだから
4. 装丁がよかったから　5. 友人、知人にすすめられて　6. 小社HP
7. 新聞広告（朝、読、毎、日経、産経、他）　8. WEBで（サイト名　　　　　）
9. 書評やTVで見て（　　　　　　　　）　10. その他（　　　　　　　　）

●本書について率直なご意見、ご感想をお聞かせください。

●定期的にご覧になっているTV番組・雑誌もしくはWEBサイトをお聞かせください。
（　　　　　　　　　　　　　　　　　　　　　　　　）

●月何冊くらい本を読みますか。
（　　　　　冊）

●本書をお求めになった書店名をお聞かせください。
（　　　　　　　　　　　　）

●最近読んでおもしろかった本は何ですか。
（　　　　　　　　　　　　　　　　　　　　　　　　）

●お好きな作家をお聞かせください。
（　　　　　　　　　　　　　　　　　　　　　　　　）

●今後お読みになりたい著者、テーマなどをお聞かせください。

ご記入ありがとうございました。著者イベント等、小社刊行書籍の情報を書籍編集部HP（www.kkbooks.jp）にのせております。ぜひご覧ください。

郵便はがき

お手数ですが
52円分切手を
お貼りください

1 7 0 - 8 4 5 7

東京都豊島区南大塚
2-29-7
KKベストセラーズ
書籍編集部行

おところ 〒

Eメール @ TEL ( )

(フリガナ)
おなまえ

年齢 歳
性別 男・女

ご職業
会社員
公務員
教　職(小、中、高、大、その他)
無　職(主婦、家事、その他)
学生(小、中、高、大、その他)
自営
パート・アルバイト
その他( )

## 全身のおもな動脈

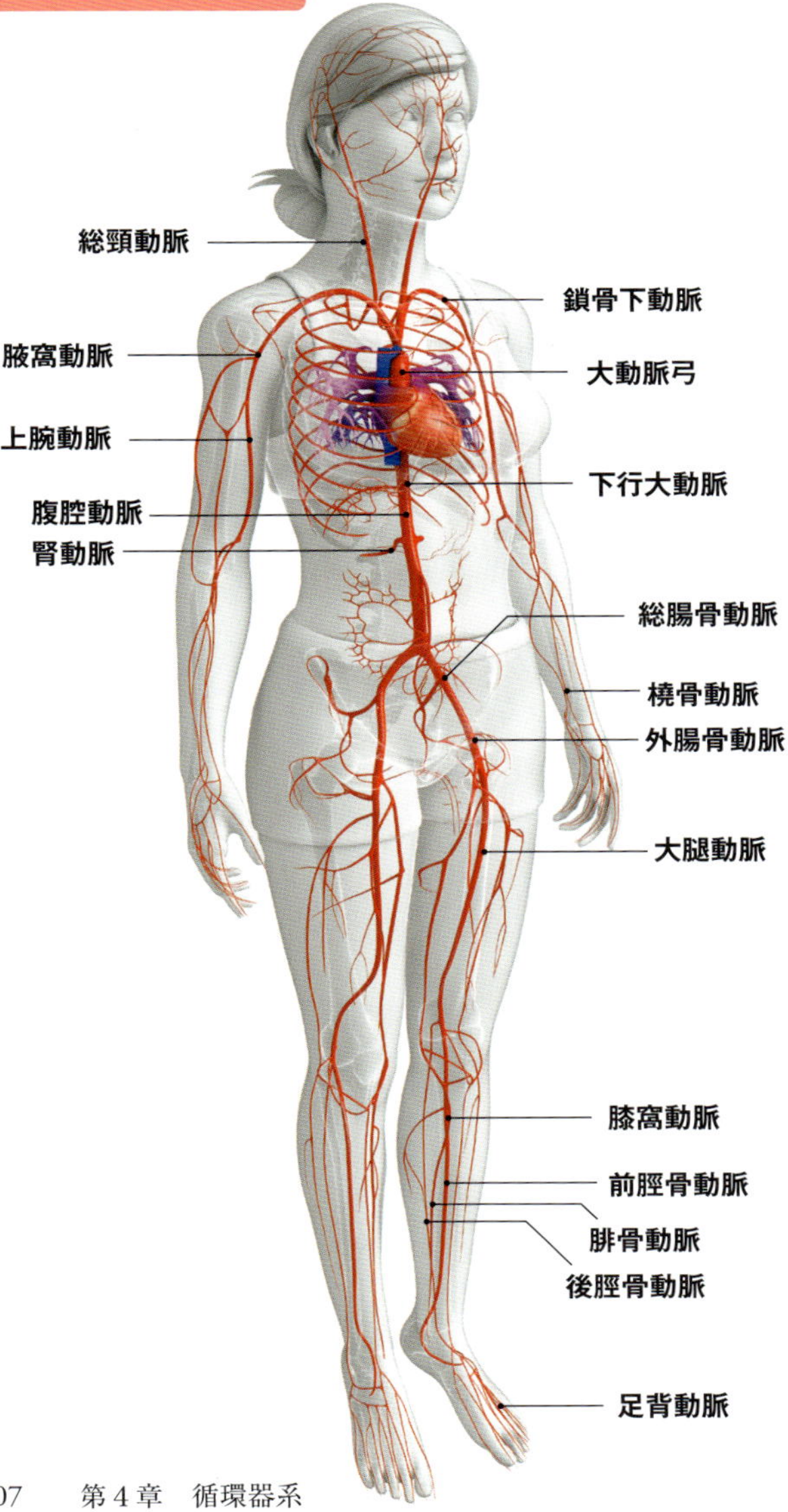

総頸動脈
鎖骨下動脈
腋窩動脈
大動脈弓
上腕動脈
下行大動脈
腹腔動脈
腎動脈
総腸骨動脈
橈骨動脈
外腸骨動脈
大腿動脈
膝窩動脈
前脛骨動脈
腓骨動脈
後脛骨動脈
足背動脈

# 血液循環と血圧調整のしくみ

## ルートはふたつ、体循環と肺循環

心臓から出た血液が、体内を一定の方向に流れて再び心臓に戻ることを血液循環という。そして、血液循環の経路には、体循環と肺循環の2種類ある。

体循環は、心臓の左心室を中心とした血液循環で、全身のあらゆる細胞組織にブドウ糖などの栄養素や酸素を送る経路だ。左心室から送り出された動脈血は大動脈で分岐し、中動脈→細動脈→毛細血管へと流れていく。栄養素や酸素を細胞組織に送り届けた動脈血は、二酸化炭素や老廃物を回収して静脈血となり、毛細血管→細静脈→中静脈→大静脈というルートを辿って再び心臓に戻ってくる。体循環にかかる時間は、最短で約20秒だ。

上半身からの静脈血は上大静脈を、下半身からの静脈血は下大静脈を通って、心臓の右心房で合流する。このようにして全身を巡ってきた血液は、右心房→右心室→肺動脈というルートで肺に入る。肺胞でガス交換を行って動脈血となった血液は、肺静脈→左心房→左心室→大動脈というルートで全身へ送り出される。このように右心室を出た血液が肺動脈から肺に入り、肺静脈から左心房に入るルートを肺循環という。肺循環にかかる時間は、1周わずか3～4秒だ。

心臓の収縮・拡張によって送り出される血液が、動脈壁に与える圧力を血圧という。血圧は心臓が収縮しているときのほうが高く、このときの血圧を最高（収縮期）血圧という。反対に、心臓が拡張しているときには圧力が低くなる。このときの血圧を最低（拡張期）血圧という。最高血圧は「上の血圧」、最低血圧は「下の血圧」とも呼ばれる。

健康であれば、血圧は、夜間や睡眠中がもっとも低く、目覚めると次第に高くなっていく。血圧が上がったり下がったりするのにかかわっているのは、自律神経のはたらきによる神経性調節とホルモン分泌による液性調節である。

血圧が上がると、動脈にある血圧と酸素量を感知する受容器がその情報を血管運動中枢に伝え、副交感神経を刺激して血管を拡げ、心拍出量を少なくして血圧を下げる。血圧が下がったときは、交感神経を刺激して血管を収縮させ、心拍出量を上げて血圧を上昇させる。これらが神経性調節だ。いっぽう、脳下垂体や視床下部のホルモン分泌によって、体液量を調節して血圧を調整することを液性調節という。

なお、血圧は塩分によって変化する（塩分で上がる）ため普段から減塩に努めたい。

もっと知りたい病気の治療 vol.1

# 「心臓カテーテル」治療とは？

冠動脈が動脈硬化などのために狭くなる病気が狭心症であり、血管の内腔がふさがってしまうと心筋梗塞となる。こうした罹患者に対して、動脈が詰まっている場所を特定するために行うのが「カテーテル検査」だ。そもそも、心筋梗塞などの治療はまず、詰まっている血管を拡げて、壊死してしまう心筋を最小限にとどめることにほかならない。検査・治療を可及的すみやかに行い、救命率向上が図られる。

カテーテル検査は、まず、足の付け根や手首、肘の動脈からカテーテルと呼ばれる直径2㎜程度の細い管を血管内へ挿入する。カテーテルは心臓近くまで達し、心筋に血液を供給している冠動脈へ直接的に造影剤を注入し、血管内のようすを映し出すものだ。その結果、動脈の狭まった場所がわかった場合は、引き続きカテーテルを使った治療が行われる。

ただし、カテーテル治療が有効にはたらかない症状、適応がない病変・病態の場合は、外科的治療へ移行する。多くの場合、全身麻酔を施し、胸の真ん中を切開して冠動脈とは別の血管（内胸動脈や橈骨動脈、大伏在静脈ほか）を使って、詰まった場所を回避するバイパスをつく

## カテーテル治療（ステント）で狭窄を拡げるようす

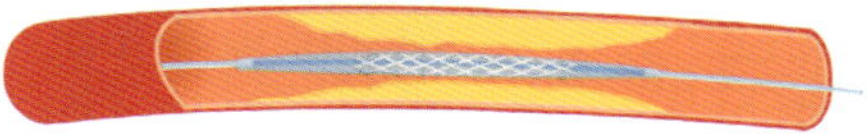

狭窄が見られる冠動脈に、ガイドワイヤーを通し、それをレールにして風船とステントをつけたカテーテルを挿入する。

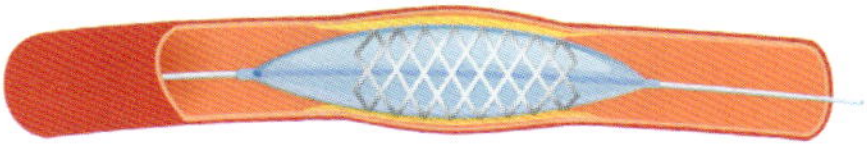

風船に空気を送り込み膨らませることで、狭窄している部位を拡張する。

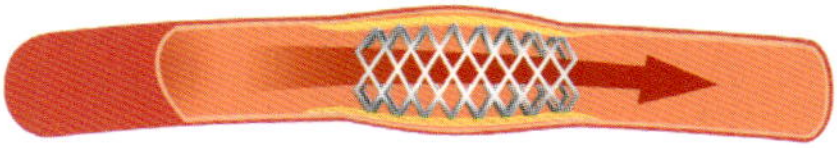

風船を膨らませてステントを広げ固定、カテーテルと風船は抜き取られる。

る手術（冠動脈バイパス手術）が施される。

　カテーテル治療は、経皮的冠動脈インターベンション（PCI）と呼ばれる。手法は、患部に達したカテーテルを通して、閉塞の原因となっている血栓を直接吸引したり、先端に風船（バルーン）をつけた極細のカテーテルを入れ、詰まっている場所で風船を膨らませて冠動脈を拡げ、バルーン（カテーテル）は抜き取るというもの。

　さらに、再び閉塞する率を下げるため、ステントと呼ばれる筒状の金網を前出の風船を使って膨らませて、血管内に留置する手術も行われている。現在では、ステントに薬を塗って血管の再閉塞を防ぐDES（薬剤溶出性ステント）が主流になっている。

病気を知ろう！ vol.4

# 循環器系のおもな病気

血圧が高い人ほど循環器系の病気になりやすく、しかも死亡率が高いことがわかっている。また、この危険性は、収縮期血圧（上の血圧）が１４０㎜Hg以上、または、拡張期血圧（下の血圧）が90㎜Hg以上の場合（医療機関で計る診察室血圧）に、より高くなる。「たかだか血圧くらい」と思ってはいけない。高血圧を放置すれば、心臓の肥大（左室肥大）、動脈硬化、心不全、虚血性心疾患（狭心症や心筋梗塞）、大動脈瘤、動脈閉塞症、脳卒中、腎不全などを引き起こしやすくなるのだ。なお、高血圧の90〜95％は、原因が特定できない本態性高血圧だが、その発症（危険）因子は、たとえば塩分やアルコールの過剰摂取、肥満、運動不足などと考えられており、そうした環境因子には生活習慣の見直しで改善できる余地がある。

心臓は1日に約10万回も収縮と拡張の運動を繰り返し、全身へと血液を送り出している。いっぽうで、心臓自体が筋肉（心筋）の塊であり、いわば不眠不休で動くための酸素や栄養分を含んだ血液が必要不可欠となる。これを供給しているのが心臓をぐるりと囲んでいる冠動脈で、この血管に支障をきたすと循環器にさまざまな疾患をもたらす。

冠動脈にプラークと呼ばれる脂質の塊が沈着して狭くなると、心筋へ送られる血液が不足して胸痛を起こす。これが狭心症だ。さらに、プラークに何らかの理由で亀裂が走り、そこにかさぶたのような血栓ができて、冠動脈を完全にふさいでしまうのが心筋梗塞である。

心筋梗塞の胸痛は非常に激しく、左上腕などにも痛みを生じ、これが長く継続する。また、心筋梗塞が持続すると、血液が送られない部分の心筋は壊死してしまい、心臓は健全なポンプ機能を果たせなくなる。これが心不全で、重症化は命の危険を意味する。

なお、心筋梗塞には痛みをともなわない無痛性心筋梗塞もあり、これが心筋梗塞の約2割を占めている。とくに、糖尿病の罹患者や高齢者に多く見られ、痛みがないため重症の心不全や不整脈が出るまで見逃してしまうケースが少なくない。

心筋の伸縮がうまくいかない症状を心筋症という。大半は特発性心筋症といい原因不明の場合が多いが、遺伝子の異常、免疫異常、ウイルス感染や環境要因が関係するとも考えられている。これは、肥大型、拡張型、結束型、不整脈源性右室心筋症、分類不能の5つに大別される。

動脈硬化や炎症などから、血管にも病気が生じる。多くは動脈硬化を原因とし、壁が脆弱化したため大動脈の一部が以上に伸展、拡張した状態が動脈瘤だ。動脈硬化が疑われる初老期の男女に好発し、放置すれば、やがて血管が破裂して死に至る。また、突発的に、胸背部に激痛を生じる血管の病気として知られるのが大動脈解離で、こちらは50～70代に好発する。

## 循環器のおもな病気（五十音順）

| 病名 | おもな原因や症状など |
|---|---|
| **虚血性心疾患（狭心症・心筋梗塞）** | 冠動脈の内腔が狭くなって、心臓の筋肉（心筋）への血流が不足して心臓に障害が起こる疾患の総称で、狭心症や心筋梗塞がある。狭心症は、前胸部の痛みや圧迫感、肩こり、左腕の痛みなどを生じる。血管が完全に詰まってしまう心筋梗塞は、狭心症よりも激しい、強烈な胸の痛み、左腕の痛みやだるさをともない、この症状が持続する。 |
| **心臓弁膜症** | 心臓弁膜の異常の総称。僧帽弁か大動脈弁に多く起こり、弁が狭くなる場合（狭窄）とうまく閉まらない場合（閉鎖不全）がある。息切れ、動悸、全身倦怠感、むくみなどの心不全の症状が現れたり、不整脈が見られることも多い。 |
| **心不全** | 虚血性心疾患や高血圧、心筋症などをさまざまな原因疾患により心臓のポンプ機能が低下、心拍出量の低下を生じた結果、肺や静脈系にうっ血をきたす。呼吸困難、息切れ、頻呼吸のほか、むくみ、体重増加、意識障害や冷や汗など、さまざまな症状が見られる。 |
| **心膜炎** | 心臓を覆っている心膜が炎症を起こした状態で、胸痛（程度はいろいろ）や浅い頻呼吸（呼吸困難）をきたす。多くが良性で自然に治癒する急性心膜炎だが、心筋炎に至ることもあり、しかるべき治療が必要となる。 |
| **大動脈解離** | 大動脈の内壁に亀裂を生じ、その亀裂から入る血流によって中膜が２層に剥離することで、突発的な胸背部の激痛を生じる。50〜70代の男女に好発する。 |
| **大動脈瘤** | 壁が脆弱化し、大動脈壁が異常な伸展をきたした状態。動脈硬化が疑われる初老期の男女に好発する。胸部や背中の圧迫感、顔面のむくみ、声がかれる、咳、嚥下困難といった症状が出る場合もあるが、ほとんどは無症状。進行すると、胸腹部の激痛や貧血をともなう大動脈瘤破裂をきたしてしまうこともある。 |
| **動脈硬化** | 動脈壁に代謝産物が沈着して内腔が狭くなる病気で、虚血性心疾患（狭心症・心筋梗塞）や脳出血、クモ膜下出血などの原因となる。軽症では自覚症状が見られないが、肥満、高血圧、糖尿病、喫煙者などは注意が必要。 |
| **肺水腫** | 肺毛細血管から血液の液体成分が細胞内へしみ出した状態。心不全では肺のうっ血により生じ、呼吸困難をきたす。 |
| **肺高血圧症** | 肺動脈に狭窄があって、右心系の負担が増大する疾患。通常は無症状だが、徐々に運動したあとなどに呼吸困難や疲れやすい症状などが出る。重症化するとチアノーゼや心不全が認められるようになる。 |
| **不整脈** | 動悸、極度に速い脈拍や遅い脈拍などに見られる心臓のリズム異常、刺激伝導系の疾患。具体的な症状はさまざまだが、急に意識が遠くなる（失神する）などは要注意。運動や精神的な興奮によって生じた速い脈拍など、心配のない場合も少なくない。 |

# 第5章 血液系と免疫系

運搬、防御、環境調整などの役割をもつ

# 血液のしくみ

血液は、人間の生命維持においてきわめて重要な役割を果たす液体だ。心臓から送り出され、体内をくまなく循環し心臓に戻ってくる。血液量は、成人で体重の約8％を占め、その量は体重1kgあたり約70mL、体重60kgの成人で4～5Lにもなる。

血液のおもな役割としては、運搬、防御、緩衝の3つがある。運搬は、体内の細胞組織が代謝するのに必要な酸素を全身に供給したり、細胞組織から出される二酸化炭素を運ぶことだ。ほかにも、栄養素やホルモン、熱量なども運んでいる。防御は、体内に侵入した病原体や異物（抗原）から体を守ることだ。3つめの緩衝とは、体内環境を維持すること。具体的には、ph（酸塩基）やホルモン、体温の調整などがこれにあたる。

血液の成分は、その全量の約45％を占める血球《けっきゅう》と呼ばれる有形成分と、約55％の血漿《けっしょう》と呼ばれる液体成分のふたつに分けられる。血球は、赤血球、白血球、血小板からなり、その99％以上を赤血球が占める。もういっぽうの血漿は、成分の約90％を水が占め、アルブ

**血液のおもな病気**

鉄欠乏性貧血、鉄芽球性貧血、無顆粒球症、血友病、特発性血小板減少性紫斑病など

ミンや血液凝固因子、グロブリンといった血漿タンパクをはじめ、ナトリウムイオンや塩素イオンなどの電解質のほか、糖質、脂質などさまざまなものが含まれている。

なお、血液を採取して放置しておくと、底に沈む沈殿物と淡黄色で透明な液体に分離するが、前者が（血液凝固により固まった）血餅《けっぺい》、後者が血清《けっせい》である。ちなみに、医療現場で用いられる血清は、血漿から血液凝固因子であるフィブリノゲンを除いたものだ。

血球をなす赤血球、白血球、血小板はそれぞれ特有のはたらきをもっている。

赤血球は、中央部がへこんだ円盤状の形状をしている。この成分は肺で受け取った酸素を体内に供給しているが、これは赤血球細胞中のヘモグロビンのはたらきによるもの。また、血液が赤く見えるのもヘモグロビンの色素によるものだ。

白血球は免疫細胞で、おもに体内防御機構を担っている。白血球は、リンパ球、単球、好塩基球、好酸球、好中球などから構成され、種類によって機能も異なり、多様な白血球が互いに協力しながら、外部から侵入した細菌やウイルスといった病原体や異物の発見から、抗体を産生、排除するといった、免疫機能を発揮する。

そして血小板は、血液1㎣中に15万～35万個含まれている成分で、血液を止めるはたらきをもち、血管が傷ついた際に血小板同士が凝集して破れた箇所をふさぐ。

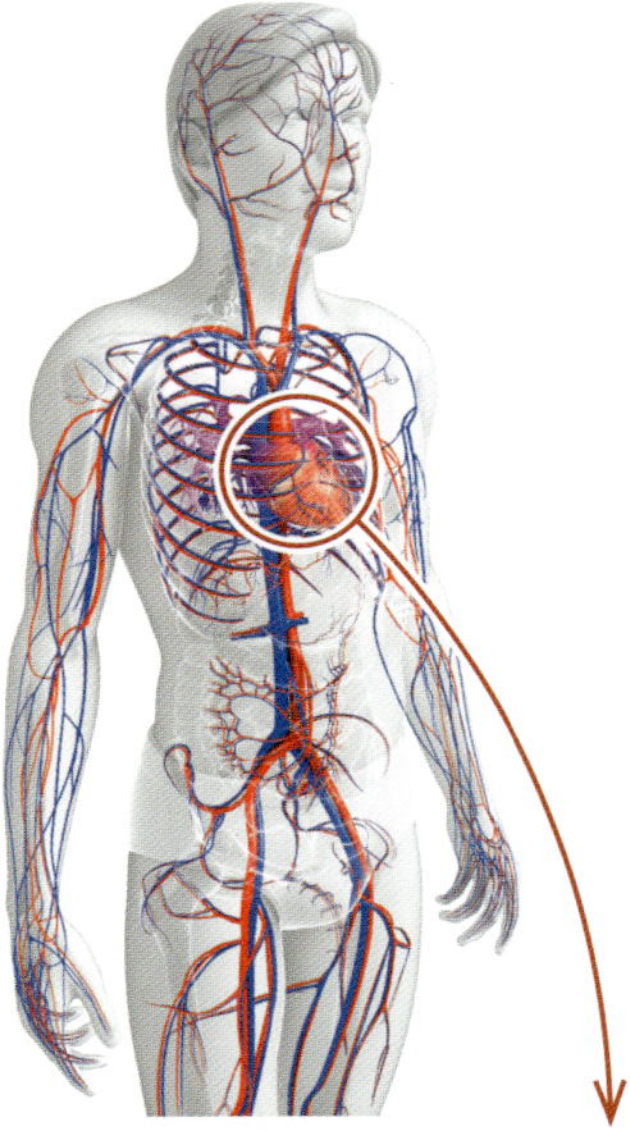

全身の血管のイメージ図（左）と、血管内のイメージ図（下）。成人の場合、全長約9万～10万kmもあるといわれる血管内には、各々違った機能をもつ赤血球、白血球、血小板などが流れる。骨髄で生み出されてから、赤血球は約120日、白血球が数時間～5日（種類により異なる）、血小板は7～10日のあいだ全身を循環する。

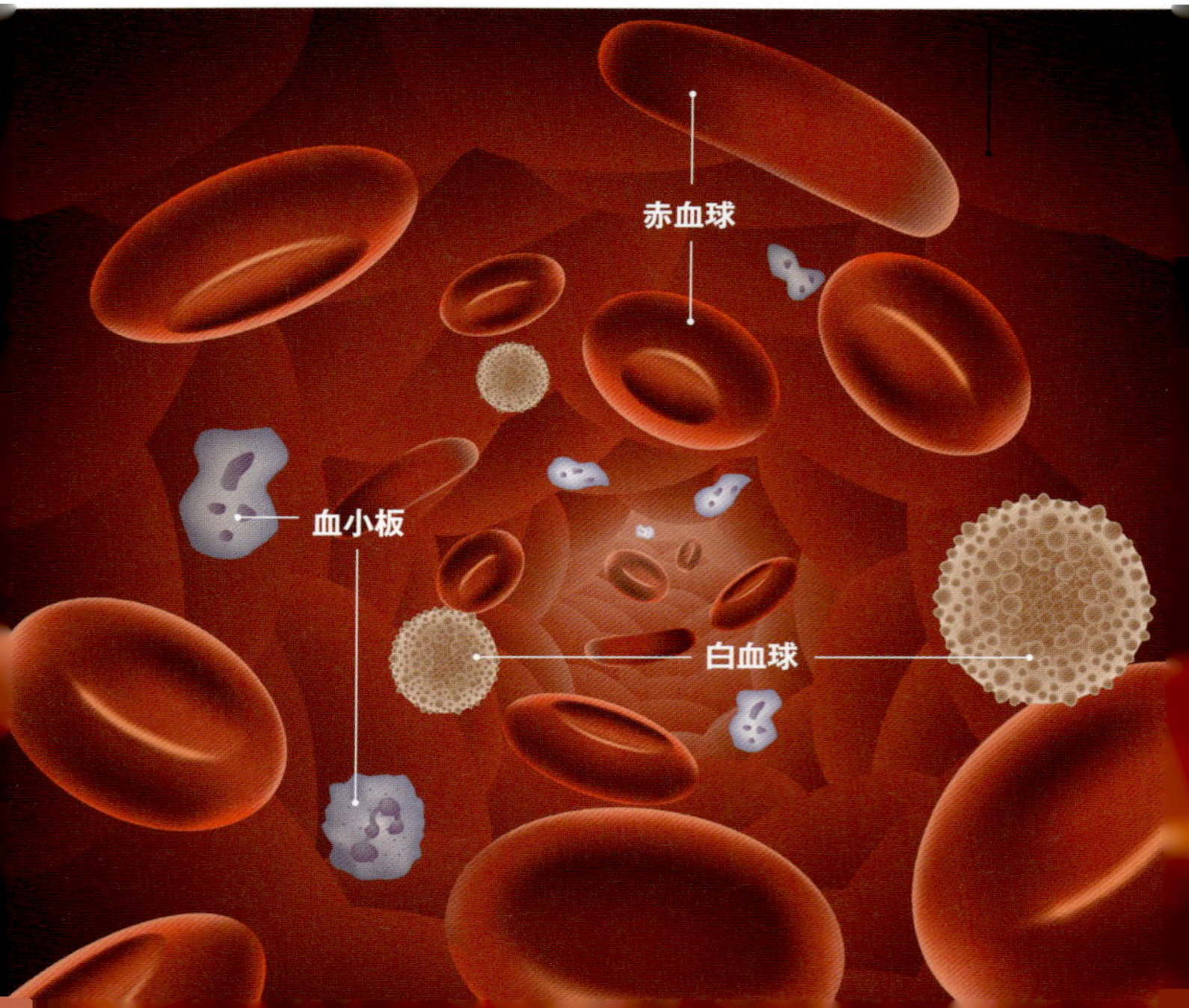

## 血液の構成成分

**血球**

- ・赤血球（99％以上）
- ・白血球 ┐
- ・血小板 ┘（1％未満）

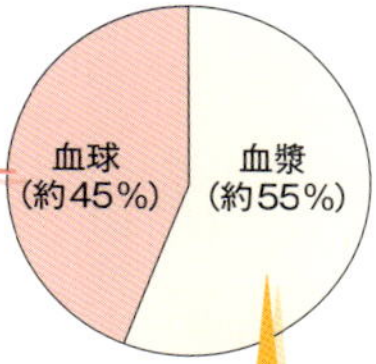

血球
（約45％）
血漿
（約55％）


**血漿**

- ・水（91％）
- ・$Na^+$、$Cl^-$、$HCO_3^-$、$K^+$などの電解質（1％）
- ・アルブミン、血液凝固因子、グロブリンなどの血漿タンパク（7％）
- ・グルコース、アミノ酸、脂質、ビタミン、老廃物、ホルモンなどのその他の成分（1％）

## 血液中に含まれる細胞成分

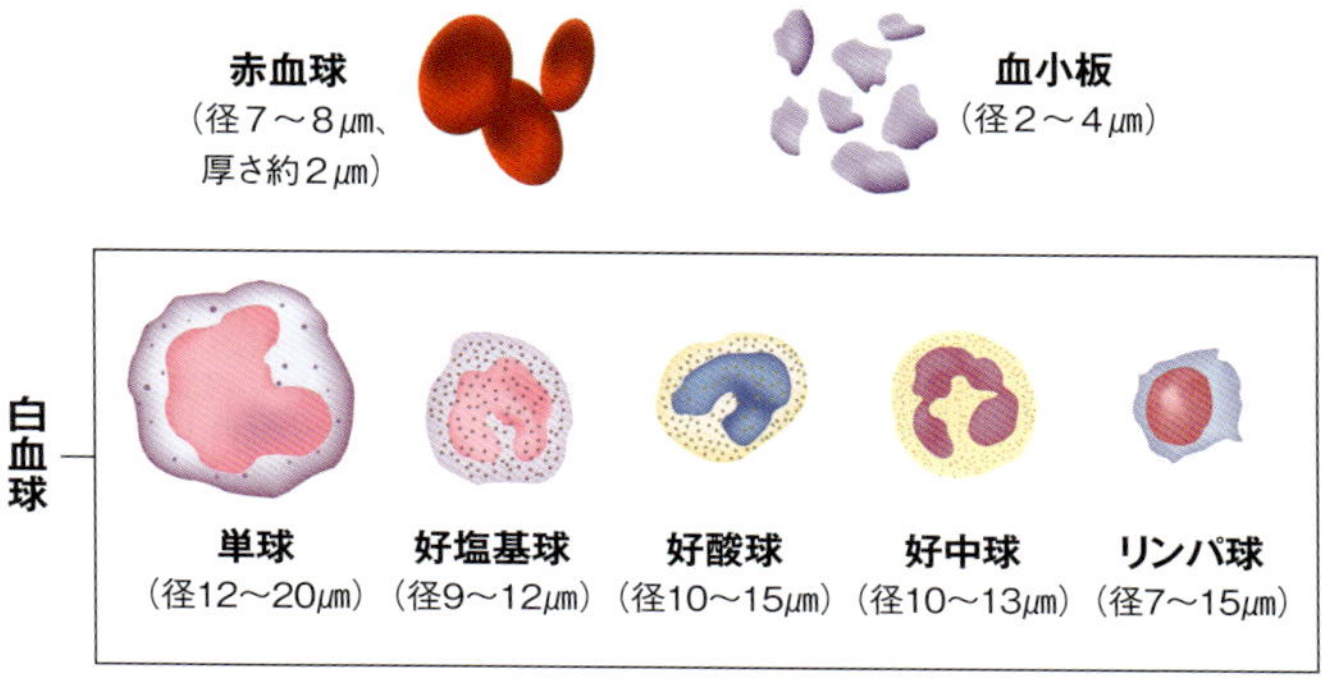

赤血球
（径7〜8µm、
厚さ約2µm）
血小板
（径2〜4µm）
白血球
単球
（径12〜20µm）
好塩基球
（径9〜12µm）
好酸球
（径10〜15µm）
好中球
（径10〜13µm）
リンパ球
（径7〜15µm）


赤血球……中央部がへこんだ円盤状の形状で、毛細血管内でも変形して通ることができる。ヘモグロビンを含むため赤色で、酸素の運搬を担う。

白血球……体内の多様な防御機構を担う免疫細胞。リンパ球、単球、好塩基球、好酸球、好中球から構成され、主体となってはたらいているのが好中球だ。

血小板……血液1㎣中に15万〜35万個含まれる円板状の成分。血小板同士が凝集し、血液を止めるはたらきをもつ。

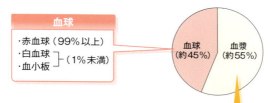

骨の内部に秘められた血液をつくる組織

# 骨髄のしくみ

骨の表面を覆う骨膜には、血管や神経が走っている。その内側には、リン酸カルシウムやコラーゲンを主成分とした硬い骨の組織がある。その内部の空間である（骨）髄腔を満たしている組織が、骨髄だ。この組織のおもな役割は血液をつくることにあり、骨髄の総量は成人で1600～3700gに達する。

骨髄には、赤色髄と黄色髄の2種類があり、赤色髄は、骨の両端の多孔質になっている海綿状の組織内にあるもので、黄色髄は骨の中間の空洞に詰まっているものだ。なお、赤色髄が成長し黄色髄になるため、赤色髄と黄色髄は厳密には分けられないとされる。

赤色髄と黄色髄の大きな違いは、造血機能の有無である。赤色髄には造血幹細胞があり、この細胞が存在するため、造血が盛んに行われる。いっぽうの黄色髄は、脂肪質が多く含まれ、造血はほとんど行われない（ただし、大量出血などで血液が必要になったときには、黄色髄が赤色髄になり変わり、造血を補強する場合もある）。

**骨髄のおもな病気**

急性骨髄性白血病、急性リンパ性白血病、骨髄異形成症候群、慢性骨髄性白血病、真性多血症、慢性リンパ性白血病、再生不良性貧血など造血とは、簡単にいえば血液の有形成分（血球）をつくり出すことであり、造血幹細胞はその元となる細胞だ。造血幹細胞は、いわば原始的な細胞なのだが、自己複製や分化を繰り返し、赤血球、リンパ球や単球などの白血球、血小板といった、どの血球にでも分化（変化）できる能力をもっている。つまり、赤色髄にある造血幹細胞が分裂・増殖し、赤血球、白血球、血小板がつくり出されるというわけである。ちなみに、造血幹細胞は、1秒間に約200万個という驚異的な速さで自己複製（分裂）している。こうしてつくり出された血球は、髄腔内の静脈へと通じる静脈洞を通って血液中を巡る。

なお、造血は常に全身の骨髄（骨）で行われているわけではない。

たとえば、胎生3カ月頃には、骨が形成途中であるため、造血の場は骨髄ではなく肝臓と脾臓になる。そして出生後には、肝臓と脾臓から全身の骨髄へと移っていく。その後体ができあがっていくにつれ、造血を行う骨髄は、頭蓋骨や胸骨、肋骨、椎骨、骨盤、大腿骨といった体の中心部に限られるようになる。さらに、脂肪質である黄色髄が増えていくため、造血能力は成人前後をピークに少しずつ低下していくことになる。

ちなみに、出生後でも病気などの原因により骨髄で造血ができなくなると、肝臓や脾臓で造血できるようになることがあり、これを髄外造血という。

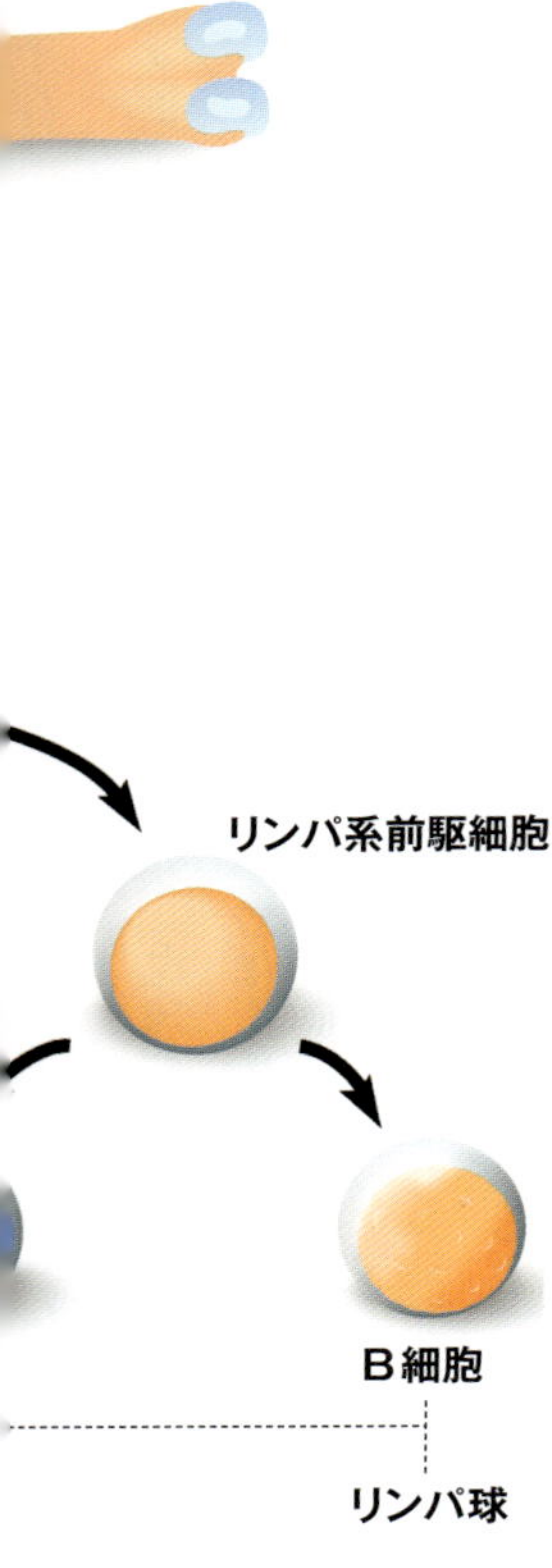


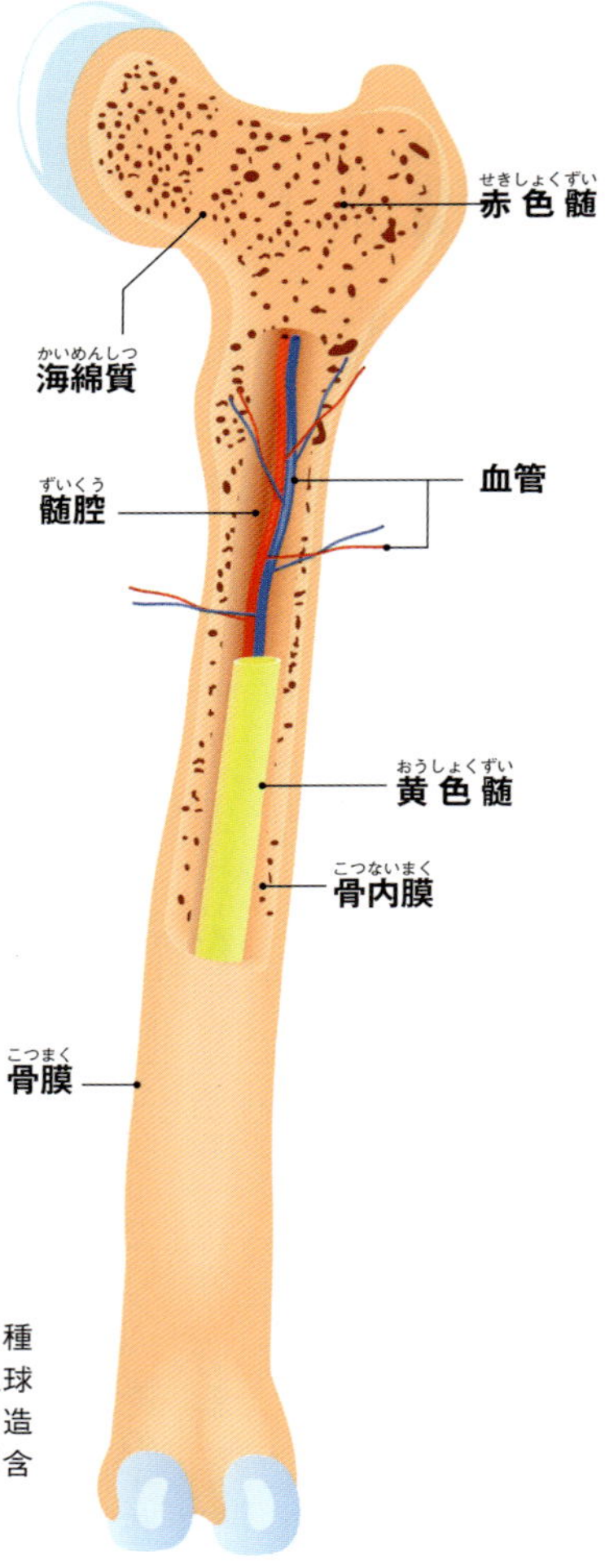


骨髄で満たされた髄腔のイメージ図。2種類ある骨髄のなかでも、赤色髄では、血球の材料となる造血幹細胞が存在するため造血が行われる。黄色髄には脂肪質が多く含まれ、造血はほぼ行われていない。

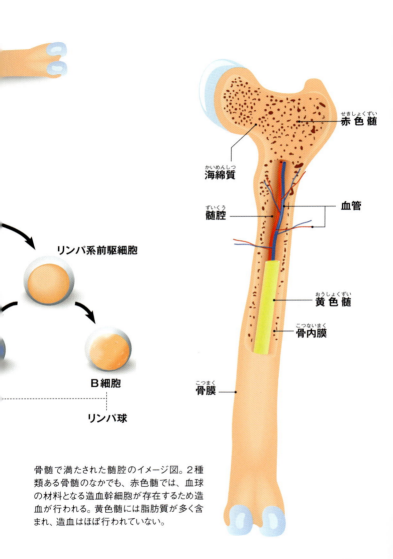

## 造血のしくみ

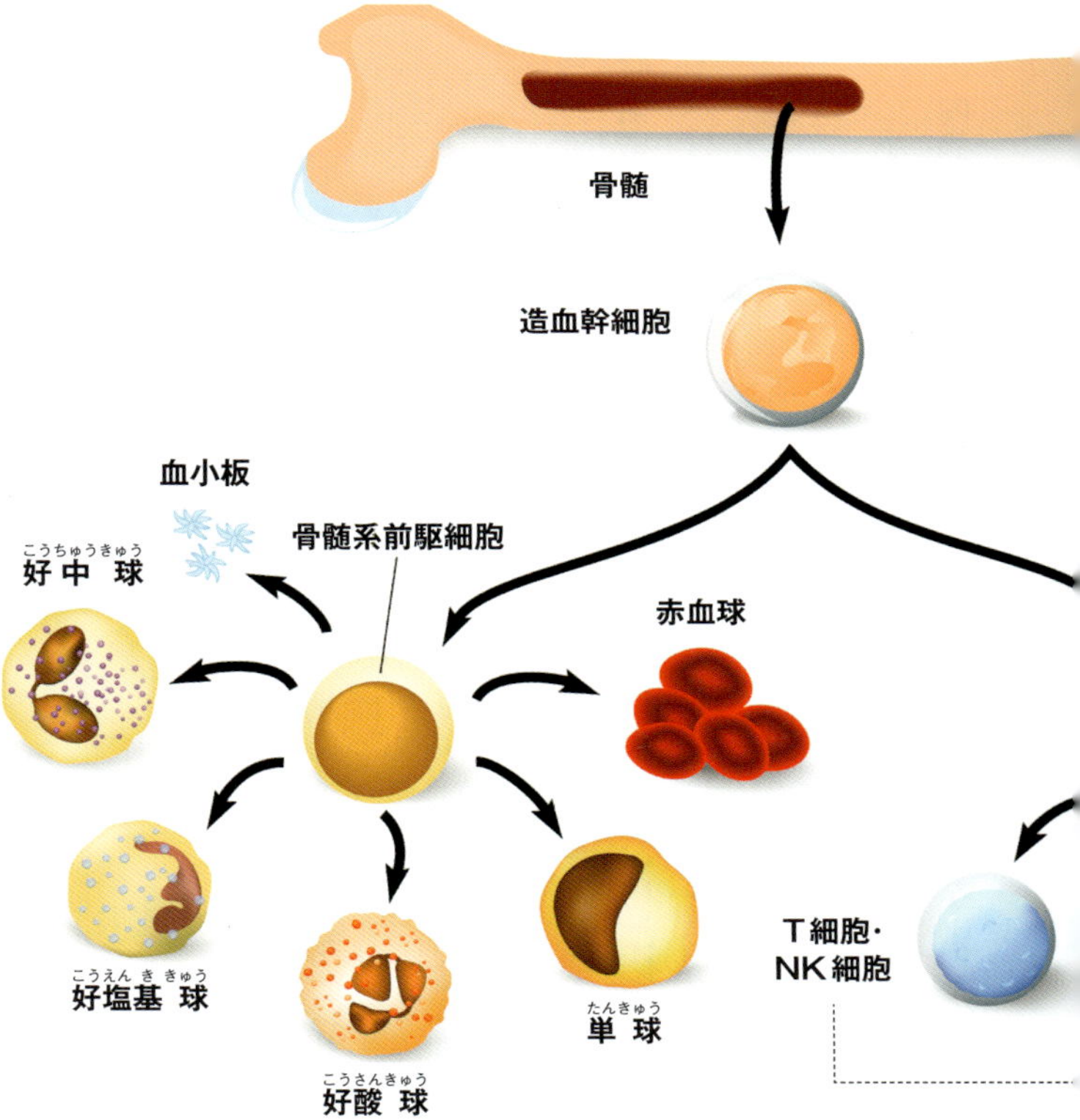


赤血球、白血球、血小板のすべての血球は、造血管細胞が自己複製や分化を繰り返してつくられる。これを造血と呼ぶ。骨髄で生み出され、成熟して各細胞成分としての機能を果たせるようになると、静脈洞（骨髄内の網目状に張り巡らされた血管）を通り体内へ送り出される。

# 脾臓とリンパ節の構造

免疫細胞が集まった外敵の侵入阻止のための砦

体内には、血管のほかにリンパ管という細くて透明な管が張り巡らされている。この管のなかには、無色透明なリンパ（液）が流れている。

リンパとは、毛細血管からにじみ出た血漿がリンパ管に流れ込んだもので、約90％の水分と、タンパク質やブドウ糖、塩類、白血球などで構成される液体だ。これは、古くなった細胞や老廃物、腸管で吸収された脂肪を運ぶ役目を果たしている。また、リンパは骨格筋の収縮によって流れているため、血液よりもゆっくりとした流れになっている。

リンパ管は、合流しながらしだいに太くなっていくが、その大きな合流部分をリンパ節（リンパ腺）という。リンパ節は、全身に数百あり、頸部（耳の周囲、あごの下、頸のつけ根）、腋窩《えきか》部（わきの下）、鼠径《そけい》部（太もものつけ根）周辺など、広く分布している。大きさは、小豆大から空豆大ほどで、外側から触って識別できることもあるが、肺門（左右の肺の内側）や肝門（肝臓の下部）など、体の奥にあるリンパ節もある。

**脾臓とリンパ節のおもな病気**

小リンパ球性リンパ腫、悪性リンパ腫、転移ガンなどところで、風邪をひくなどしたとき、耳の下あたりが腫れ、しこりのようなものができたり痛みを生じることがある。じつはこれは、リンパ節で（リンパ球が）体内に侵入した細菌やウイルスなどの病原体（抗原）と戦っているために起きる症状だ。

細菌やウイルスが体内に入ると、リンパに含まれる白血球（リンパ球）や貪食《どんしょく》細胞（マクロファージ）といった免疫細胞がすばやく反応し、これら病原体を撃退する。しかし、病原体の勢力のほうが勝っている場合、リンパ管に侵入してリンパ節まで到達することがある。するとリンパ節で戦いが繰り広げられ、リンパ節が腫れてしまうのである。すなわち、リンパ節は体内防御の最後の砦というわけだ。

そのほか、脾臓という臓器も、リンパ節と同様に、体内防御のはたらきをしている。脾臓には、白脾髄《はくひずい》と赤脾髄《せきひずい》というふたつの組織があり、このうちの前者は、抗体を産生して免疫系を担う。白脾髄には、マクロファージやリンパ球が多く常駐しており、マクロファージが、血液中の病原体の貪食（細胞を食べること）を、リンパ球が病原体を認識し、抗体をつくっている。もういっぽうの赤脾髄は、古くなった赤血球を破壊する役割をもつ。骨髄でつくられた赤血球は、約120日間、血液として体内を循環するが、その後この赤脾髄を通過する際に破壊されるのである。

## リンパ節の拡大図

リンパ節の外側には被膜があり、内部にはリンパ濾胞と呼ばれるリンパ球（B細胞）の塊が存在している。リンパ節では、輸入リンパ管から流れてくる異物を処理し、組織や血管内への侵入を防ぐ。また、リンパ球の分化、成熟の場でもある。リンパ管には逆流防止のための弁が備わっている。

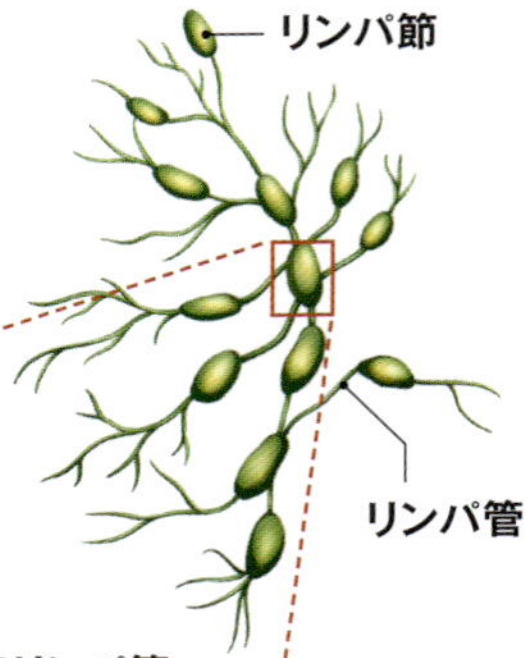


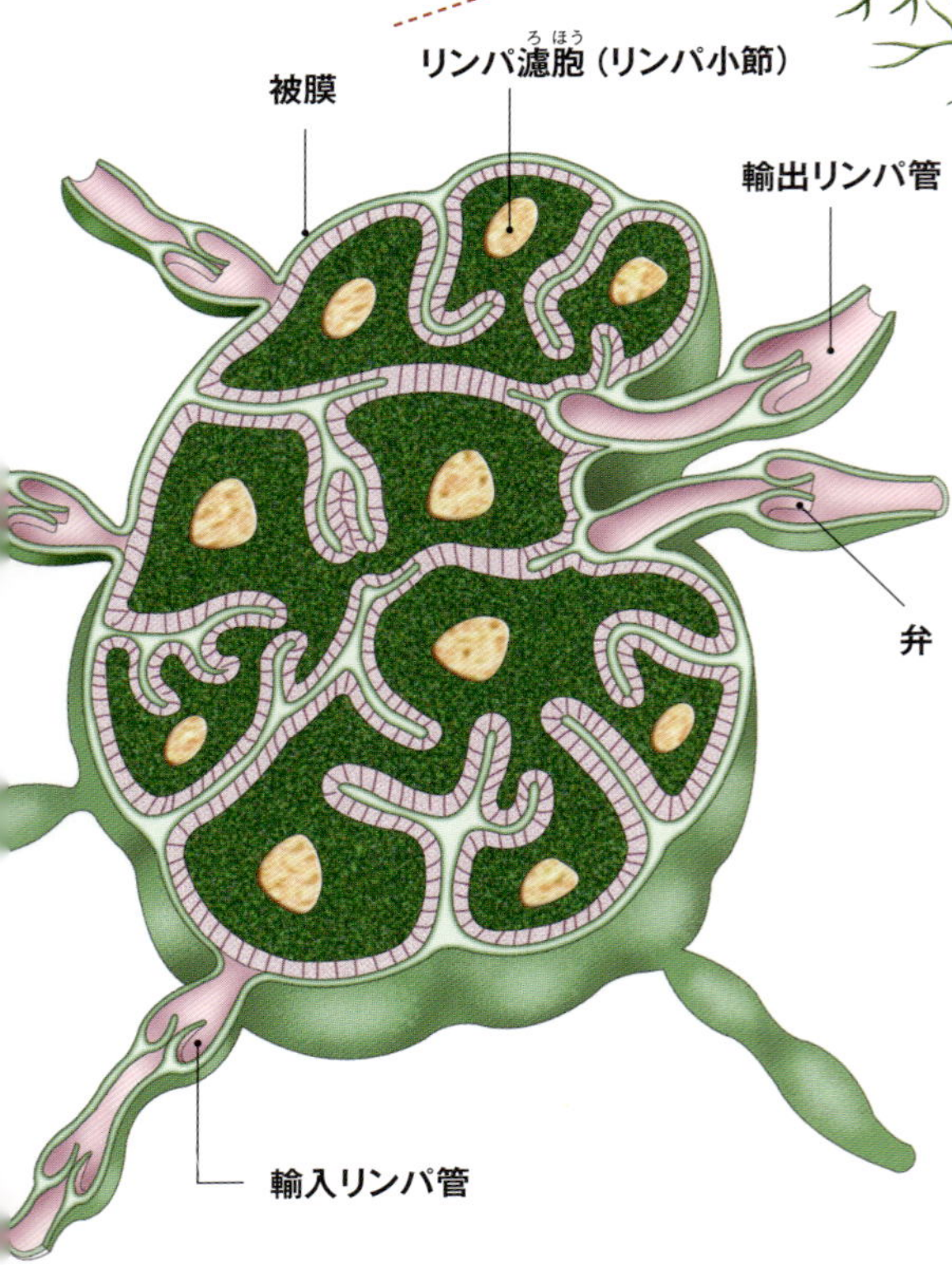

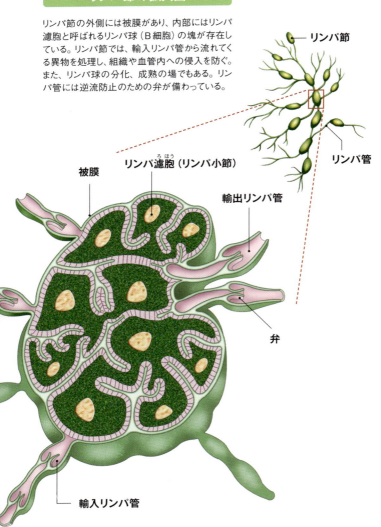

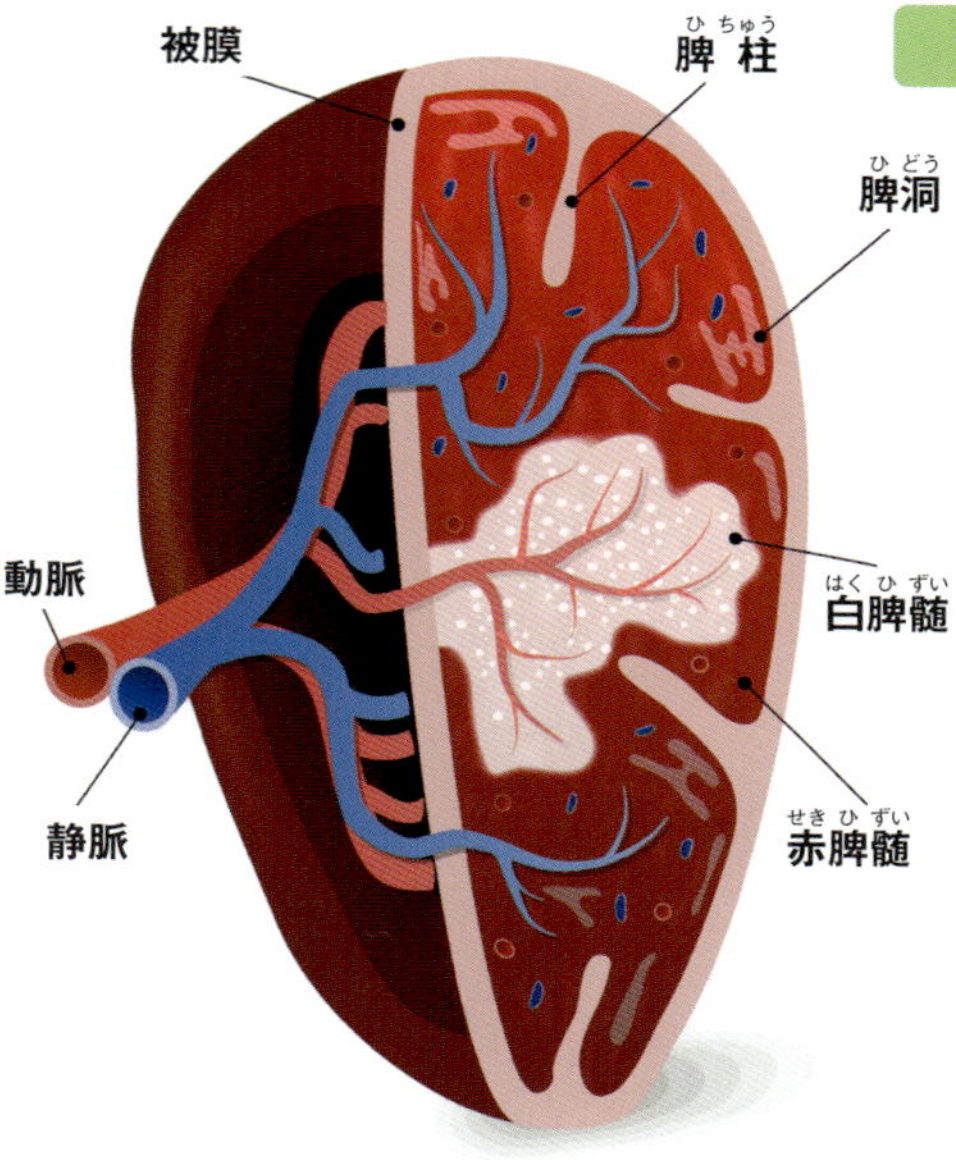


## 脾臓の構造

脾臓は、握りこぶし程度の大きさの臓器で、赤脾髄と白脾髄という、それぞれ異なる役割をもったふたつの組織からなる。大半を占める赤脾髄は、静脈とつながっており古くなった赤血球を破壊し、白脾髄は動脈近くにあり、集まった免疫細胞が血流に乗って移動する異物（抗原）と戦う。

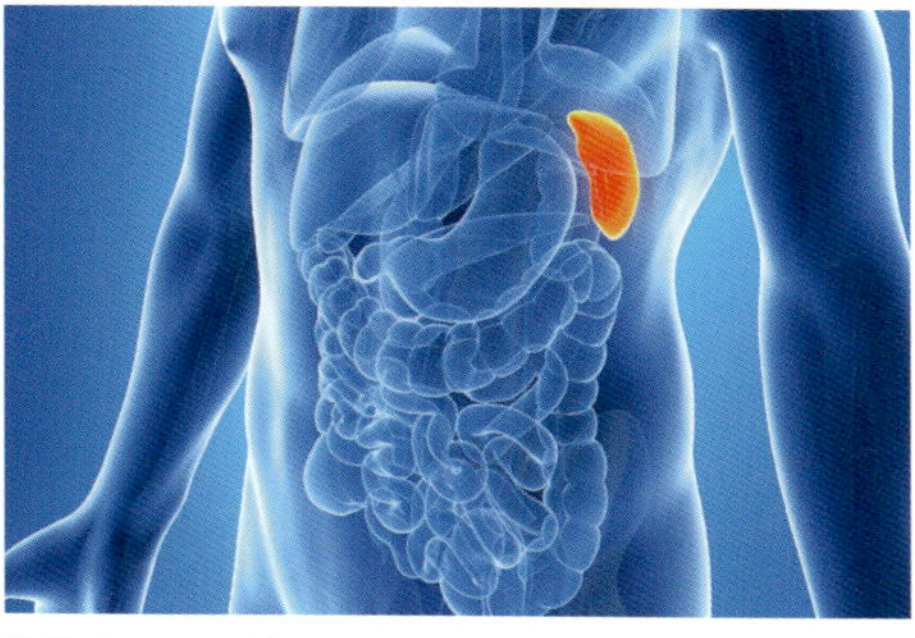

脾臓（オレンジ色）は左の脇腹あたりに位置し、上は横隔膜、内側は腎臓（左側）に接している。

ウイルス・細菌の侵入・攻撃からわたしたちを守る防御システム

# 免疫のしくみ

ウイルスや細菌などの病原体や異物などによる外部の侵入・攻撃から、人体を守る防御機構が、免疫と呼ばれるものだ。おもに免疫の役割を担うのはリンパ球で、このリンパ球が抗体をつくって防御する。また、このときリンパ球は、抗原を記憶して抗体をつくり、再度同じ抗原が侵入した際に、すばやく対応（抗体産生）できるようにしている。

リンパ球は、大きく分けてB細胞、T細胞、※NK細胞の3つがある。これらは、機能は異なるものの、どれも直径7～15㎛で（光学顕微鏡検査での）見た目はほぼ同じ。

B細胞は、抗体産生と抗原を記憶する機能をもったリンパ球だ。そして、抗体産生を行うB細胞は最終的に形質細胞に、抗原を記憶したものはメモリーB細胞へと分化する。

T細胞は、抗体産生、細胞傷害にかかわるリンパ球で、抗体産生を活性化させるヘルパーT細胞や、異常な細胞などを破壊する細胞傷害性T細胞（キラーT細胞）に分化する。

NK細胞は、全身をパトロールしながら、細菌・ウイルスに感染した細胞や、ガン細胞

**免疫系のおもな病気**

アナフィラキシーショック、アレルギー性鼻炎、アレルギー性皮膚炎、薬物アレルギー、関節リウマチ、若年性特発性関節炎、全身性エリテマトーデスなど

※NKはNatural Killer（ナチュラル・キラー）の略。

などの異常な細胞を見つけると、間髪入れずに攻撃をしかけるリンパ球だ。キラーT細胞のように有害細胞を破壊する機能をもち、常時感染の拡大を防いでいる。

また、抗原を見つけ即座に攻撃をしかけるNK細胞に対し、T細胞とB細胞は、ほかの白血球が集めてきた抗原の情報を分析し、作戦を立てたうえで組織的な攻撃を展開する。

免疫システムは、これらの細胞が協働し、段階的にはたらく。まずはたらくのが自然免疫で、この免疫では体表面のバリアー機能と、侵入した抗原の貪食（好中球やマクロファージなど）、ウイルスに感染した細胞の破壊と抗ウイルス作用がはたらく（NK細胞）。

自然免疫で処理できなかった場合、より強力な獲得免疫がはたらく。獲得免疫には、B細胞を中心とした液性免疫と、キラーT細胞とマクロファージが抗原を攻撃する細胞性免疫の2種類がある。液性免疫は、まず侵入した抗原をB細胞が取り込み、抗原の情報をヘルパーT細胞2型に提示。このヘルパーT細胞2型がB細胞を集め、B細胞はヘルパーT細胞2型の助けを得て、形質細胞に分化、増殖。この形質細胞が抗体を産生し、抗原の動きを封じるというもの。もういっぽうの細胞性免疫では、抗原が侵入すると、まずヘルパーT細胞1型がキラーT細胞とマクロファージを活性化する。その後、キラーT細胞は、細胞障害物質を放出するなどして抗原を攻撃し、マクロファージは抗原を貪食する。

## 液性免疫

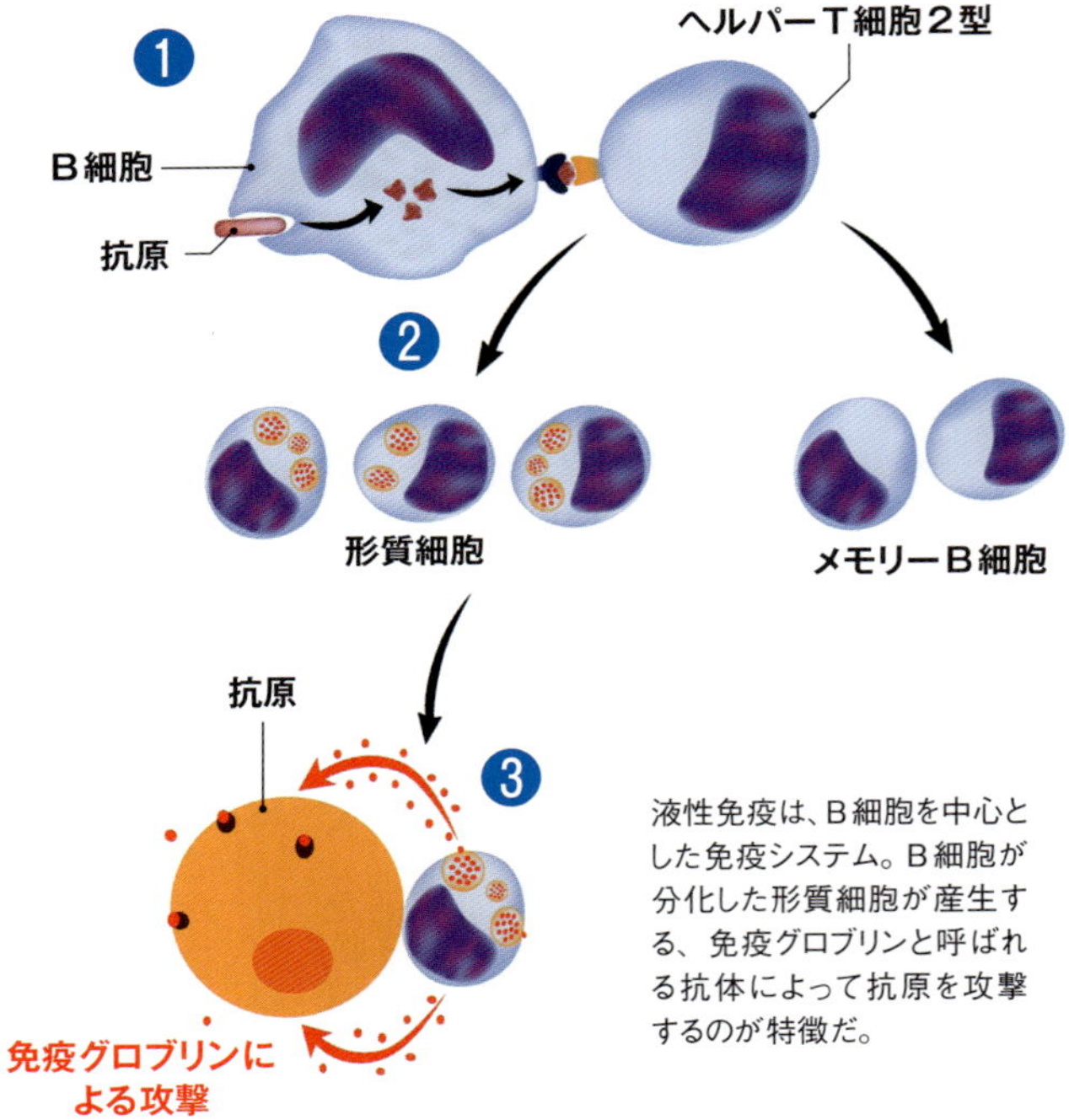


液性免疫は、B細胞を中心とした免疫システム。B細胞が分化した形質細胞が産生する、免疫グロブリンと呼ばれる抗体によって抗原を攻撃するのが特徴だ。

❶B細胞が抗原を取り込んで認識し、B細胞からの抗原の情報をヘルパーT細胞２型に提示する。

❷ヘルパーT細胞２型の補助を受け、B細胞が増殖。このB細胞は形質細胞に分化し、一部はメモリーB細胞に分化する。

❸形質細胞が産生した抗体（免疫グロブリン）で抗原を攻撃する。

## 細胞性免疫

❶マクロファージが抗原を取り込んで認識する。

❷マクロファージが認識した抗原の情報が、ヘルパーT細胞1型、キラーT細胞に提示される。

❸ヘルパーT細胞1型が産生したサイトカインによる刺激を受け、キラーT細胞、マクロファージが活性化・増殖。

❹キラーT細胞、マクロファージが直接抗原を攻撃する。

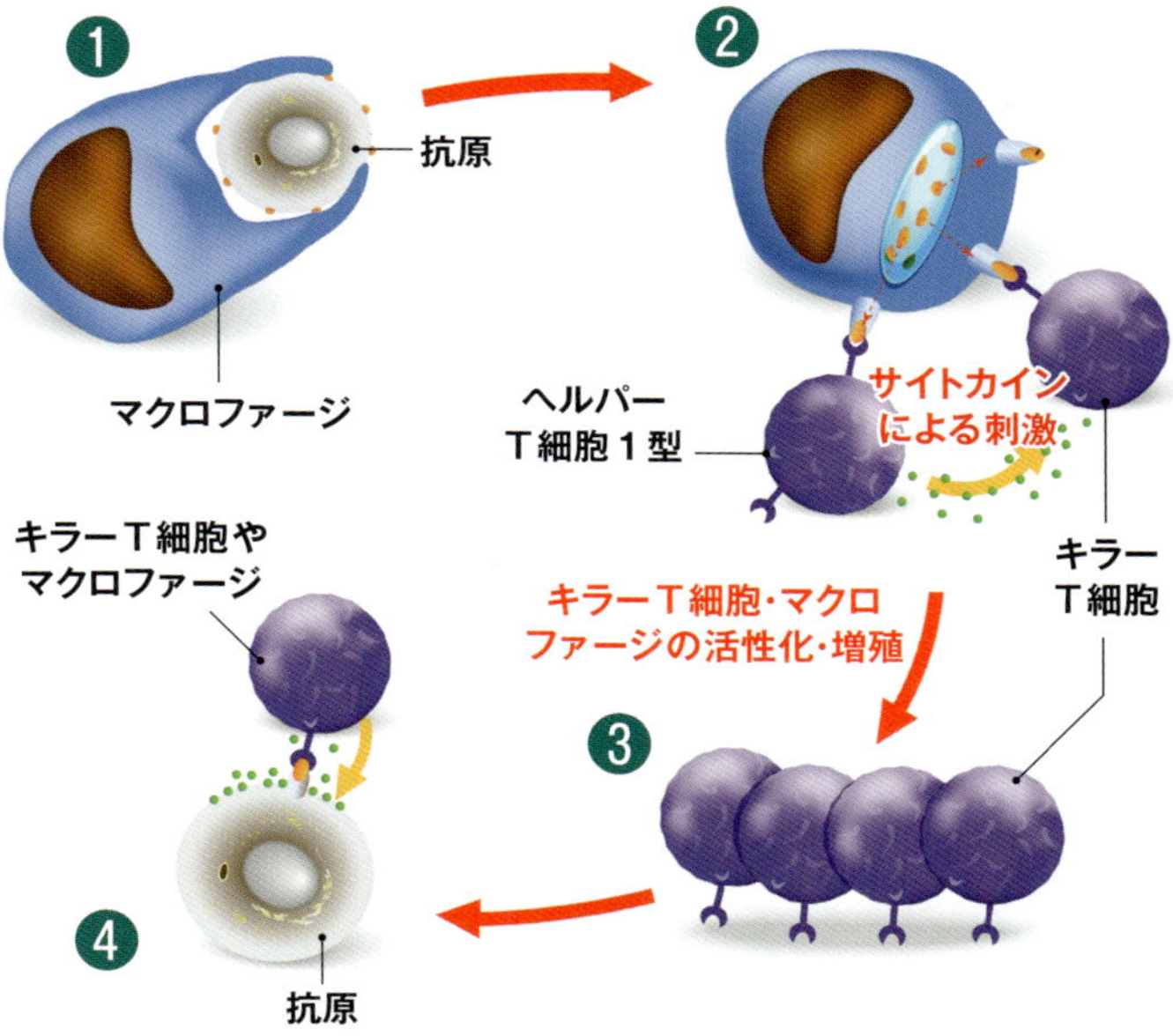


液性免疫が抗体中心であるのに対して、細胞性免疫では、免疫細胞自体が免疫反応の中心となる。抗原を攻撃する細胞は、おもにキラーT細胞とマクロファージが担う。

病気を知ろう! vol.5

# 血液・免疫系のおもな病気

血液・免疫系の疾患には、赤血球、白血球、血小板の異常が大きく関与する。

たとえば赤血球の異常では、貧血の症状をきたすことが多い。貧血の約3分の2を占める疾患が、鉄分が不足する鉄欠乏性貧血だ。消化管からの慢性的な出血や、女性では出産による失血や過多月経、子宮筋腫などで起きる。特定の栄養素が欠乏して起き、貧血の症状がある疾患はほかに、ビタミンB12欠乏性貧血、葉酸欠乏性貧血、タンパク欠乏性貧血などがある。

再生不良性貧血は、骨髄の造血幹細胞の減少により血球の産生ができなくなって貧血が起きる疾患で、ほかの病気に感染しやすくなるなどし、重度の場合、死に至ることもある。

白血球の異常としてまず挙げられるのは、白血病だろう。血液の病気としても代表的で、正常な血球の減少、貧血、免疫機能の低下、出血、脾臓の肥大といった症状が出る。これは、造血幹細胞が骨髄でガン化し、これが骨髄内で増殖して、骨髄を占拠することで起きる。

また、ガン化した細胞のタイプから「骨髄性」と「リンパ性」、さらに造血幹細胞の血球分化のどの段階で腫瘍化するかで「急性」と「慢性」に分けられる。なかでも、顆粒球や単球がガン化する急性骨髄性白血病、Ｂ細胞・Ｔ細胞・ＮＫ細胞がガン化するリンパ性白血病などが白血病の代表例として挙げられる。

白血病においては、現在抗ガン剤治療に頼るところが大きいが、副作用も強力なため、ガン化の原因となる遺伝子の早期発見や、遺伝子レベルでの治療法の研究、確立が急がれている。

白血球の異常としてはほかに、ＥＢウイルスというウイルスがＢ細胞に感染して起きる、伝染性単核（球）症が代表的だ。発熱や、頸部などの全身のリンパ節が腫れるのが特徴で、一般的に唾液を介して感染するため、キス病（kissing disease）とも称される。無顆粒球症は、薬剤に対するアレルギーから起こる疾患で、顆粒球が減少し、39～40度の高熱、強いのどの痛みなどが出る。とくに抗甲状腺薬、抗菌薬、消炎鎮痛薬などの使用中に起こることが多い。

そのほか、血小板の異常が起きると、つりあっていた止血機能と出血機能の均衡がくずれ、体内外で出血や血栓ができてしまう。たとえば、特発性血小板減少性紫斑病（ＩＴＰ）という疾患では、鼻や歯肉からの出血や全身の点状出血（紫斑）の症状をともなう。これには近年、詳細は明らかではないものの、ピロリ菌（１６４ページ）の関与が指摘されている。

また、血栓止血機構にかかわるｖＷＦ因子切断酵素の活性が低下して起こる、血栓性血小板減少性紫斑病では、血栓が多くでき、それにより血小板が減少し、貧血、発熱、血尿などの腎機能障害、意識障害などの精神神経症状が出る。

## 血液・免疫系のおもな病気（五十音順）

| | 病名 | おもな原因や症状など |
|---|---|---|
| 血液系 | 急性骨髄性白血病 | 貧血、発熱、全身倦怠感、鼻・歯肉・皮下出血などの出血傾向があり、ときにリンパ節腫脹、肝脾腫が見られる。骨髄系の造血幹細胞に遺伝子異常が生じ、悪性の細胞が増殖することで起きる。 |
| | 急性リンパ性白血病 | 貧血、発熱、全身倦怠感、鼻・歯肉・皮下出血などの出血傾向があり、リンパ節腫脹、肝脾腫が見られることも。リンパ系の造血幹細胞に遺伝子異常が生じ、悪性の細胞が増殖することで起きる。小児や高齢者に多い。 |
| | 血栓性血小板減少性紫斑病 | 血中のvWF切断酵素の活性が低下することで起きる。頭痛、せん妄、意識障害などの精神神経症状、血尿、タンパク尿などの腎機能障害、血小板減少による紫斑などの出血症状、貧血、発熱の5つの症状が特徴。 |
| | 再生不良性貧血 | 頭痛、めまい、動悸、息切れ、易疲労感などの一般的な貧血の症状。骨髄の造血幹細胞の減少により血球の産生が減少し起きる。約80%は突発性で、抗ガン剤などの薬剤や化学物質の投与で起きることもある。 |
| | 真性多血症（真性赤血球増加症） | 中高年に多く発症し、頭痛、めまい、赤ら顔、皮膚掻痒感、胃潰瘍、脾腫などを生じる。造血幹細胞が腫瘍性増殖をきたすことで、赤血球がいちじるしく増える疾患。赤血球増加により、高血圧や血栓症をともなうこともある。 |
| | 鉄欠乏性貧血 | 頭痛、めまい、動悸、息切れ、易疲労感などがあり、スプーン状爪、異食症、舌炎、口角炎、嚥下障害などをきたす。鉄の欠乏により、ヘモグロビン合成が低下して起きる。 |
| | 伝染性単核（球）症 | 発熱、全身のリンパ節腫脹、咽頭痛、口蓋の紅斑、肝脾腫など。リンパ球のうちB細胞がEBウイルスに感染することで発症する。 |
| | 特発性血小板減少性紫斑病（ITP） | 血小板が減少することで出血しやすくなる疾患。鼻や歯肉から出血するほか、全身に点状出血（紫斑）を生じる。原因の詳細は不明だが、近年、ピロリ菌がかかわっていることが判明している。 |
| | 慢性リンパ性白血病 | リンパ節腫大、肝脾腫、貧血、血小板減少にともなう症状がある。60歳以上の高齢者に多く、男女比はおよそ2：1で男性のほうが多い。 |
| | 無顆粒球症 | 高熱、咽頭・扁桃に白苔をともなう潰瘍、咽頭痛、全身衰弱感などをきたす。抗甲状腺薬、抗菌薬、消炎鎮痛薬などの薬剤に対するアレルギーや、薬剤そのものの作用により、顆粒球が減少することで起きる。 |
| 免疫系 | アナフィラキシー（ショック） | 薬物やタンパク質などの特定のアレルゲンにより発症し、じんましん、血管浮腫、腹痛、動悸、呼吸困難や血圧低下、意識消失が起きることも。アレルゲンには個人差があるが、抗菌薬やハチ毒、そばやピーナッツの摂取などが代表的。 |
| | 関節リウマチ | 手・膝・肘関節の腫れと痛みのほか、起床直後に関節がこわばり、動きがぎこちなくなるのがこの疾患の症状の大きな特徴。これは関節部にある滑膜が炎症を起こし、軟骨や骨が徐々に破壊されてしまうため起きる。発症原因はいまだ不明で、膠原病のなかで罹患者がもっとも多い。30～50歳代の女性に好発する。 |
| | 全身性エリテマトーデス | 膠原病のなかでも症状が多彩な疾患で、鼻～両ほほに広がる蝶形紅斑、顔面・耳・首のまわりに出る円板状紅斑、紫外線過敏による紅斑・水疱などの皮膚症状、関節炎により関節が痛む関節症状がとくに多い。ほかにも発熱、全身倦怠感、赤血球・白血球・血小板の減少のほか、肺・心臓・腎臓などの全身の臓器で症状が見られる。 |

# 第6章
# 消化器系

ふたつのフタと舌が絶妙に連動

# 咽頭の構造と嚥下のしくみ

咽頭《いんとう》は、鼻腔、口腔、気管、食道につながる筋肉でできた管である。咽頭は空気と食物の通り道であり、上咽頭、中咽頭、下咽頭の3つの部分に分かれている。上咽頭は鼻の奥、中咽頭は口腔の奥、下咽頭は気管と食道につながっている部分を指す。

咽頭の役割は、吸い込んだ空気を気管へ、食べた食物を食道へと振り分けること。そのため咽頭は、消化器と呼吸器の両方に属している。

食べた物を胃に飲み下すことを嚥下《えんげ》という。食物を飲み込むときは、まず舌が盛り上がって食物を喉に押し込む。すると軟口蓋《なんこうがい》というフタが押されて上がり、鼻腔を遮断して食物が鼻へいくのを防いで食物が食道へと通る道を確保する。同時に喉頭蓋《こうとうがい》というフタが下がって気管をふさぎ、食物が喉頭蓋の上に乗る。食物が食道へと送り込まれると軟口蓋が下がり、喉頭蓋が舌にくっついて開いて気道が確保される。わたしたちは普段、意識することなく食物を飲み込んでいるが、嚥下はこのように複雑な動きでなされているのだ。

**咽頭のおもな病気**

上咽頭ガン、中咽頭ガン、下咽頭ガン、嚥下障害、急性喉頭蓋炎など

逆流防止機構がついた食べ物の通り道

# 食道の構造

食道は口腔と胃の入り口のあいだにある、長さ約25㎝の管状の臓器だ。食道の役割は食物を喉から胃へ送ることで、いつもは食物が逆流しないように閉じているが、口から食物が送り込まれると拡がって食物を胃へと送っていく。この動作は、地球の引力によるものではなく、食道の蠕動《ぜんどう》運動によってなされる。蠕動運動は、管などが収縮することで物を移動させる運動で、横になっていても食べた物が胃に送られるのは、このためだ。

食道断面を見てみると、内側は粘膜層（粘膜上皮、粘膜固有層）で、その外側は粘膜筋板、もっとも外側は筋層でできている。筋層は内側が輪状筋、外側が縦走筋で、蠕動運動に適した構造をしている。また、食道の粘膜からは粘液が分泌されていて、食べた物が通りやすくなっている。胃の入り口には下部食道括約筋（ＬＥＳ）があるが、食物が食道の下の部分（横隔膜）まで達すると、反射によってこの筋肉が弛緩して食物を胃へと送り込む。下部食道括約筋は、ふだんは胃液が逆流しないように閉じている（逆流防止機構）。

**食道のおもな病気**

食道アカラシア、食道裂孔ヘルニア、胃食道逆流症、食道潰瘍、食道ガン、食道・胃静脈瘤など

## 嚥下のしくみ

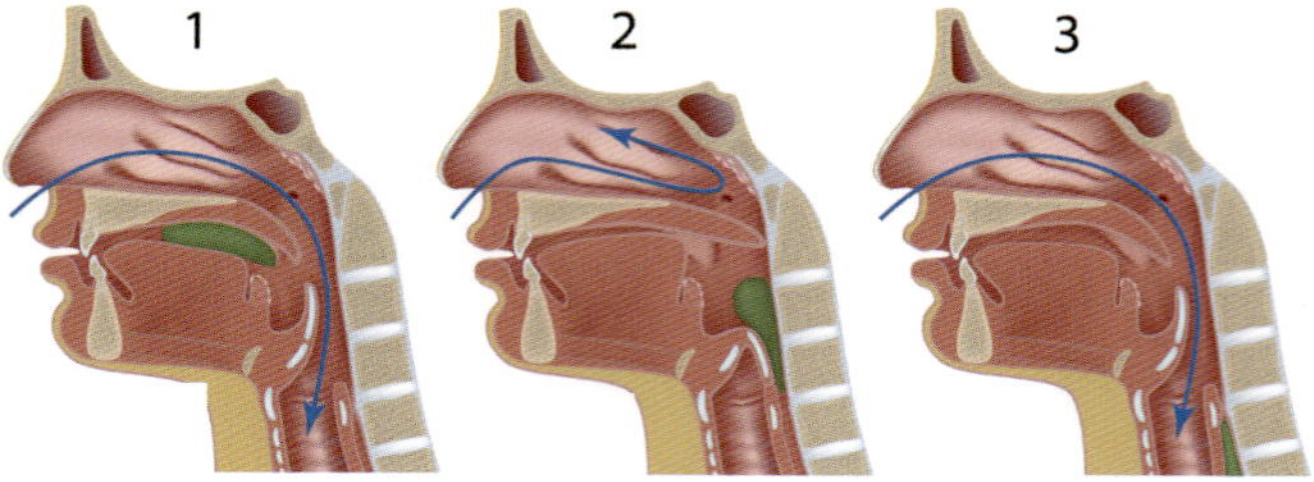


食物を飲み込む際は舌が盛り上がり、それを押し込むようにして咽頭へと送る。

軟口蓋が上がって鼻腔を遮断、それと同時に喉頭蓋が下がって気管をふさぎ、喉頭蓋の上に食べ物が乗る。

食物が食道へと送られると軟口蓋が下がり、喉頭蓋は開いて気道が確保される。

咽頭にものが触れると反射的に強い咳が出る。これは食物を嚥下する際、気道にそれが入り込まないよう強い呼気で吹き飛ばす作用の表れだ。この反射機能が弱まると誤嚥が起こりやすくなる。

## 食道の蠕動運動

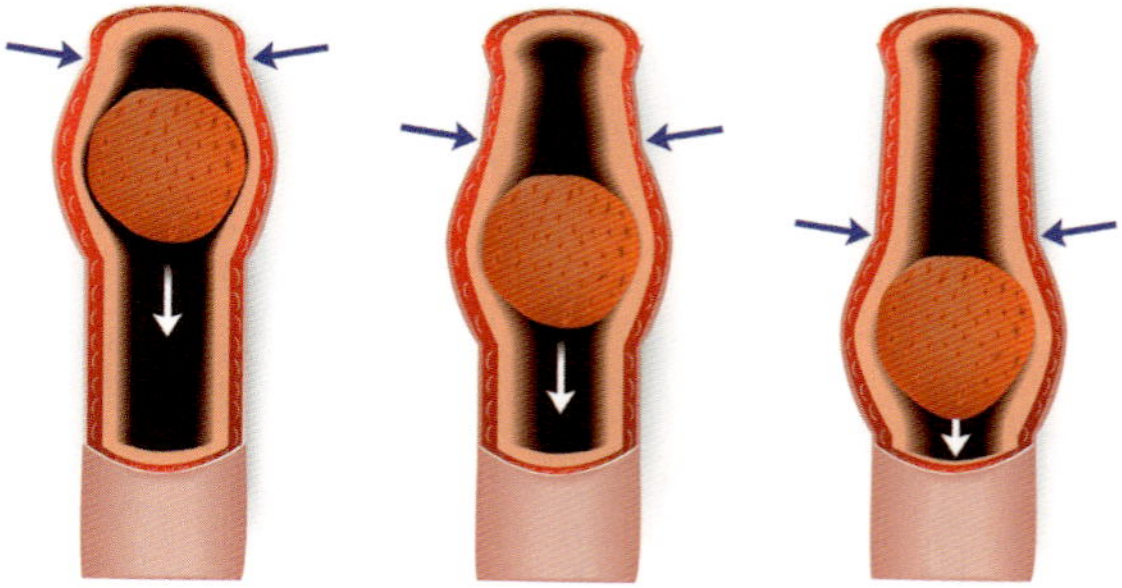

いつもは内腔がつぶれた状態の食道に、食べ物が取り込まれることでその部分が広がる。

食道壁の筋肉が収縮運動を起こして、食べ物を先へと送り込んでいく。

食べ物が通過したあとの場所は元の形に戻る。食べ物は、下部食道括約筋の弛緩を経て胃に取り込まれる。

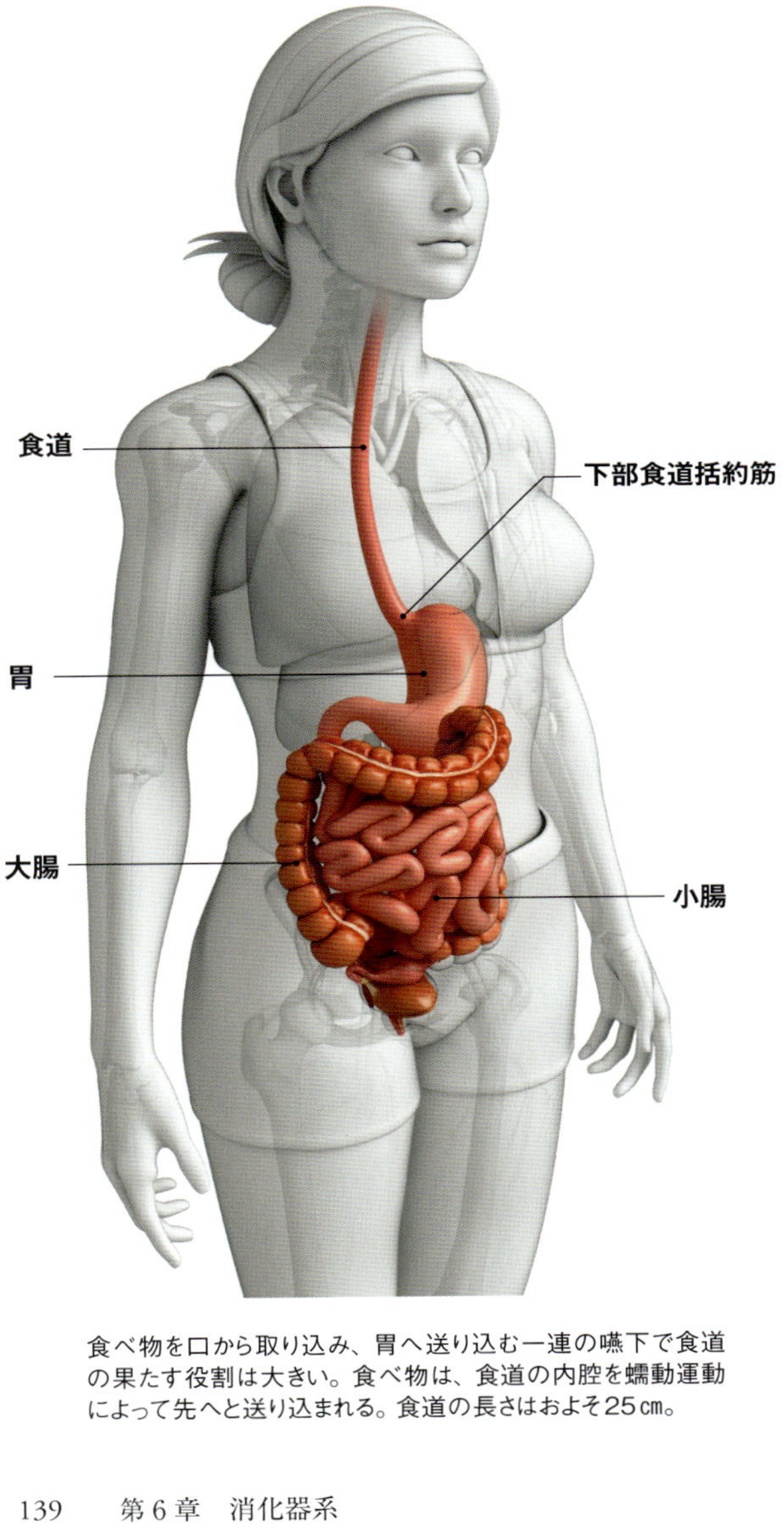


食べ物を口から取り込み、胃へ送り込む一連の嚥下で食道の果たす役割は大きい。食べ物は、食道の内腔を蠕動運動によって先へと送り込まれる。食道の長さはおよそ25㎝。

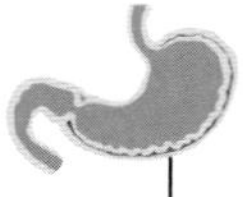

# 胃の構造

胃は上腹部にあり上方は食道と、下方は十二指腸とつながっている袋状の消化器である。胃の役割は、食道から送られてきた食べ物を胃液と蠕動運動によって殺菌・撹拌《かくはん》し、十二指腸（小腸）で消化・吸収するために一時的に貯蔵しておくことだ。

胃は、縦走筋、輪状筋、斜走筋という3層の筋肉で構成されており、これらの筋肉が、縦・横・斜めに収縮・弛緩して、食べた物が撹拌される。胃の内側はヒダ状になっており、食べた物の量によって伸び縮みする。成人の場合、胃の容量は約1・5Lあり、最大では何も入っていないときのおよそ2倍の容量になる。

胃はまた、食道とつながっている噴門《ふんもん》、胃底部、胃体部、十二指腸とつながっている幽《ゆう》門《もん》という部位からなる。胃の入り口である噴門は、食べ物を受け入れるとき以外は閉じていて、食物が逆流しないようにしている。出口の幽門は、十二指腸へ送り出す食べ物を調節しており、胃で撹拌された食べ物が胃液で強い酸性になっている場合、反射的に幽門括

**胃のおもな病気**

胃潰瘍、胃炎、胃粘膜下腫瘍、胃ポリープ、胃ガン、胃切除後症候群、機能性ディスペプシアなど

約筋が閉じて、十二指腸の内壁が酸によって溶かされるのを防ぐ。

胃壁は粘膜に覆われている。その粘膜層は、内側から粘膜上皮、粘膜固有層、粘膜筋板で形成され、粘膜上皮には胃液を分泌する胃腺の孔（胃小窩《いしょうか》）が無数に空いている。

胃液は、おもに塩酸（胃酸）、ペプシノーゲン、粘液からなり、胃に送り込まれた食べ物と混ぜ合わされ、腸での消化を助けるため粥状にされる。胃液に含まれる塩酸は強酸性で、食物繊維などを柔らかくするはたらきがある。また、食べた物を殺菌し、腐敗したり発酵したりしないようにするのも塩酸の役目だ。ペプシノーゲンは胃液中の塩酸によって分解され、ペプシンというタンパク質分解酵素に変わる物質である。粘液は胃壁全体を覆い、胃液に含まれる塩酸によって胃の内側が侵されないように保護している。

胃のはたらきや胃液の分泌は、精神状態に大きく左右される。胃液の分泌に大きくかかわるのが自律神経で、おいしそうな食べ物を見たり匂いをかいだりすると、その情報が自律神経のひとつである副交感神経に伝わり胃液が分泌される。他方で、心配事があったりイライラしていたりすると交感神経が強くはたらく。すると胃の蠕動運動は弱まり、胃液の分泌も減少する。また、自律神経のバランスがくずれると胃酸が過多になり、粘液の分泌が減る。そこへさらに胃液が分泌されると、胃壁が侵され胃潰瘍《いかいよう》になることがある。

## 胃の内部構造

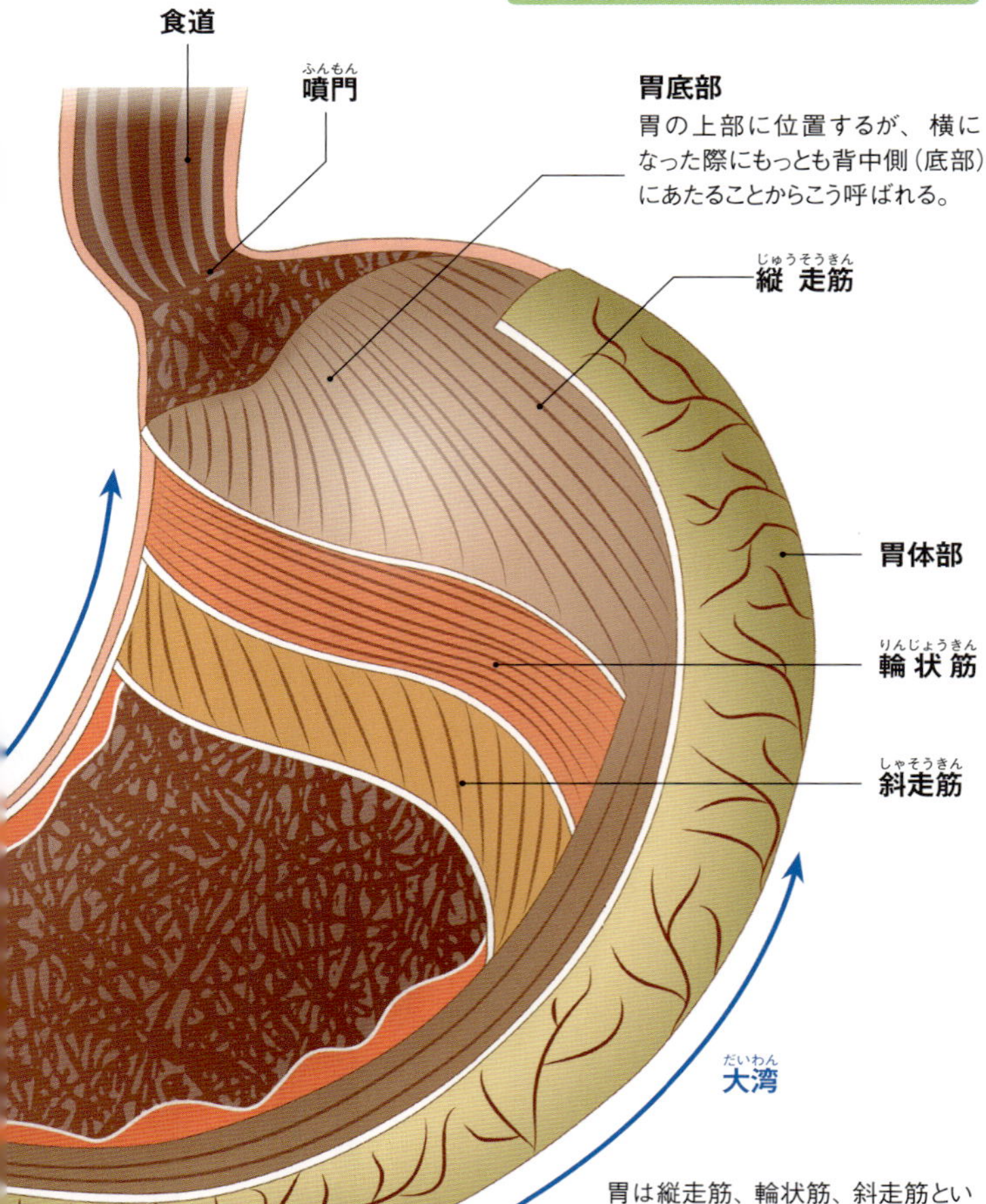


胃は縦走筋、輪状筋、斜走筋という3層の筋肉でできており、これが収縮・弛緩することによって、食道から入ってきた内容物を撹拌したり、胃液と混ぜて粥状にしている。

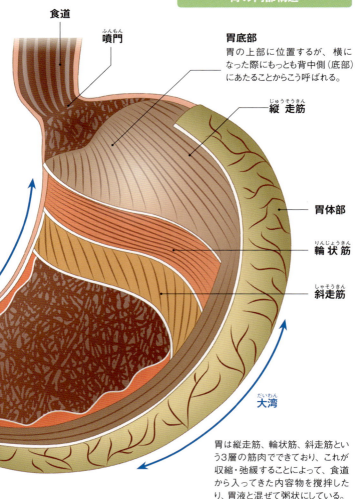

## 胃壁の構造

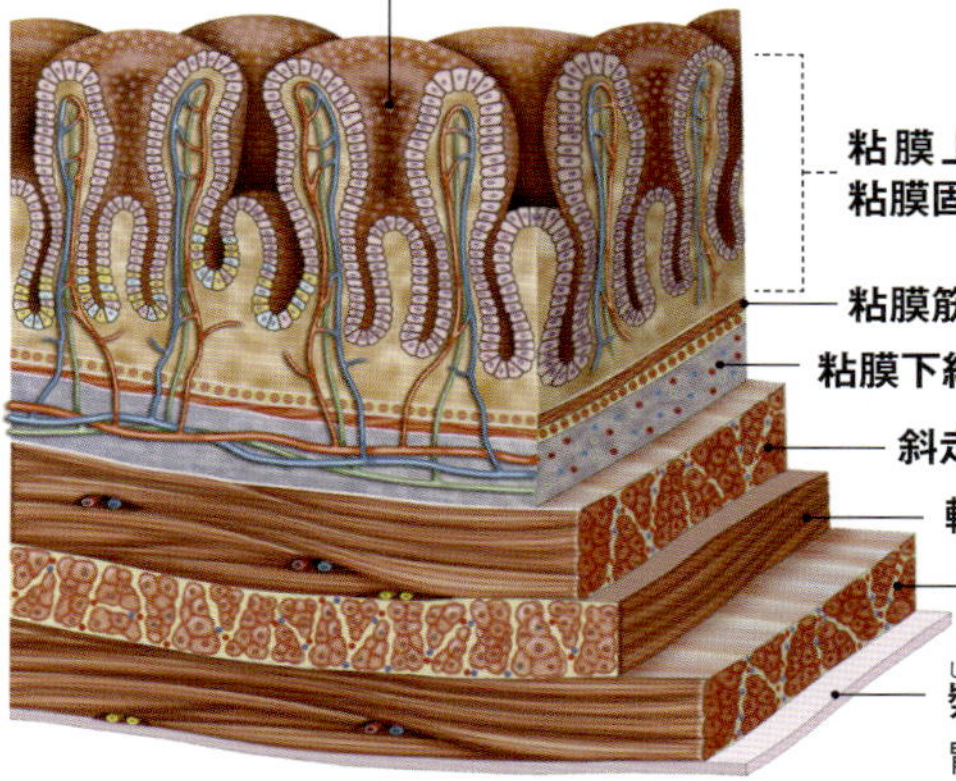
胃小窩《いしょうか》
胃粘膜にある胃腺の開口部。
粘膜上皮と
粘膜固有層
粘膜筋板
粘膜下組織（粘膜下層）
斜走筋
輪状筋
縦走筋
漿膜《しょうまく》
胃のもっとも外側を
覆っている薄膜。

胃壁には粘膜層があり、内側から粘膜上皮、粘膜固有層、粘膜筋板で形成されている。粘膜上皮には、胃液を分泌する胃小窩と呼ばれる孔が無数に空いている。

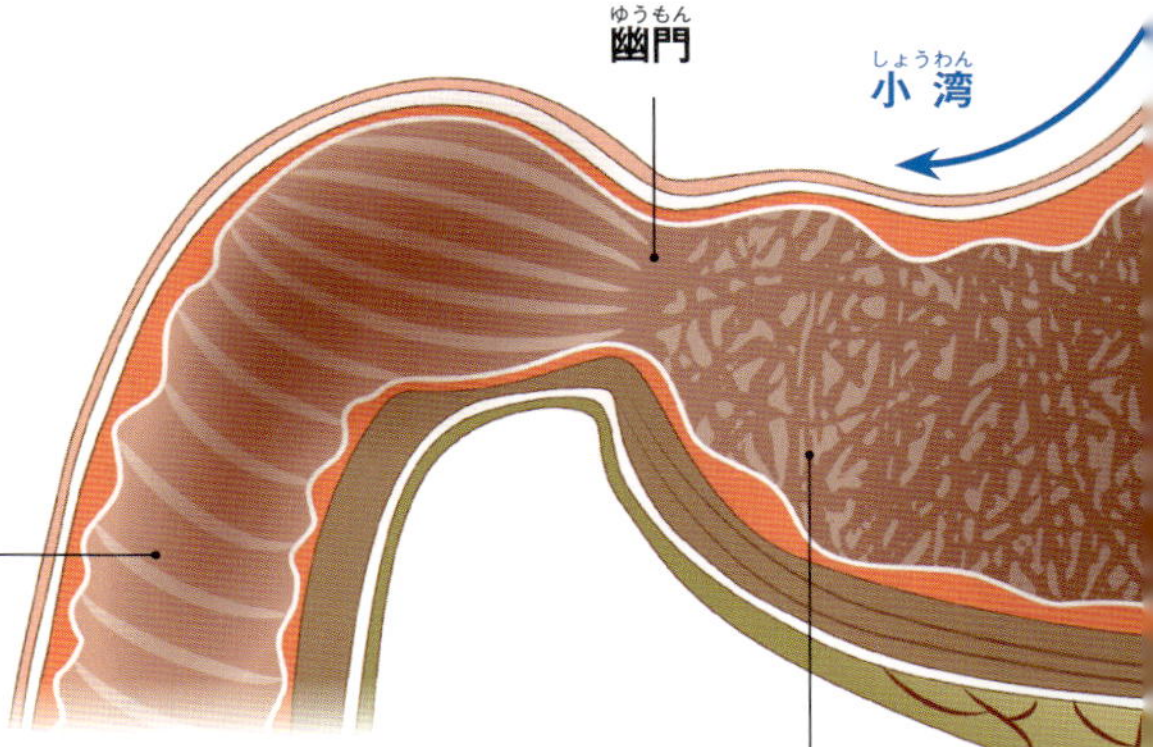
幽門《ゆうもん》
小湾《しょうわん》
十二指腸
幽門部

消化と吸収のおよそ9割を担う巨大な臓器

# 小腸の構造と吸収のしくみ

小腸は胃に続く消化器で、全長7〜8ｍ（成人）と人体でもっとも長い臓器である。その役割は、胃から送られてきた消化物の栄養素や水分を吸収し、残りを大腸へと送ること。実際、消化・吸収の約9割を小腸が担っている。

小腸は十二指腸、空腸《くうちょう》、回腸《かいちょう》の3つの部位からなり、胃の幽門からつながる十二指腸は、長さが約25〜30㎝。馬蹄状をしており、曲がっている部分には膵臓の一部が入り込んでいる。また、十二指腸には大十二指腸乳頭（ファーター乳頭）と小十二指腸乳頭というふたつの孔が空いている。前者は総胆管と膵管が合流した開口部、後者は副膵管の開口部で、それぞれ肝臓でつくられ胆のうで濃縮された胆汁と膵臓でつくられた膵液が、この孔から流入する。十二指腸に続く空腸は、回腸へとつながっていく。空腸という呼び名は、十二指腸から送られてきた消化物はすぐさま回腸に送られるので、空《から》のことが多いためである。

そして、小腸の最後、大腸につながっている部分が回腸で、曲がりくねっているためにこ

**小腸のおもな病気**

小腸腫瘍、腸重積、クローン病など

う命名された。なお、空腸と回腸には明確な区分がなく、十二指腸以外の小腸のおよそ5分の2が空腸、5分の3が回腸とされている。

小腸の断面は、外側から漿膜《しょうまく》、筋層、粘膜の3層構造をしている。漿膜は1層の腹膜で、漿液という体液を分泌して表面を滑らかにし、密集する小腸の癒着や摩擦などを防いでいる。筋層は、内側に輪状筋と外側の縦走筋の2層構造をなしている。

粘膜にはたくさんのひだがあり、その表面には長さ約1㎜の絨毛《じゅうもう》という小突起が密生している。絨毛のなかには毛細血管と1本のリンパ管が通っていて、さらに、絨毛の表面には微絨毛という、より微細な突起が無数に発達している。そのため、小腸の管腔側の表面積は約200㎡にも達し、栄養や水分を効率よく吸収するのを可能にしているのだ。

ところで、小腸での消化は、管内消化と膜消化の2段階で行われる。

まず、膵液と胆汁に含まれる分解酵素により、小腸で吸収しやすい状態まで消化される（管内消化）。そして、管内消化で分解された栄養素を、実際に体内へ吸収できるようにするのが膜消化だ。これは、栄養素が微絨毛（粘膜）に接すると細胞膜に含まれる消化酵素（膜酵素）が作用し、オリゴペプチドがアミノ酸に、麦芽糖がブドウ糖（単糖類）というように分解するもの。栄養素は、毛細血管やリンパ管を通して体内に取り込まれる。

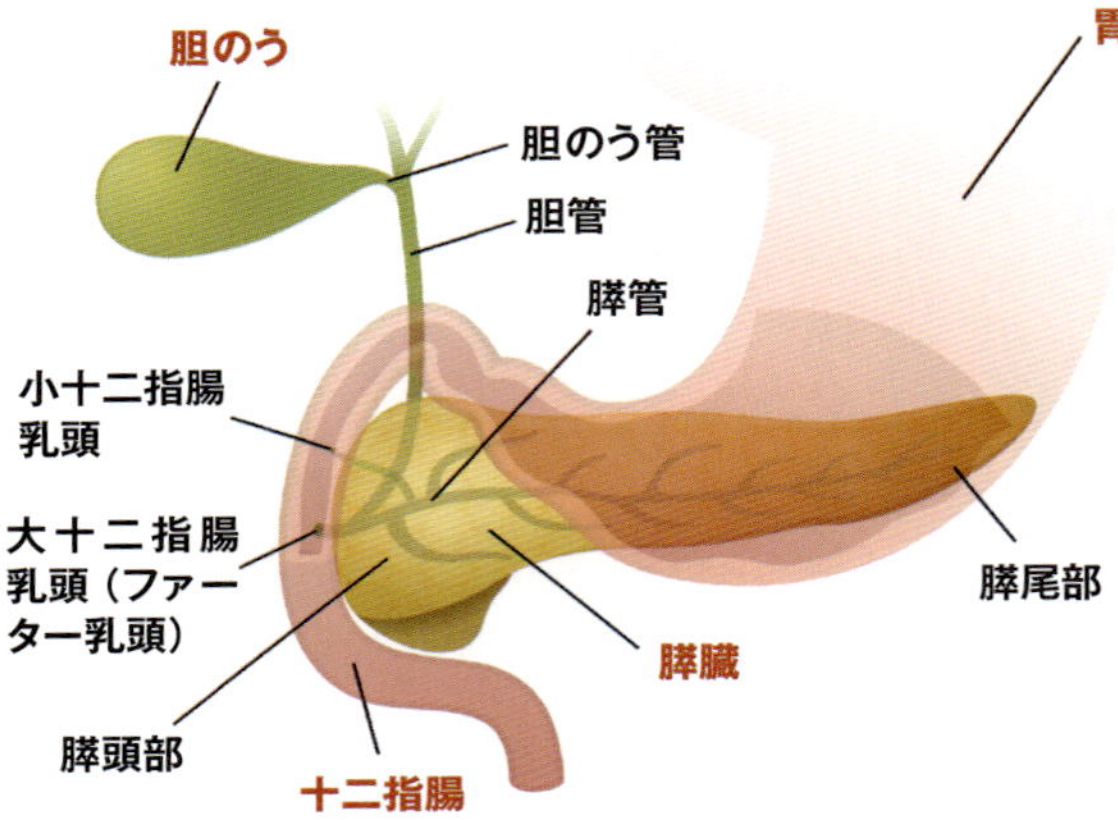


十二指腸には大十二指腸乳頭（ファーター乳頭）と小十二指腸乳頭というふたつの孔が開口していて、それぞれ胆汁と膵液がここから入ってくる。また、カルシウムやマグネシウム、鉄といったミネラルは十二指腸で吸収される。

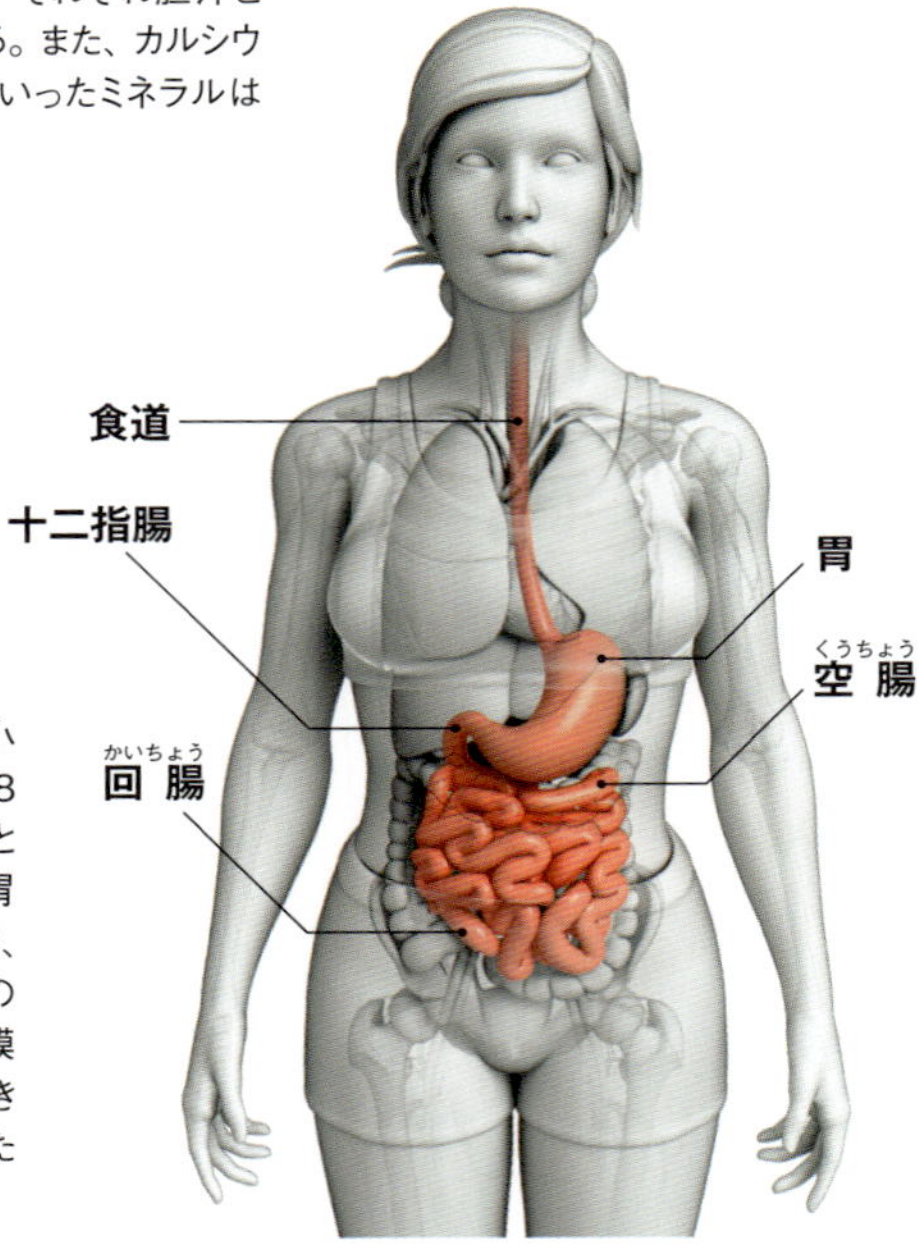


胃に続く消化器である小腸は、成人で全長7〜8mにも及ぶ体内でもっとも長い臓器だ。また、胃に近いほうから十二指腸、空腸、回腸という3つの部位からなる。小腸粘膜は回転が速く病気ができにくい半面、病変ができたときの検査は難しい。

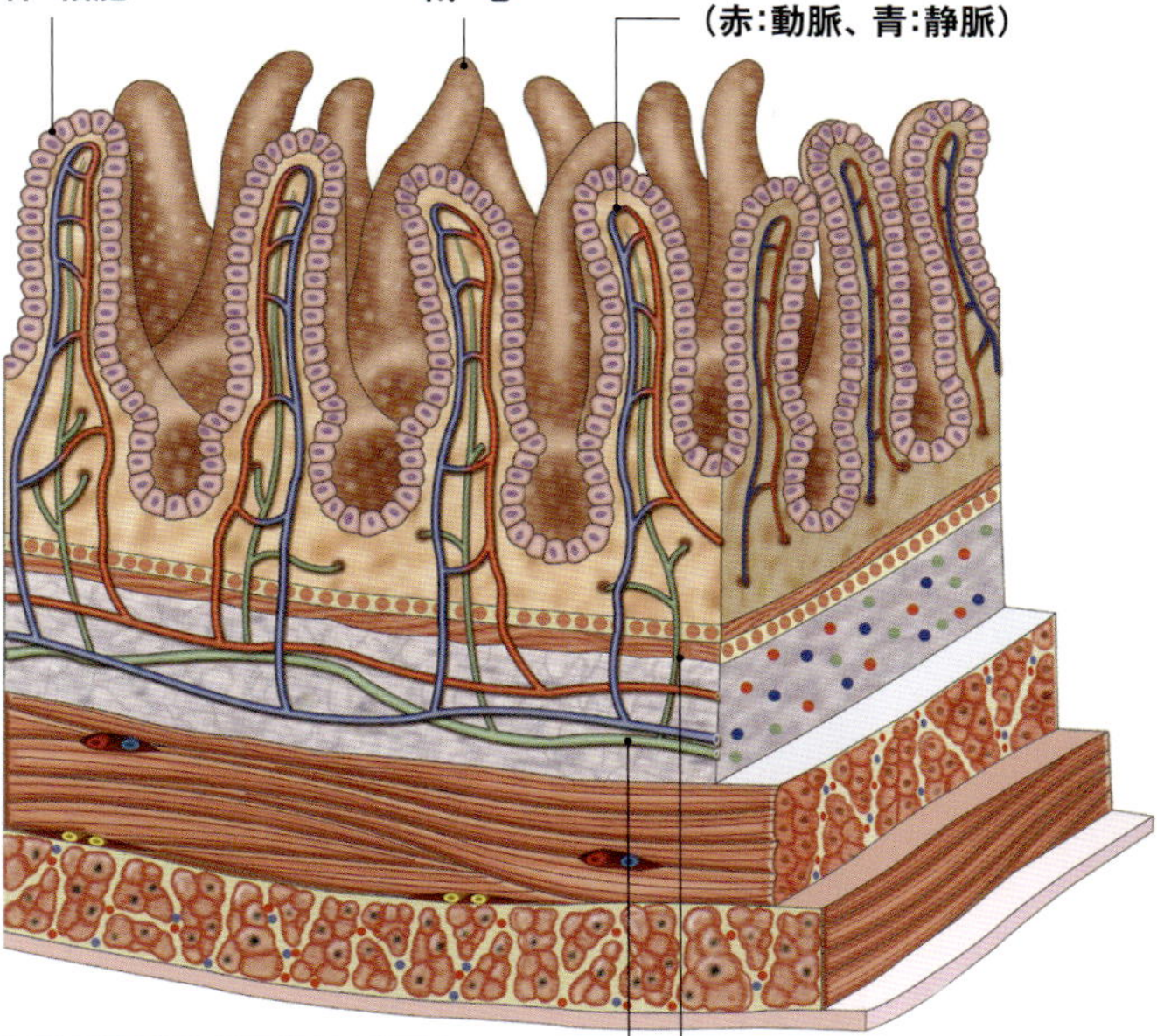


## 小腸の粘膜断面

小腸の粘膜表面には、絨毛と呼ばれる小さな突起が多数あり、そこにはさらに無数の微絨毛が発達している。微絨毛にある酵素のはたらきで、オリゴペプチドはアミノ酸、麦芽糖はブドウ糖などの単糖類に分解され、毛細血管から門脈を経て肝臓へ運ばれる。また、同様に脂肪酸やモノグリセリドは、リポタンパク質粒子（カイロミクロン）となってリンパ管から吸収され肝臓へ送られる。

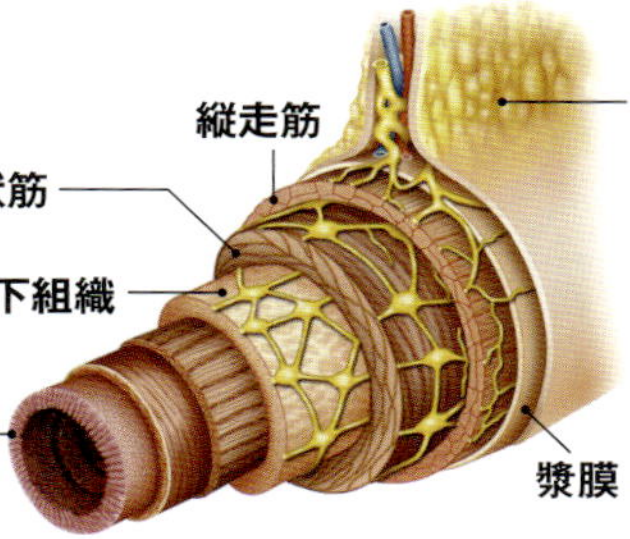


小腸断面は、内腔側から大きく分けて、粘膜、筋層（輪状筋と縦走筋）、漿膜の3層構造になっている。

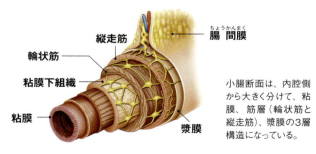

# 大腸と肛門のしくみ

大腸は、盲腸《もうちょう》、結腸《けっちょう》（上行結腸、横行結腸、下行結腸、S状結腸）、直腸《ちょくちょう》で構成される成人で全長約1・5mの臓器だ。そのおもな役割は、小腸で消化・吸収された消化物の残りの水分を吸収し、固形の便をつくって肛門に送り出すこと。蠕動運動によって結腸へと送られてきた小腸の消化物は液状だが、大腸の粘膜で水分を吸収して、S字結腸にきたときには容量が4分の1ほどの固形になっている。なお、大腸では栄養素の吸収はほとんど行わないため、内壁には小腸のような輪状ひだや絨毛はついていない。腸内細菌が残った消化物の分解を行っており、そのとき発生したガスがおならになる。

小腸と大腸の連結部分で右下腹部にある盲腸は、全長が約6~8㎝。消化に関して特別なはたらきをしていないが、大腸と小腸（回腸）の移行部（回盲部《かいもうぶ》という）には回盲弁（バウヒン弁）という上下のひだでできた弁があり、消化物の小腸への逆流を防いでいる。盲腸の下からは、これも長さが6~8㎝の管状の虫垂《ちゅうすい》が突き出している。一般に「盲腸」

**大腸・肛門のおもな病気**

盲腸炎、潰瘍性大腸炎、虚血性大腸炎、虫垂炎、腸結核、大腸憩室、大腸ポリープ、大腸ガン、イレウス（腸閉塞）痔核、痔ろうなどといわれるのは、虫垂に炎症が起きている状態のことを指す。

結腸の外側には、縦に走る3本のスジ（平滑筋）が集合して、結腸ひもを形成している。結腸は、この結腸ひもによって蛇腹状になっているのだ。

結腸を順に見ていこう。上行結腸は、腹部の右側にあり下から上に向かう部分で、おもに小腸から送られてきた消化物の水分を吸収して、半流動状にする。横行結腸は、上腹部を右から左へと向かう部分で、さらに消化物の水分を吸収して粥状にする。下行結腸は腹部の左側を上から下に向かう部分で、一段と消化物の水分を吸収し、半粥状にする。そして、S状結腸は左下腹部から後ろに向かう部分で、横から見るとS字状になっている。ここまで送られた消化物は、固形の便になっている。続く直腸は、結腸でつくられた便を溜めておく器官で長さは成人で20㎝ほど。直腸は肛門につながっており、便がいっぱいになると直腸が刺激され、それが脳に伝わって便意を催すことになる。

肛門は内側の内肛門括約筋と外側の外肛門括約筋とでできている。内肛門括約筋は自律神経に調節されて意思とは関係なくはたらくため、脳から排便の指令が送られると無意識に緩む。外肛門括約筋は自分の意思で緩めたり締めたりできる随意筋なので、トイレなどで排便できる状態になって初めて緩み、いきむことで肛門が開いて排便が行われる。

## 大腸の構造

**上行結腸**
右腹部を消化物が下から上へと向かう結腸で、後腹腔に固定されている。ここで消化物は半流動的に。

**横行結腸**
上腹部を右から左へと向かう結腸。ここで消化物は粥状に。

**下行結腸**
左腹部を消化物が上から下へと向かう結腸で、後腹腔に固定されている。ここで消化物は半粥状に。

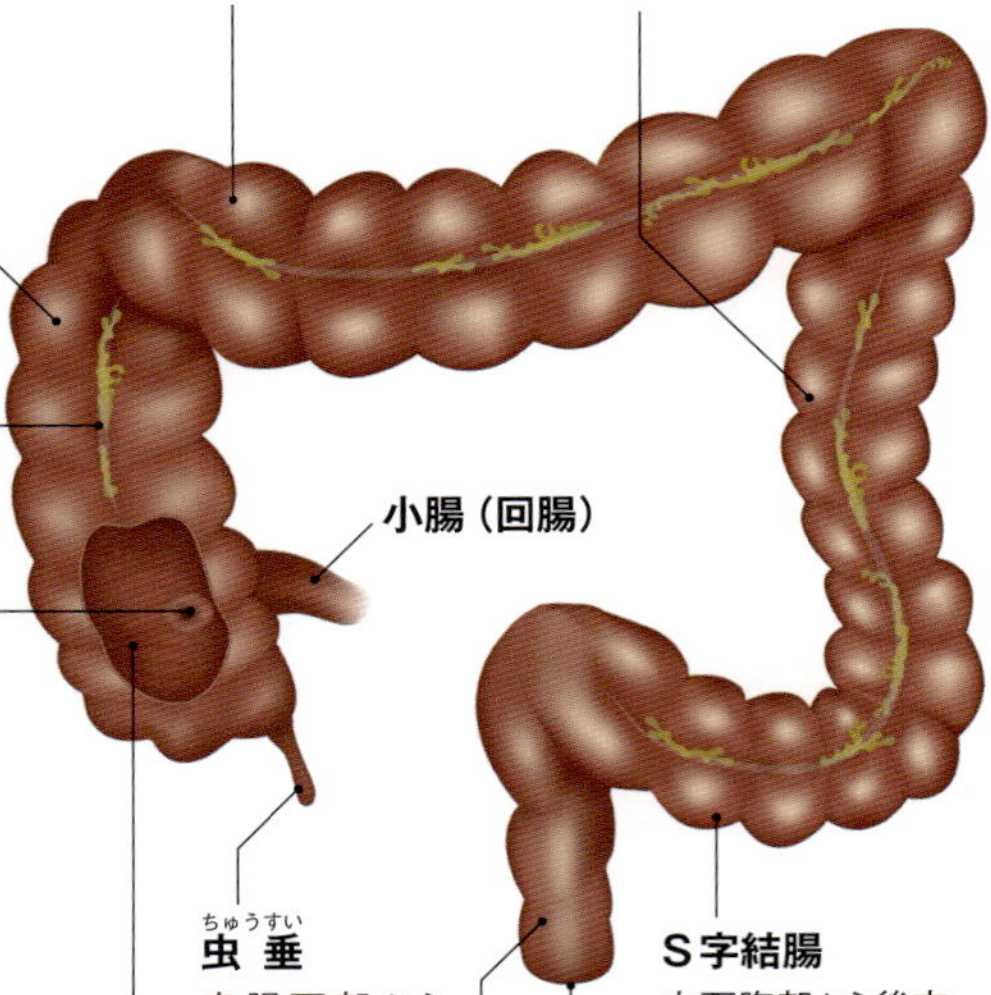

**結腸《けっちょう》ひも**
3本の縦走筋の結束したスジ。このひもにたぐられて、結腸は蛇腹状をしている。

**小腸（回腸）**

**回盲弁《かいもうべん》**
回腸の末端が上下に突き出てひだ（弁）をつくっている。回腸への消化物の逆流を防いでいる。

**虫垂《ちゅうすい》**
盲腸下部から伸びている6～8㎝の突起。

**S字結腸**
左下腹部から後方（背部）へと向かうS字状をした部分で、消化物はここで固形になる。

**肛門**

**盲腸《もうちょう》**
回盲弁より下、小腸と大腸の移行部分で全長6～8㎝。

**直腸《ちょくちょう》**
結腸でつくられた便を溜めておく部位。便で満たされると、脳からの信号で便意を催す。

## 肛門の構造

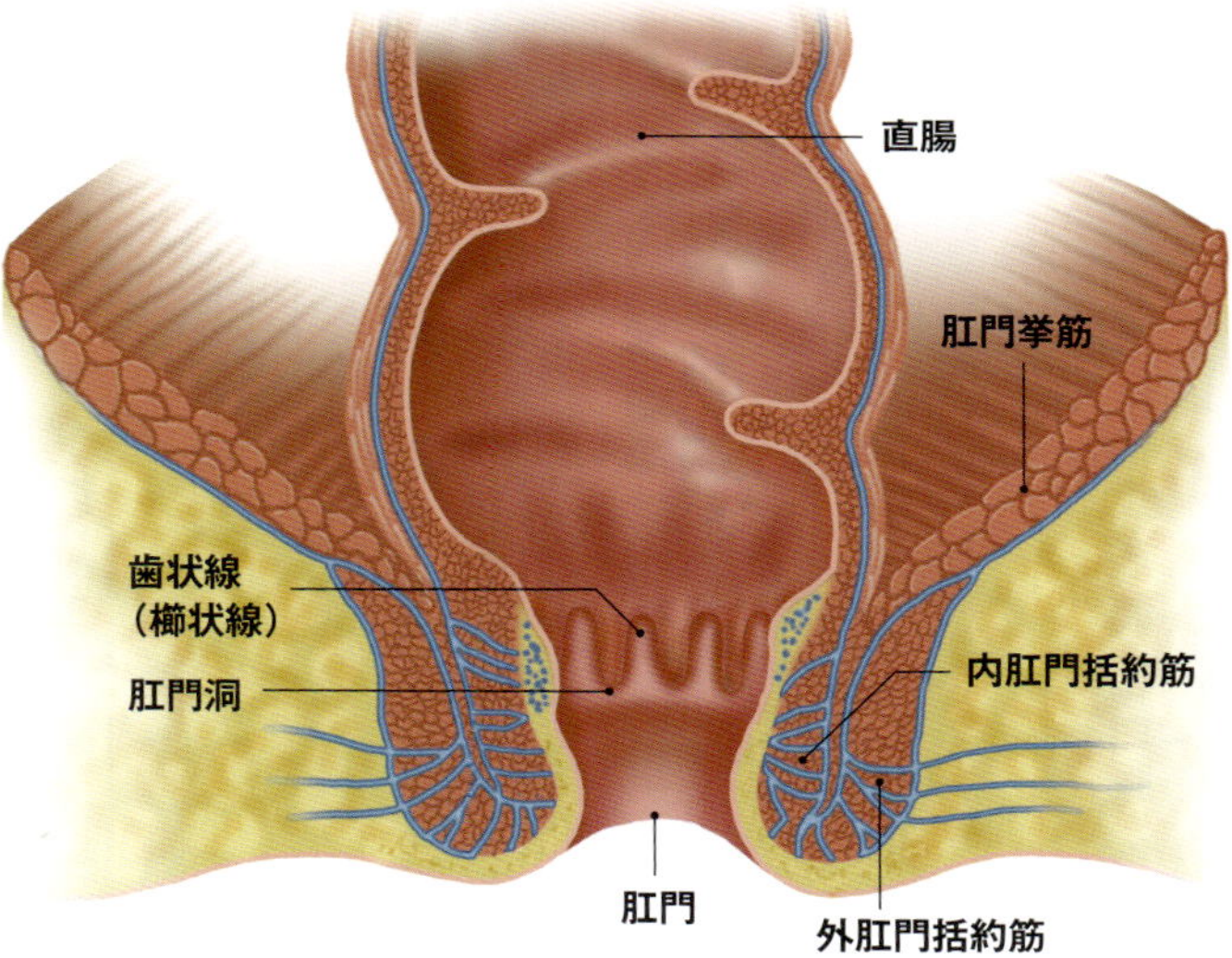


肛門は直腸とつながる消化管の末端で、通常は肛門括約筋によって閉じられている。直腸に便が溜まると無意識に内肛門括約筋が弛緩し、その情報が大脳（皮質）にもたらされることで、わたしたちは便意を催す。その後は、自分の意思で外肛門括約筋を緩めて排便する。

粘膜がきれいに保たれた、健康な成人男性の大腸カメラ画像。内視鏡を使った大腸検査は、腫瘍や出血などの病変を直視することができ、すぐに発見できる利点がある。
画像提供:東京逓信病院

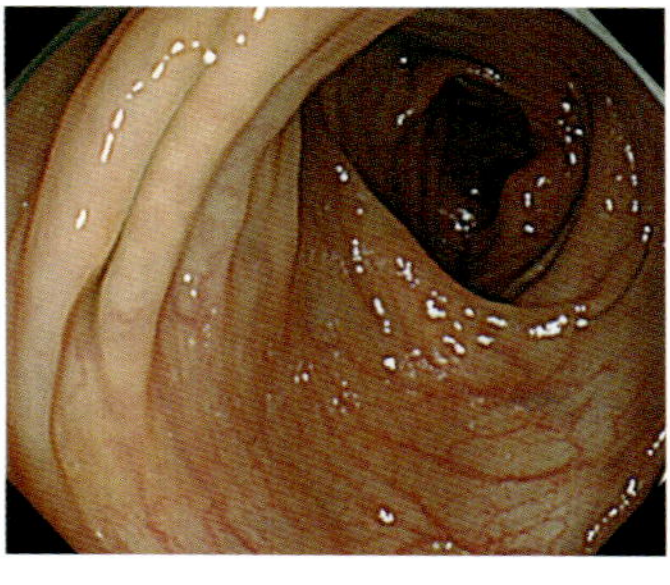

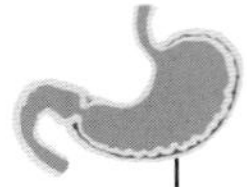

多くの機能を備える人体の化学工場

# 肝臓と胆のうのしくみ

肝臓は上腹部右側、肋骨の下端内側に位置する。人間の体でもっとも大きい臓器で、重さは成人で約1～1・5kgあり、体重の約50分の1に相当する。肝臓がこんなに大きいのは、栄養分の代謝と貯蔵、あらゆる物質の解毒と排泄、胆汁をつくって分泌する……など、生きていくために必要なさまざまな機能を備えているからである。そのため肝臓は、人体の化学工場と呼ばれているほどだ。

肝臓は肝鎌状《かんかまじょう》間膜《かんまく》という膜で、大きく厚みがある右葉と小さな左葉に分かれ、右葉が肝臓全体の3分の2を占める。肝臓中央部（肝門）には、門脈、肝動脈という2本の血管が通っている。門脈は胃や小腸で吸収された栄養素を含む静脈血を肝臓に運ぶ血管で、肝動脈は酸素や栄養素を多く含む動脈血を肝臓に供給している。肝臓は多量の血液が流れ込むため体内でもっとも温度が高く、門脈からの静脈血を多く含むため暗紫色をしている。また、肝門からは総胆管が出ており、肝臓でつくった胆汁を胆のうへ送っている。

**肝臓・胆のうのおもな病気**

急性肝炎、劇症肝炎、慢性肝炎、肝硬変、肝膿瘍、肝ガン、肝細胞ガン、脂肪肝、肝内胆管ガン、胆石症、急性胆のう炎、胆管炎、胆のうがん、胆管ガンなど肝臓組織の最小単位を肝小葉といい、そこには約50万の肝細胞が集まり、直径1〜2㎜程度の六角柱をなしている。肝小葉では3大栄養素（タンパク質、脂質、炭水化物）の分解・合成を行うだけでなく、ビタミン・ミネラルの代謝、アルコールや有害物質の解毒、胆汁の生成、アルブミン、グロブリンなどの血漿タンパクの合成などを行っている。アルコールは胃や小腸で吸収されたあと、肝臓に運ばれる。アルコールはおもにアルコール脱水素酵素によってアセトアルデヒドという有毒物質に分解され、さらにアセトアルデヒドは、アセトアルデヒド脱水素酵素に分解されて酢酸となり血液中に送られる。全身に運ばれた酢酸は筋肉や組織で分解され、最終的には二酸化炭素と水になる。酒に弱い人は、アセトアルデヒドを分解する酵素の活性が低いか、まったくない非活性型の人である。

胆のうは、肝臓と十二指腸をつなぐ管の途中にある長さ約7〜10㎝ほどのナス型の臓器だ。胆のうは胆管という管で肝臓と結ばれ、胆管を通して送られた胆汁を一時的に貯蔵する。そして、胆汁に含まれる水分や塩分を吸収して濃縮するのがおもな役割である。

胆汁は脂肪を消化するために必要な緑色（暗褐色）の液体で、胃から十二指腸に脂肪分の多い消化物が送られてくると、その刺激で空腸からホルモンが分泌される。このホルモンの作用で胆のうの筋肉が収縮し、胆汁は総胆管という管から十二指腸へ送り出される。

肝臓に流入する血管は門脈と肝動脈、流出するのは肝静脈で、肝臓を流れる血液のうち約7割が門脈血、残り3割が肝動脈血。肝動脈は酸素を豊富に含む栄養血管で、門脈はおもに消化管から吸収した栄養を運ぶ機能血管だ。肝臓は後面の一部を除いて薄い膜（間膜）に覆われている。また胆のうは、右葉の直下に位置するナスのような形をした臓器で、肝臓でつくられ胆管を通って入ってくる胆汁を貯蔵し、通常5～10倍に濃縮する。胆汁は、総胆管を通して十二指腸内（大十二指腸乳頭）から分泌される。

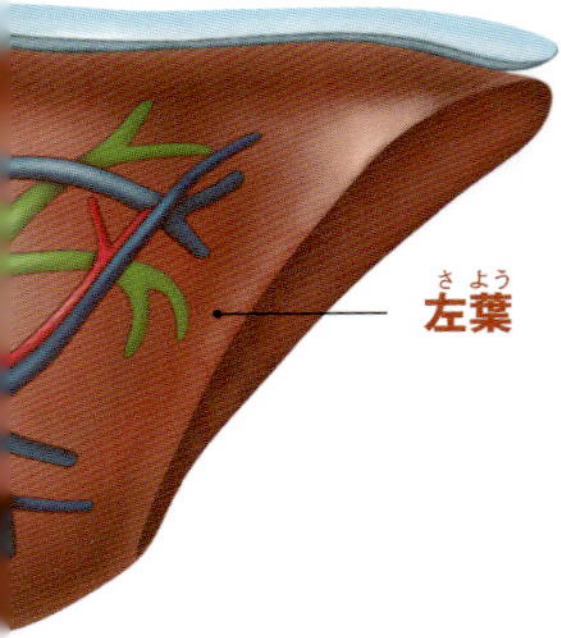


## 肝小葉の構造

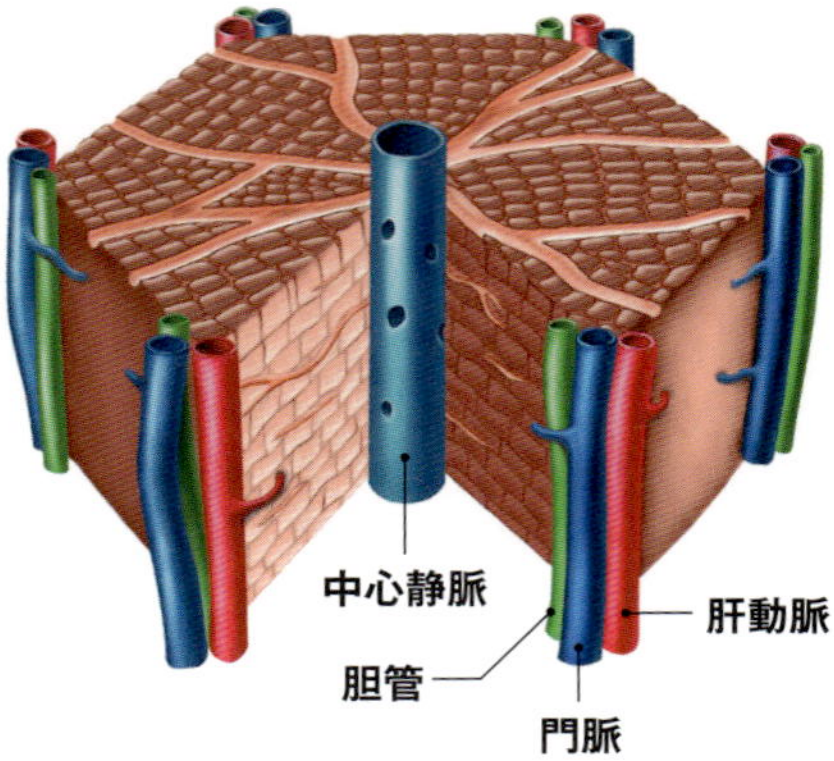


肝臓の組織の最小単位が肝小葉で、断面の直径がおよそ1～2㎜の六角柱をしている。中心静脈を取り囲むように、50万もの肝細胞が集まっている。

## 肝臓・胆のうの構造

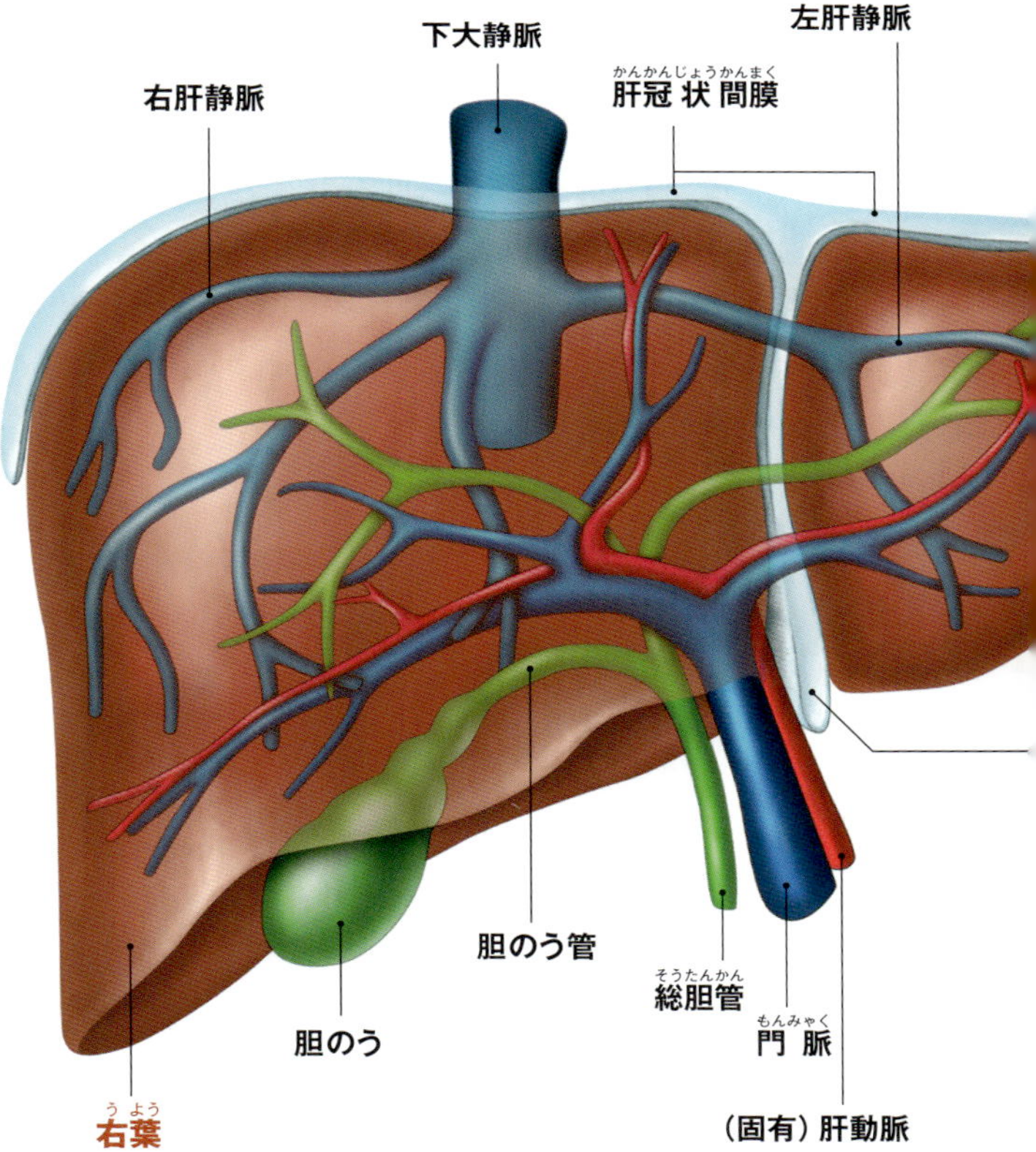

下大静脈
左肝静脈
右肝静脈
肝冠状間膜《かんかんじょうかんまく》
胆のう管
総胆管《そうたんかん》
胆のう
門脈《もんみゃく》
右葉《うよう》
（固有）肝動脈

内分泌と外分泌の機能をあわせもつ臓器

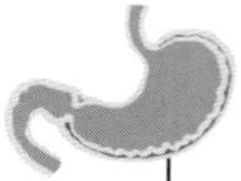

# 膵臓の構造

膵臓は、胃のうしろに位置する長さが約15㎝、重さが70～100ｇほどの細長い臓器だ。門脈との位置から膵頭《すいとう》、膵体《すいたい》、膵尾《すいび》に分けられ、膵頭部は十二指腸に、膵尾部は脾臓に接している。膵臓はまた、消化を助ける膵液を分泌する外分泌機能とホルモンを分泌する内分泌機能とをあわせもつ。内分泌については後述（196ページ）するとして、ここでは外分泌機能をくわしく見てみよう。

外分泌腺から分泌される膵液は、膵臓の中心部を左右に貫く主膵管を流れる。この主膵管は、十二指腸の直前で胆のうから伸びる総胆管と合流する。消化物が十二指腸に入ると、十二指腸の消化管ホルモンが膵臓と胆のうを刺激して、膵液と胆汁が大十二指腸乳頭から十二指腸へ送られて消化を助けるしくみだ。なお膵液には、タンパク質を分解するトリプシン、キモトリプシン、エラスターゼ、糖質を分解する膵アミラーゼ、脂質を分解する膵リパーゼなどの消化酵素が含まれている。

**膵臓のおもな病気**

急性膵炎、慢性膵炎、自己免疫性膵炎、膵ガン、膵嚢胞性腫瘍、膵神経内分泌腫瘍など

体に必要な成分の調整や排泄

# 肝臓・胆のう・膵臓のさまざまな機能

前述の通り、肝臓には、おもに代謝、解毒作用、胆汁の生成・分泌の3つの機能がある。代謝機能とは、小腸で吸収した3大栄養素やビタミンを貯蓄し、必要に応じて体で利用できるようにして供給することだ。肝臓では何千種類もの化学反応が起こっている。

糖質は、小腸でブドウ糖や果糖などの単糖類に分解されて肝臓に送られてくる。その後、肝臓でそれらすべてがブドウ糖に変えられ、必要な分が血液中に供給される。いっぽうで、ブドウ糖は貯蔵に向かない物質のため、肝臓内でグリコーゲンという物質に変えてから貯蔵している。血液中のブドウ糖が減少すると、肝臓はグリコーゲンを再度ブドウ糖に変えて血液中に放出しているのだ。

また、食べ物に含まれるタンパク質は、小腸でアミノ酸に分解されて肝臓に送られる。そしてアミノ酸は、アルブミンや出血したとき止血に重要なはたらきをするフィブリノーゲンというタンパク質に合成される。

肝臓の解毒作用とは、体に入ってきたアルコールや薬剤などの異物を毒性の少ない水溶性物質に変え、尿や胆汁のなかに排泄するというもの。腸内で食物が消化・吸収されるときや、アミノ酸が分解されるときには体内でアンモニアが発生する。アンモニアは人体には有害な物質なので、肝細胞で尿素に分解してから排出する。

胆のうから分泌される胆汁（胆汁酸という成分）には、小腸での脂肪の消化・吸収するために、脂肪を乳化（脂肪を細かい粒状にし、水と混ざりやすくする）するはたらきがある。しかも胆汁酸は、消化・吸収を助けたあと、ほとんどが回腸で再吸収され、門脈を経て肝臓に戻り再利用される（腸肝循環という）。減った分の胆汁酸は、肝臓でコレステロールから合成され補充している。また胆汁には、老廃物を体外に排出する役割もある。

たとえば、古くなった赤血球が破壊されると分解の過程でビリルビンという色素が発生する。ビリルビン

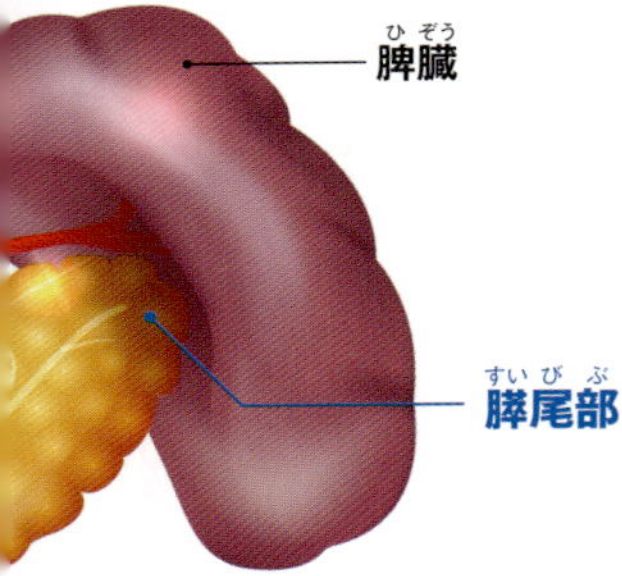


膵臓は左端（膵頭部）が十二指腸、右端（膵尾部）が脾臓に接している。膵臓の大半を占める外分泌部の組織は小葉に分かれており、そこには腺房と導管がある。消化液の膵液は、その腺房から1日で1.0～1.5リットルほど分泌される。膵液は、膵臓の中心部を左右に走る主膵管を流れ、大小十二指腸乳頭から十二指腸へと流れ出る。

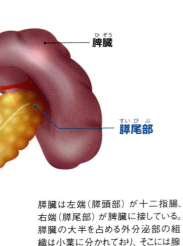

## 膵臓の構造

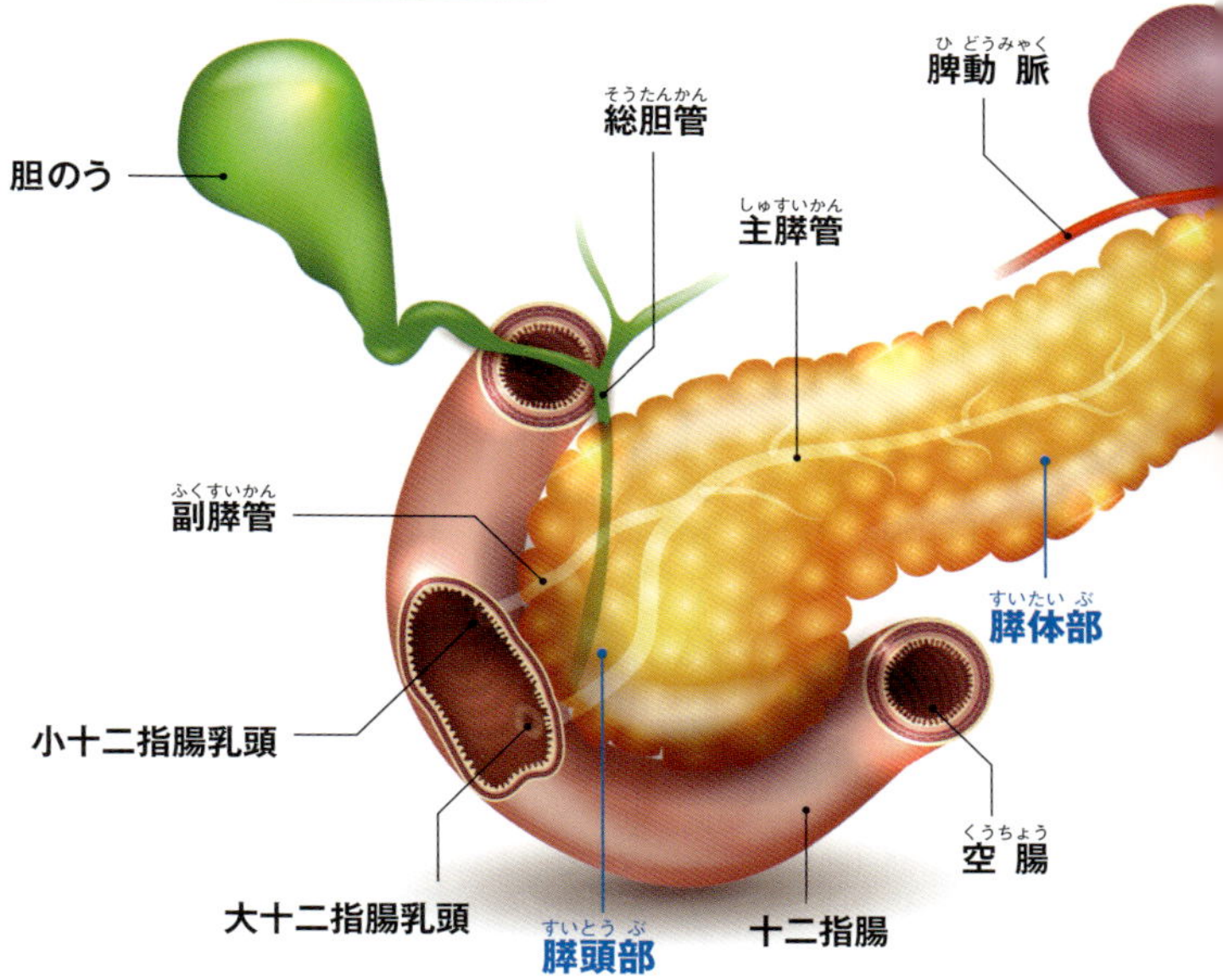


は血液で肝臓に運ばれて、胆汁のなかに捨てられ、最終的に便とともに体外に出ていく。また、過剰なコレステロールも肝臓から胆汁を通して排出される。

膵臓は全組織のうち1～2％ほどしか内分泌（大半が外分泌）にかかわっていないが、血糖値の調整という重要なはたらきをしている。血糖値とは血液中に含まれるブドウ糖量で、高すぎても低すぎても体に悪影響をもたらす。そこで、血糖値が高いときにはインスリンを、低いときにはグルカゴンを分泌して調整しているのだ（196ページ）。

# 消化器系のおもな病気

口から肛門までつながっている消化器は、体内にありながら体外と通じている器官だ。消化器は体外から食物を摂取する際、異物としての食物を消化・吸収するだけでなく細菌やウイルスに接することにもなる。そのため、さまざまな病気が発生しやすいのが消化器である。

わが国の死因の第1位は悪性腫瘍（ガン）であり、日本人のおよそ3人に1人はガンで死亡している。とりわけ消化器のガンが死因の上位を占め、男性の死因で胃ガンが2位、大腸ガンが3位、女性では大腸ガンが1位、胃ガンが3位である（2015年）。

胃ガンは、胃壁の内側にある粘膜に発生し、粘膜から粘膜下層、固有筋層、漿膜（外膜）へと徐々に外側へ広がっていく。ガン細胞が、粘膜下層までのガンを早期ガン、固有筋層より深くまで達したものを進行ガンという。固有筋層には多くの血管やリンパ管が通っているため、進行ガンではガン細胞が血流やリンパによって転移する可能性が高くなる。早期胃ガンの自覚症状は多くの場合なく、上腹部痛、腹部膨満感、食欲不振などがきっかけにして偶然発見される場合もある。進行ガンの場合は、体重の減少や消化管から出血が見られることがある。ただし、最近では胃ガンは減少しつつある。

いっぽうで、増加しているのは大腸ガンだ。これは、大腸の粘膜上皮から発生するガンで、頻発しやすい部位は直腸とS状結腸。これらが全体の約7割を占める。また、ガンが粘膜、粘膜下層まで達したものを早期ガン、固有筋層以下まで進んだものを進行ガンとしている。

大腸ガンも初期には症状は出づらいが、進行すると、下血、血便、貧血、腹痛、便通異常、便の狭小化（便が細くなる）などの症状をきたす。ほかにも、便秘と下痢が繰り返し起こる場合、下腹部に膨満感がある場合などは注意が必要だ。

他方、ゆるやかな増加傾向にあるのが食道ガンである。なかでも60～70代の男性に多く、部位としては胸部中部食道がもっとも多い。食道ガンは、食道内側の粘膜から発生し初期のうちは粘膜内にとどまっているが、進行するにしたがって粘膜下層、筋層、外膜へと広がっていく。また、組織型として圧倒的に多いのは、胃や腸と異なり扁平上皮ガンだ。

食道ガンは一般に進行が早く、ガン細胞は食道周囲のリンパ節に転移したり（リンパ節転移）、肝臓や肺などの離れた臓器に転移しやすい（遠隔転移）。また、重複ガン（異なる臓器に異なるガンが発生するガン）が多いことが知られている。

膵ガンも年々増加傾向にある。膵ガンは一般に、膵管上皮から発生した湿潤性膵管ガンを指し、部位では膵頭部に多発する。高齢者に好発し、男女比ではやや男性に多い。原因はわかっていないが、肥満や喫煙、糖尿病、慢性膵炎などが危険因子とされる。膵ガンは、早期発見が非常に難しいうえに進行が速く、根治がきわめて難しい。腹痛や黄だん、腰や背中の痛み、極度の食欲不振、急激な糖尿病の発症や悪化といった症状が現れたときには、すでに進行ガンである場合が多い。膵臓の疾病が疑われる場合には、腹部エコー（超音波像）やCTに加え、エコーで膵管の拡張が認められた場合などには、造影剤を投与せずに胆のう・胆管・膵管の全域を同時に描出できるMRCPというMRI装置を使った検査が行われることもある。

消化器の出口である肛門の病気・痔核《じかく》を患っている人は、日本人の3人に1人といわれる。痔核とは、排便や出産、重いものをもつなどをきっかけに、肛門の周りの毛細血管の一部がうっ血し、こぶ状になったものだ。直腸と肛門の境界（歯状線）より内側にできた痔核を内痔核、外側にできた痔核を外痔核といい、外痔核は痛みがあるが、内痔核は痛みがないため、出血や痔核の脱出があって痔核を患っていることを知ることが多い。痔核を予防するために日常生活で気をつけるべき点は、肛門周囲の血行をよくし、肛門に強い圧力や長時間の圧迫がかからないような生活を心がけること、また、肛門に刺激の少ない食事が基本となる。

これら消化器の病気は、食物繊維が少なく動物性脂肪が多い欧米型の食事の普及や喫煙、飲酒などの生活習慣、日常のストレスなどとかかわりの深いものが多い。社会環境の変化を背景に、全体に消化器の病気は増加しつつあるというのが現状である。

## 消化器系のおもな病気（五十音順）

| 病名 | おもな原因や症状など |
|---|---|
| アルコール性肝障害 | アルコール性脂肪肝、アルコール性肝炎、アルコール性肝硬変などアルコールの過剰摂取によって起こるさまざまな疾病の総称。代謝されない脂肪が、肝細胞に溜まるのがアルコール性脂肪肝。悪化するとアルコール性肝硬変、肝臓ガンになる可能性がある。 |
| 胃潰瘍 | 胃液と胃壁を守る粘液のバランスがくずれ、胃酸によって胃の粘膜が荒れている状態。胃潰瘍の症状には胃痛、胃からの出血による吐血、血便などがあり、悪化するとガンなどを発症することがある。胃潰瘍の原因はストレス、飲酒、喫煙、塩分の多いもの、辛いもの、熱いものなどを多く摂取することとされる。 |
| 胃ガン | 胃に発生するガンの総称。粘膜上皮に発生するガンと、それ以外の組織に発生するガン（胃肉腫）に大別される。胃ガンの原因には胃の疾患から発生するもの、ピロリ菌によるもの、飲酒、喫煙、塩分や刺激の多い食べ物の過剰摂取などがある。 |
| 肝臓ガン | 肝臓に発生するガンの総称。肝臓自体で発生した原発性肝臓ガンと、ほかの臓器で発生したガンが転移した転移性肝臓ガンがあり、多くは後者である。肝硬変が進行してガン化することが多く、再発率が高いことで知られている。 |
| 肝硬変 | さまざまな理由で起こった慢性的な肝臓障害により肝細胞が傷つき、線維組織に変化してしまい、その結果肝臓が硬く小さくなって機能が著しく低下した状態。初期は自覚症状がなく、わかったときには重症化していることが多い。肝硬変の原因としてはウイルス性肝炎（A 型肝炎、B 型肝炎、C 型肝炎など）やアルコール性肝障害などがある。 |
| 逆流性食道炎 | 胃酸や消化酵素を含んだ胃液や胃の内容物が食道に逆流し、食道の粘膜に炎症が起きるもの。胃液の逆流を防ぐ下部食道括約筋が緩むか、胃酸過多によって起こる。おもな症状は胸やけや胸痛、胸のつかえ感など。のどの痛みや慢性的な咳が出ることもある。 |
| 虚血性大腸炎 | 大腸や小腸への動脈や静脈の血流量が低下することによって起こる病気。たとえば、大腸の動脈に閉塞がないのに大腸が虚血状態となる。とくに多いのが下行結腸で、次に多いのはS状結腸と直腸の境目。高齢者などに多く発症し、左下腹部痛や一過性の下血をともなう。 |
| 痔核 | 肛門疾患のなかでもっとも頻度の高い疾病。男性に多く女性の約 2 倍にあたる。また年齢とともに増加する傾向がある。大きく分けて直腸側の内痔核と肛門側の外痔核があり、内痔核が大きくなって排便のときなどに肛門の外に出ることを脱肛という。痔核は肛門部に負担がかかることで起こり、その最大の原因は便秘。初めは出血するだけだが、程度が進むと脱肛する。 |
| 膵ガン | 膵臓に発生するガンの総称で年々増加傾向にある。60 歳頃から増加し、高齢になるほど増える。膵臓ガンの 90%以上は膵管の細胞にできる。初期は自覚症状がなく胃や背中の痛み、おなかの調子がよくないといったものが多く、早期発見や治療が難しい。 |
| 大腸ガン | 大腸に発生するガンの総称。罹患率は 40 代から増加し 50 代で加速、高齢になるほど高くなる。発生部位により盲腸ガン、結腸ガン、直腸ガンに分けられる。原因としては、ほかのガンの転移、大腸炎、肥満、飲酒、喫煙、動物性脂肪やタンパク質の過剰摂取などバランスのよくない食事などが挙げられる。 |
| 胆管ガン | 胆管の上皮に発生するガン。初期段階では、みぞおちや右脇腹に痛みが出ることがある。ガンによって胆管が狭められ、胆汁が流れにくくなって黄疸が出る。また胆汁が腸内に流れなくなると、便が白いクリーム状になる（白色便）。胆のうに胆石がある場合、それが刺激になって慢性的な炎症を起こし、ガンにつながると考えられている。 |
| 胆石 | 胆汁成分が、胆のうや胆管で固まってしまったもの。すぐに強い症状が出ることはないが、突然、激しい痛みに襲われることがある。40 代以降の女性に多い。原因としては、肥満、過食、不規則な食生活、ストレスなどの生活習慣が影響しているとされる。また、食生活が欧米化して脂肪の摂取量が増えたため、胆石ができやすくなったとも考えられている。 |
| 虫垂炎 | かつては盲腸炎とも呼ばれていた、盲腸から出ている虫垂に起こる炎症。虫垂内部で細菌が繁殖して炎症を起こした状態。悪化すると虫垂の壊死や、腹膜炎を引き起こすことがある。 |
| ピロリ菌感染症 | 胃がピロリ菌（ヘリコバクター・ピロリ菌）に感染し、胸やけ、吐き気、空腹時の痛み、胃もたれ、食後の腹痛、下痢などが起こる。ピロリ菌が胃に定着してしまった場合、胃潰瘍や胃炎、胃ガンなどを引き起こすことがある。 |

# 「ピロリ菌」ってどんな菌？

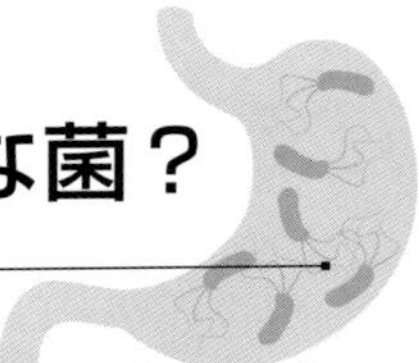

胃液は、主成分が塩酸という強酸性の液体だ。これは食べ物に住みついている細菌を殺すためともいわれている。実際、塩酸のなかに生きる細菌などいるはずはない、と考えるのが普通だ。ところが、オーストラリアの医師、ロビンとウォーレンとバリー・マーシャルが、胃中に細菌の存在を確認、それが胃潰瘍などの原因であることを証明した。この菌こそは、ヘリコバクター・ピロリ菌（H. Pylori）、通称ピロリ菌である。ふたりはこの発見により、2005年にノーベル生理学・医学賞を受賞している。

ピロリ菌は直径約0.5μm、長さ2.5～5μmと細長く、両端には数本の鞭毛がある。ピロリ菌はそもそも体内にいる菌ではなく、口を介した感染と幼少期に飲んだ生水からというのが大半と考えられている。後者は、上下水道が十分に普及する前の世代に多く、とりわけ団塊世代以前は約８割の人が感染しているとされる。

ではなぜ、ピロリ菌は塩酸の海に生きられるのか。胃内に侵入した菌は、鞭毛を使って胃壁へ移動、粘液層へ侵入する。そこでウレアーゼという酵素を出して、粘液中の尿素を二酸化炭素とアンモニアに分解して、胃酸を局所的に中和し粘液層に定着、増殖するのだ。このピロリ菌が分泌した分解酵素などによって粘液層が傷つけられ、さらに、胃酸の影響も受けて慢性胃炎を生じてしまう。加えて、慢性胃炎が持続して強い炎症や免疫反応が起きると、胃潰瘍や十二指腸潰瘍、あるいは胃ガンなどの悪性腫瘍を引き起こす。現在、菌の根絶には除菌療法が必須で、治療の成功率は90％台と高い。

# 第7章

# 腎・泌尿器系

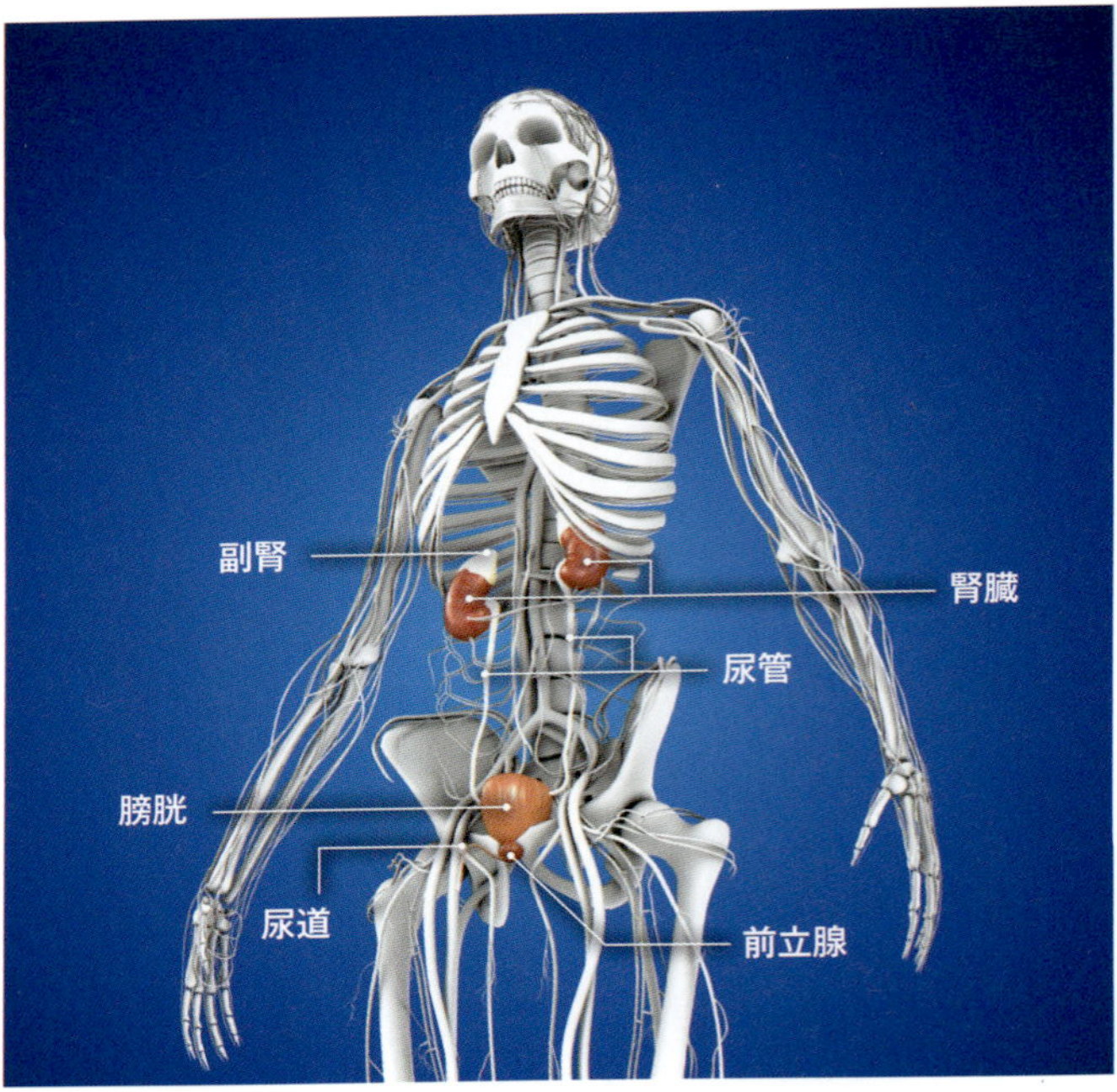


男性を例にした、泌尿器系・生殖器系のイメージ。右腎は大きな肝臓の下にあるため、左腎よりもやや低い場所にある。また腎臓は、背中側に位置する。

腎エコー（超音波検査）の断層像。腎臓中央部に白く見えるのは、腎盂や脂肪、血管などで、この領域を中心部高エコー（CEC）と呼ぶ。腎臓に接して、左に見えているのは肝臓である。
画像提供:東京逓信病院

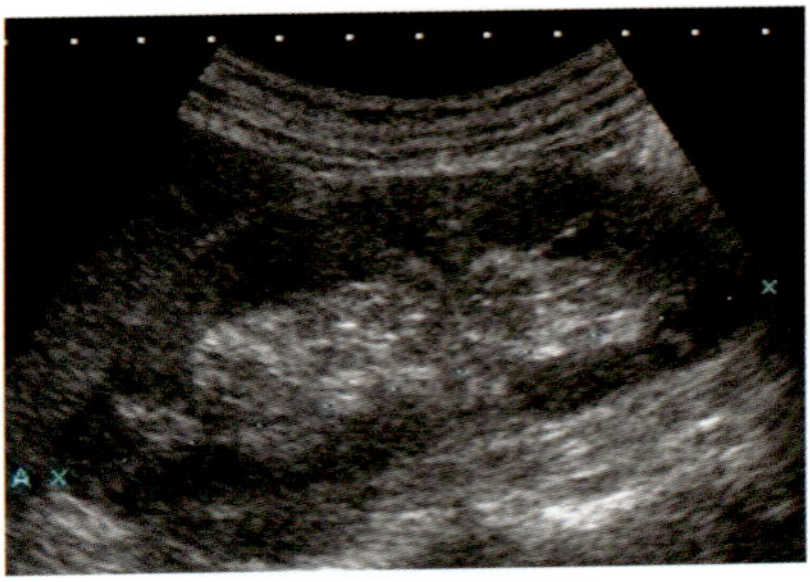

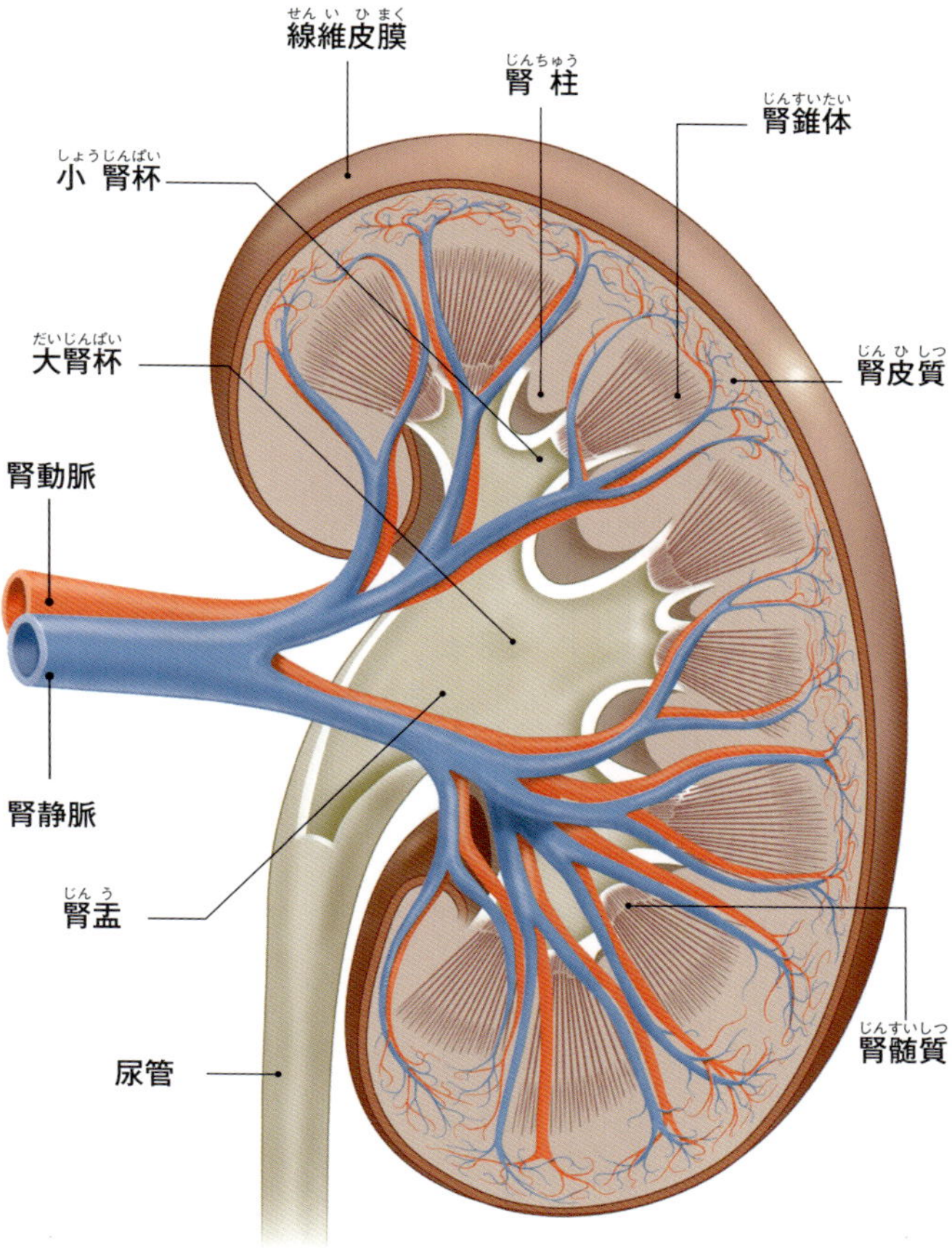


腎臓（左腎）を前面からとらえた断面のイメージ。縦断面は腎皮質と腎髄質に区別でき、皮質には直径が約200㎛の腎小体がある。腎臓内部には無数の血管が張り巡らされ、非常に血流の多い臓器である。

血液をろ過して尿を排出する

# 腎臓の構造とはたらき

腎臓は一番下の肋骨（第12肋骨）付近、椎骨の両側に左右一対ある泌尿器系の器官だ。ソラマメのような形をしていて、成人で10㎝×5㎝×3㎝の握りこぶし大、重量は150gほど。外側は凸状で、中央の内側には腎門《じんもん》と呼ばれるくぼみがある。腎門には、腎盂《じんう》や腎動脈、腎静脈、尿管などが集まっている。この腎臓には、心臓を出た血液の約5分の1～4分の1が流れており、非常に血流の多い臓器である。

腎臓の最重要機能は、体液の恒常性維持にほかならない。そのために、水分や電解質（イオン）の調整、体液のpHの調節、代謝産物や老廃物の排泄、ホルモンの分泌や調節を行っている。4つのうちホルモン以外の3つは、尿の生成過程で使用する。

腎組織は線維皮膜で覆われ、その内側に組織構造が異なる皮質と髄質がある。皮質の厚みは約1・5㎝、髄質の厚みは約3㎝。皮質のなかには、血液をろ過する役割をはたす約100万個の腎小体がある。腎小体は、毛細血管が鞠《まり》のように集まった糸球体《しきゅうたい》と、これ

**腎臓のおもな病気**

急性糸球体腎炎、慢性糸球体腎炎、糖尿病性腎症、腎硬化症、多発性嚢胞腎、腎硬化症、痛風腎など

を包み込むボーマン嚢《のう》からなり、糸球体では血球成分とタンパク質が除かれ尿の原型（原尿）がつくられる。ただし、原尿の約99％は、おもに髄質にある尿細管《にょうさいかん》を通るあいだに再吸収される。いっぽうで尿中には、血液中の老廃物と余分な水が排泄される。老廃物は、おもに尿素窒素（ＢＵＮ）で、体のなかに蓄積されると有害な物質だ。

尿生成は次項で詳述するとして、腎臓の内分泌器官としてのはたらきを見てみよう。

腎臓には、血流が悪くなるとそれを察知し、レニンという酵素を分泌する機能がある。レニンは血中のタンパク質と反応し、血管を収縮、血圧を上昇させる効果のあるアンジオテンシンという物質をつくる。また、赤血球は骨髄でつくられるが、エリスロポエチンという骨髄の造血幹細胞にはたらくホルモンを分泌し、赤血球の数を調整しているのは腎臓だ。腎機能の低下はエリスロポエチンの減少を招き、貧血を起こしやすくなる。骨の形成に寄与するビタミンＤは、腎臓に移ると活性型となり、小腸でのカルシウム吸収を促進する。腎機能が低下しカルシウムの吸収量が減ると、骨粗しょう症などの原因ともなる。

腎臓の慢性的な機能低下は、やがて慢性腎臓病（ＣＫＤ）を引き起こし、放置していると末期腎不全となり、人工透析や腎移植なしでは生きていけなくなってしまう。現在、日本の成人は８人に１人、およそ１３３０万人がＣＫＤ患者といわれている。

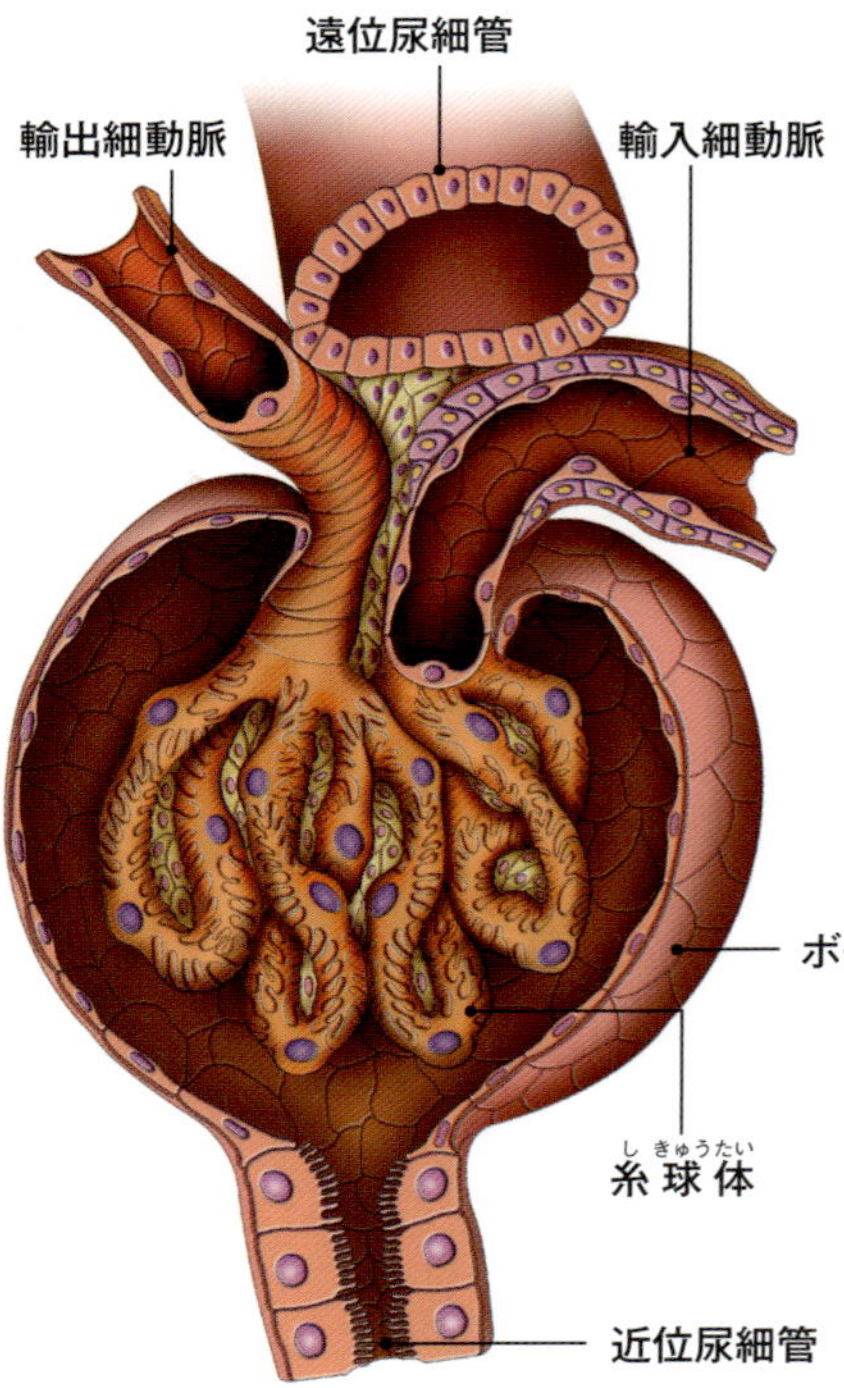


腎小体の断面イメージ。腎小体は、糸球体とこれを包み込むボーマン嚢で構成される。糸球体とは腎皮質にある毛細血管の塊。この腎小体と尿細管からなるネフロンという組織で原尿がつくられる。ネフロンはひとつの腎臓に約100万個存在する。ネフロンでつくられた原尿は、再吸収と分泌を経て、腎杯、腎盂に集められる。それが尿管を通って膀胱へ送り込まれる。

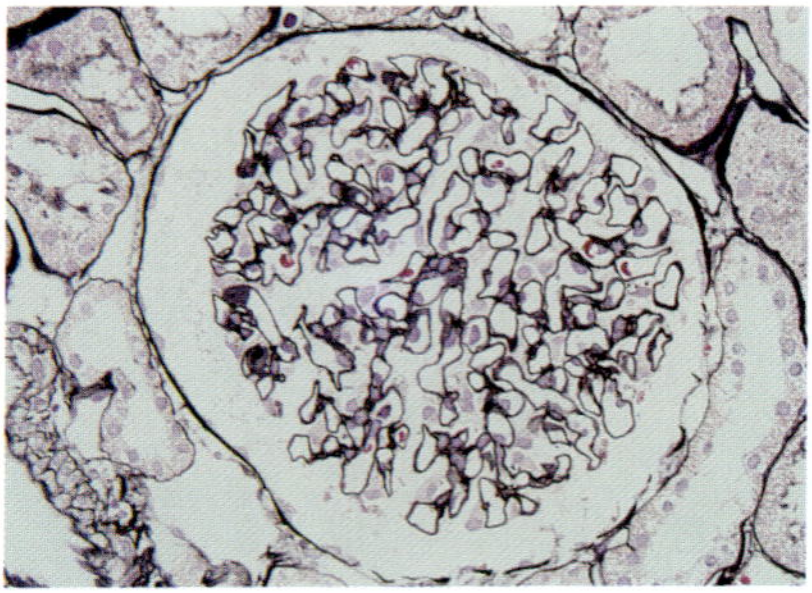

腎生検で採取された正常な組織。中心部に見えるのが糸球体であり、それを囲む管状の構造物が尿細管だ。この検査で、腎疾患の確定や予後を推測でき、治療方針を決定することに役立つ。
画像提供：東京逓信病院

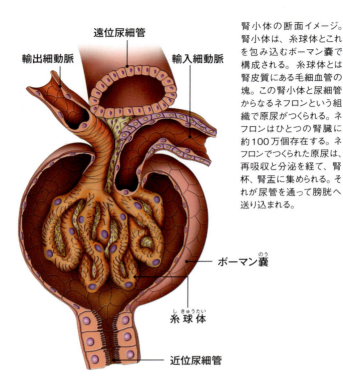

腎臓断面の拡大イメージ。腎皮質には腎小体（糸球体とボーマン嚢）があり、腎小体と尿細管からなるネフロンでは、1日150Lもの原尿がつくられる。この原尿が尿細管や集合管で再吸収され、最終的には、原尿の1％ほどが尿として尿管を経て膀胱へ送られる。

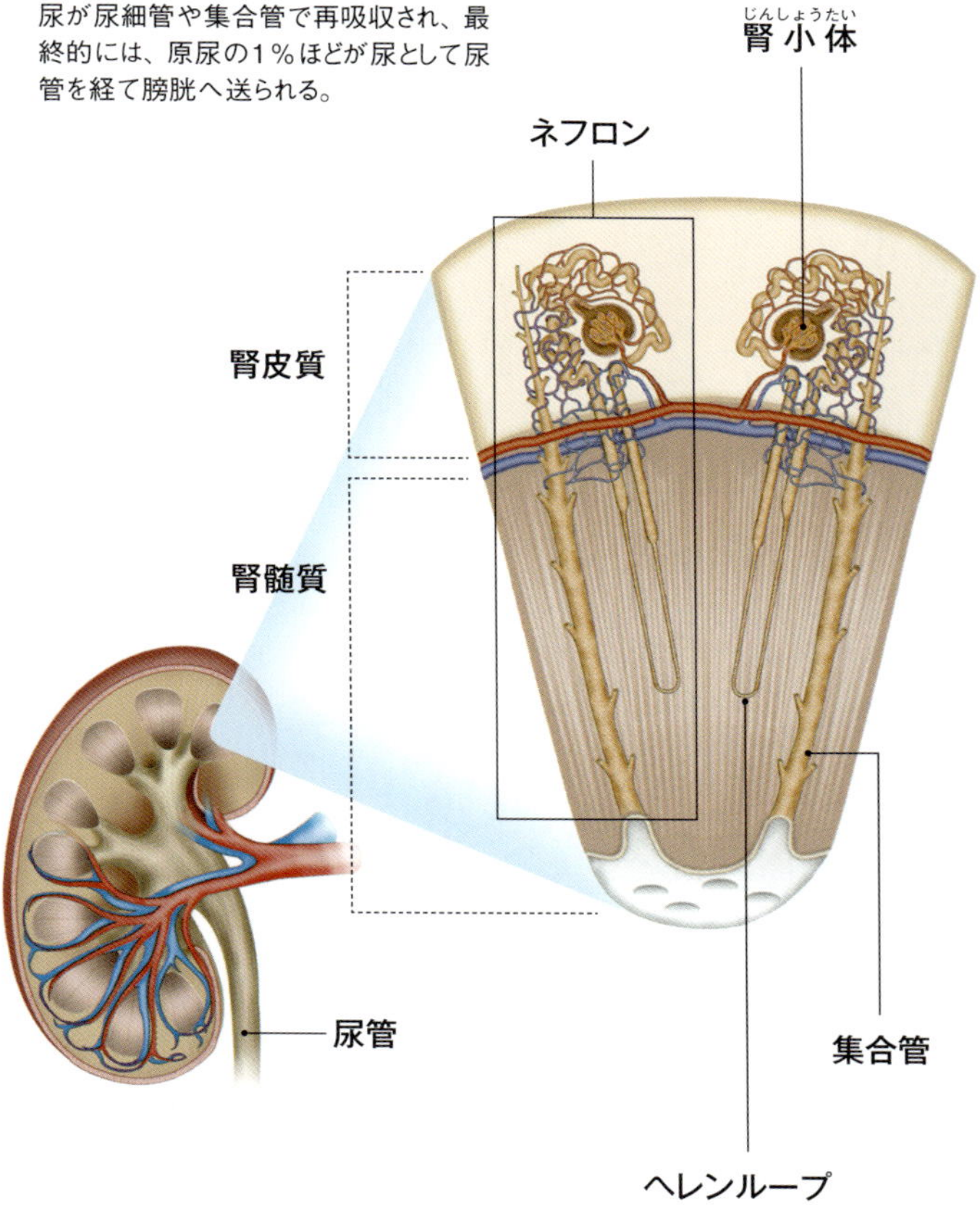
腎小体《じんしょうたい》
ネフロン
腎皮質
腎髄質
尿管
集合管
ヘレンループ

尿は大量、出すのは少量

# 尿ができるしくみ

尿生成の流れをくわしく見てみよう。まず、腎動脈は腎門で枝分かれして、輸入細動脈《ゆにゅうさいどうみゃく》となって糸球体をなしている。糸球体の毛細血管は、血管内皮細胞、糸球体基底膜、足細胞の3層構造になっていて、それぞれがフィルターのようなはたらきをしている。

糸球体に入ってきた血液は、このフィルターを通過することでろ過されボーマン嚢へと押し出される。これが原尿だ。このとき、通常ならば、分子量の大きいタンパク質や血球成分は、ろ過されて流れ出ていくことはない。

ひとつの腎臓には、腎小体《じんしょうたい》（糸球体とボーマン嚢）とそれにつながる1本の尿細管からなる「ネフロン」という組織が約100万個あり、そのひとつひとつで尿がつくられている。ただし、尿をつくるために、すべてのネフロンが動いているわけではない。ネフロンの一部に機能障害が見られたときなどのバックアップ機能というべきか、腎臓は余力十分、極端な話、左右どちらかひとつでも十分に腎臓は機能を発揮することができる。

1日につくられる原尿は、約150Lにおよぶ。ただし、その約99％は尿細管を通るあいだに髄質で再吸収されるため、尿として排出される老廃物と余分な水分量はわずか1％ほど、約1・5Lだ。ナトリウム、カリウム、カルシウム、リン酸、重炭酸イオンなど体に必要なもの、まだ利用できる成分は尿細管から再び血管（静脈）へと戻されるいっぽうで、不要なものが尿として排泄（尿細管分泌）される。

つくられた尿は、尿細管からもっと太い集合管へ送られ水分や尿素などが再吸収される。その後、腎杯《じんぱい》、腎盂に集められ尿管へと流れ出る。その先にあるのが膀胱だ。

尿の成分は約98％が水で約2％が尿素。ほかに、微量の塩素、ナトリウム、マグネシウム、カリウム、リン酸といったイオン、クレアチニン、尿酸、アンモニアなどを含む。

本来は尿に1日で50～100㎎（成人）しか含まれないはずのタンパク質が、1日150㎎以上混じっている場合をタンパク尿という。これは一過性であったり、腎臓以外が原因の場合もあるが、糸球体が傷つくなどしていると腎機能の低下が危惧される。

健康な尿の色は、透明な淡い黄色だ（起床直後などは濃い黄色）。黄褐色は肝機能障害、乳白色は腎臓ほか尿路の細菌感染、赤色（血尿）は腎炎や結石、腎ガンなど重大な病気の可能性がある。また、尿が泡立つ場合はタンパク尿や糖尿などが疑われる。

# さまざまな尿成分の調節

一連のろ過、再吸収、分泌によって、尿として排泄する物質の成分量が調節されている。このうち、ろ過された原尿の再吸収と分泌を担うのが尿細管だ。

尿細管は、走行と上皮細胞の構造の違いによって、それぞれに区分されている。走行による分類は、糸球体に近い場所から順に、近位尿細管、ヘレンループ（ヘレン係蹄）、遠位尿細管、そして集合管系という。

再吸収と分泌によって、体内に塩分が増えればそれを排出し、少なければ水分を多く出すというように体内のイオンバランスを保持し、また、酸塩基を調節して体液を弱アルカリ性（pH7・4程度）に保っている（酸塩基平衡という）。

再吸収・分泌される電解質（イオン）には、体液量調節に影響を及ぼすナトリウムイオンのほか、塩素イオン、カリウムイオン、カルシウムイオン、マグネシウムイオンなどがある。また、アミノ酸やビタミン類、ブドウ糖といった栄養素も、必要な場合は尿生成の

## 尿細管の構造と成分の調整

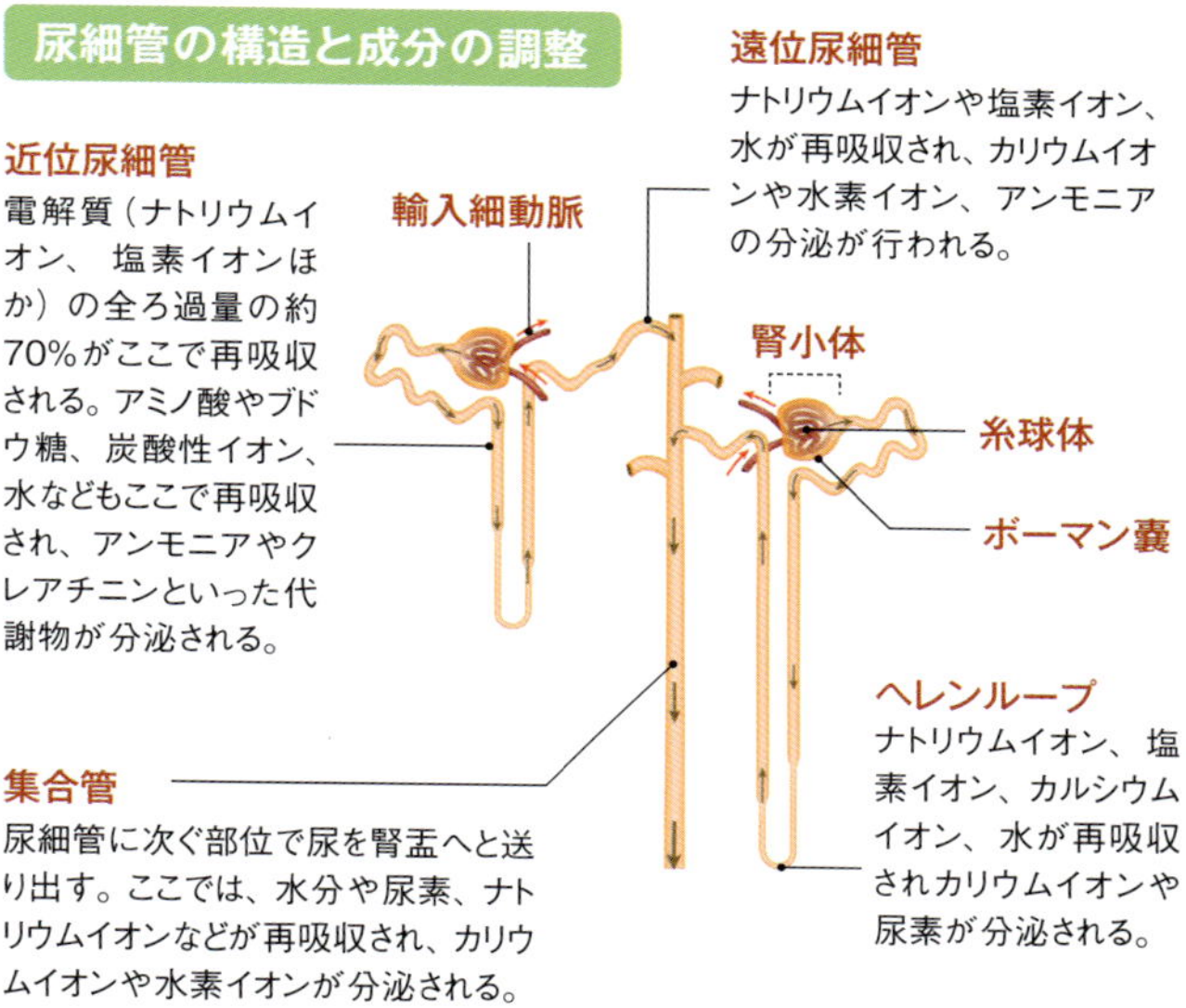
近位尿細管
電解質（ナトリウムイオン、塩素イオンほか）の全ろ過量の約70%がここで再吸収される。アミノ酸やブドウ糖、炭酸性イオン、水などもここで再吸収され、アンモニアやクレアチニンといった代謝物が分泌される。
輸入細動脈
遠位尿細管
ナトリウムイオンや塩素イオン、水が再吸収され、カリウムイオンや水素イオン、アンモニアの分泌が行われる。
腎小体
糸球体
ボーマン嚢
ヘレンループ
ナトリウムイオン、塩素イオン、カルシウムイオン、水が再吸収されカリウムイオンや尿素が分泌される。
集合管
尿細管に次ぐ部位で尿を腎盂へと送り出す。ここでは、水分や尿素、ナトリウムイオンなどが再吸収され、カリウムイオンや水素イオンが分泌される。

過程で再吸収され調整されている。タンパク質のほとんどはろ過されないものの、低分子タンパクは例外的にろ過される。ただし、そのほぼすべてが近位尿細管で再吸収されるため、健常者の尿に排出されることはない。

ところで、酸塩基の「酸」は水素イオンを放出するもの、「塩基」は水素イオンを受け取るものとして定義される。酸塩基平衡は、近位尿細管での炭酸水素イオン（$HCO_3^-$）の再吸収、集合管での水素イオンの排泄とそれにともなう炭酸水素イオンの生成からなり、これらを調節して体液を弱アルカリ性に保っている。

# 尿管と膀胱の構造

腎臓の糸球体でのろ過、尿細管での再吸収、尿細管分泌、そして集合管での尿濃縮を経て生成された尿は、腎臓のほぼ中央部にある腎盂へと送られる。その腎盂から膀胱までをつなぐ、尿が流れる管を尿管といい、成人でその長さは約25㎝、口径は約5㎜ある。

尿管断面を見ると、外側から外膜、平滑筋の層、粘膜からなり、粘膜は移行上皮（尿路上皮）という伸展性のある特殊な上皮で覆われている。尿は、重力で下降するだけではなく、平滑筋が蠕動《ぜんどう》運動（波打つような動き）することで少しずつ膀胱へと運ばれる。

左右の腎臓から伸びる尿管は、大腰筋の前部、精巣動脈（卵巣動脈）と並走し、腹部大動脈が左右に分岐した総腸骨動脈の前を横切って骨盤腔内に入る。その後、男性は精管の下を交差、女性は子宮動脈と交差して膀胱に達する。膀胱の後ろ側（背側）から膀胱壁を斜めに貫いた尿管は、尿管口から尿を膀胱内へと送り込む。なお、膀胱壁内を斜めに貫通する尿管の構造には、尿が逆流するのを防ぐはたらきがある。

**尿管・膀胱のおもな病気**

尿管結石、膀胱炎、膀胱尿管逆流症、膀胱ガン膀胱は、恥骨のすぐ後ろに位置する、尿を一時的に貯めておく臓器だ。そのため伸縮性に富んだ袋状をしており、成人で300～500mLの尿を溜めることができる。断面は、内側から尿管同様の粘膜、3層の平滑筋、外膜となっていて、膀胱壁の厚みは尿が入っていないときで約1cm、尿が溜まると平滑筋が引き伸ばされて3mm程度にまで薄くなる。3層の平滑筋は全体が排尿筋として機能している。

膀胱の出口（内尿道口）の先は尿道へと続いている。出口には、自分の意思とは無縁に収縮する内尿道括約筋と、自分の意思で動く外尿道括約筋が尿道を囲んでいる。これら括約筋は水門の役割をはたしている。ふたつの括約筋の構造には男女差があって（前立腺のある男性が女性よりも大きい）、男性のほうが尿漏れを起こしにくい構造をしている。

膀胱に一定量（250mLほど）の尿が溜まると、膀胱壁にある感覚神経が刺激され、脊髄の排尿中枢を経て大脳にその情報が伝えられる。こうして尿意をもよおすのだが、最初は排尿を抑えるように大脳から指示が出ている。その後、意識的に排尿する場合は、大脳からの抑制指示が消え、副交感神経から膀胱壁に収縮が促され、内尿道括約筋には弛緩するよう指示が出される。かくして外尿道括約筋の弛緩、尿道の拡張を起こして排尿される。この一連を排尿反射という。こうしたしくみだからこそ排尿を我慢できるのだ。

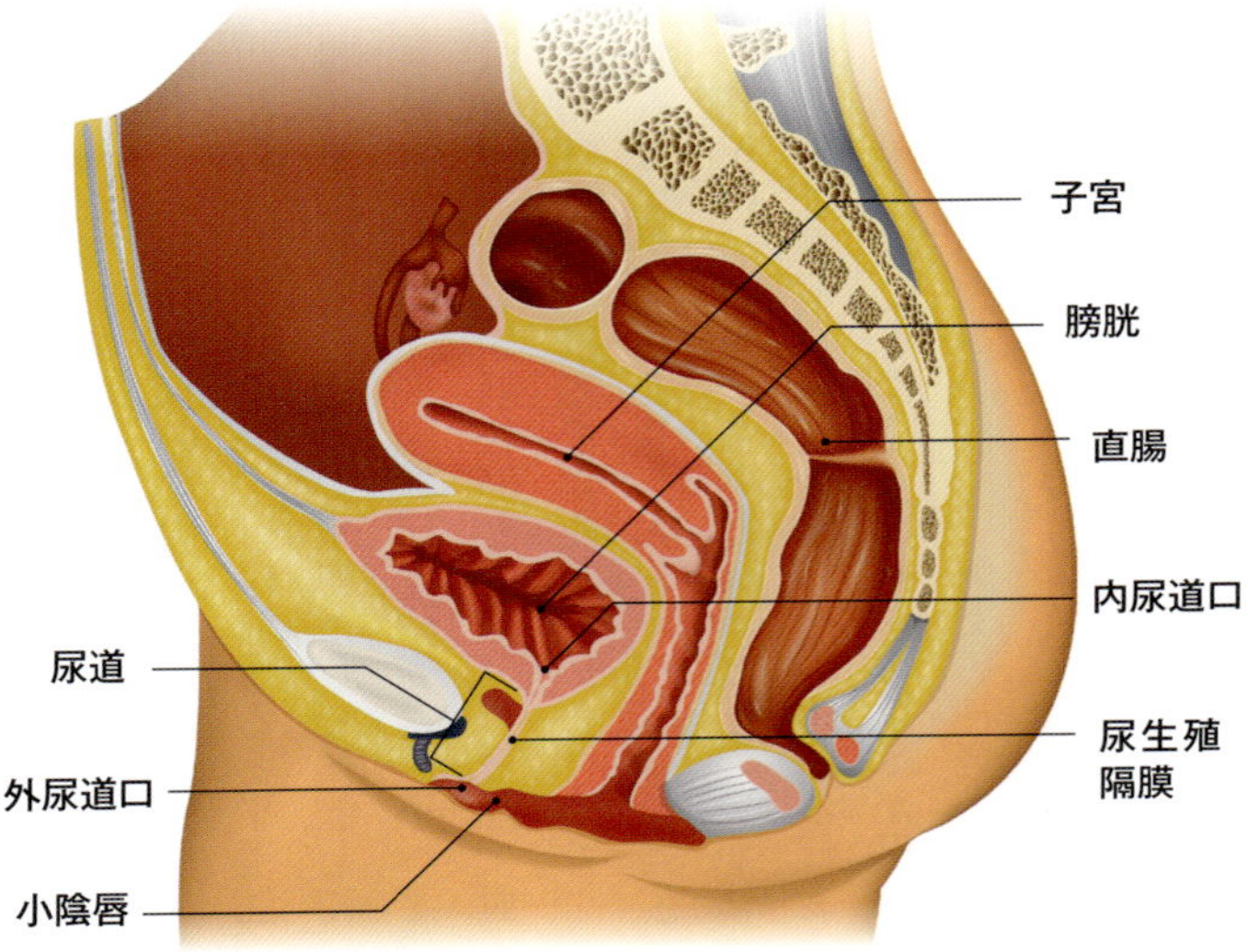


女性の尿道のイメージ。長さは2.5～4.0㎝と男性よりもずっと短く直線的。このため女性は一般に、尿道からの感染症（膀胱炎）を起こしやすい。

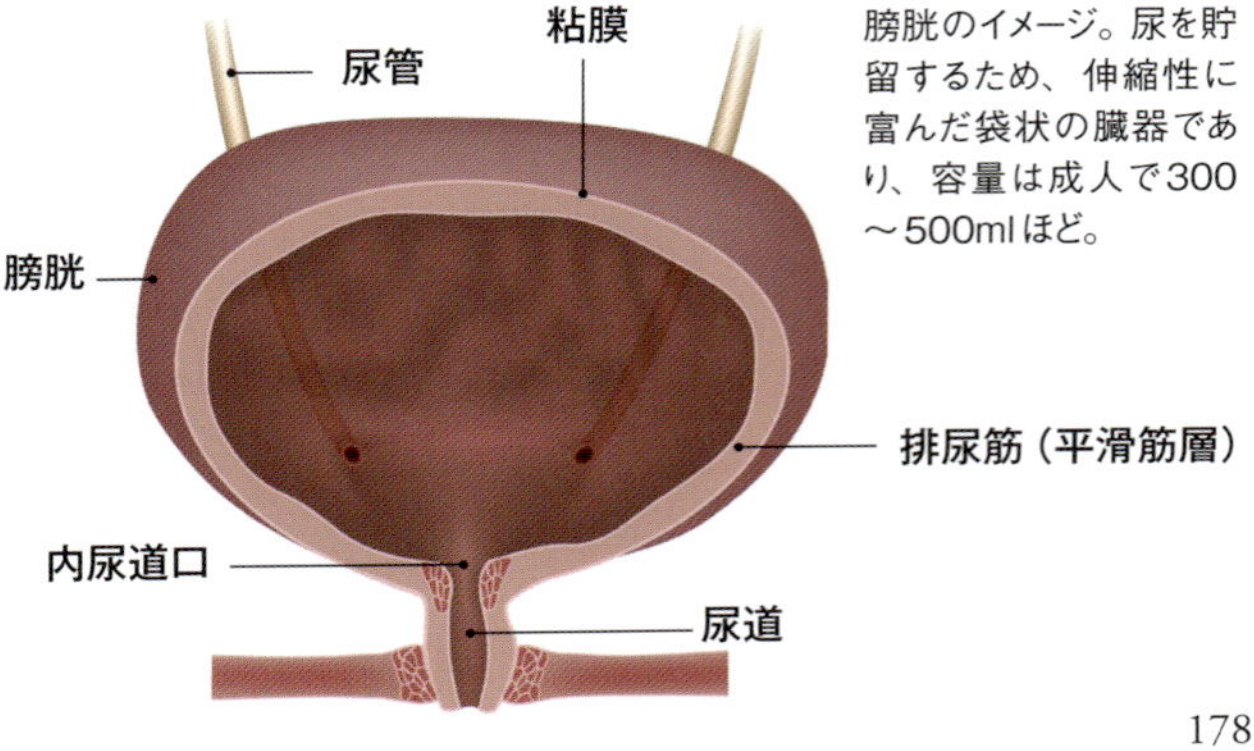


膀胱のイメージ。尿を貯留するため、伸縮性に富んだ袋状の臓器であり、容量は成人で300～500mlほど。

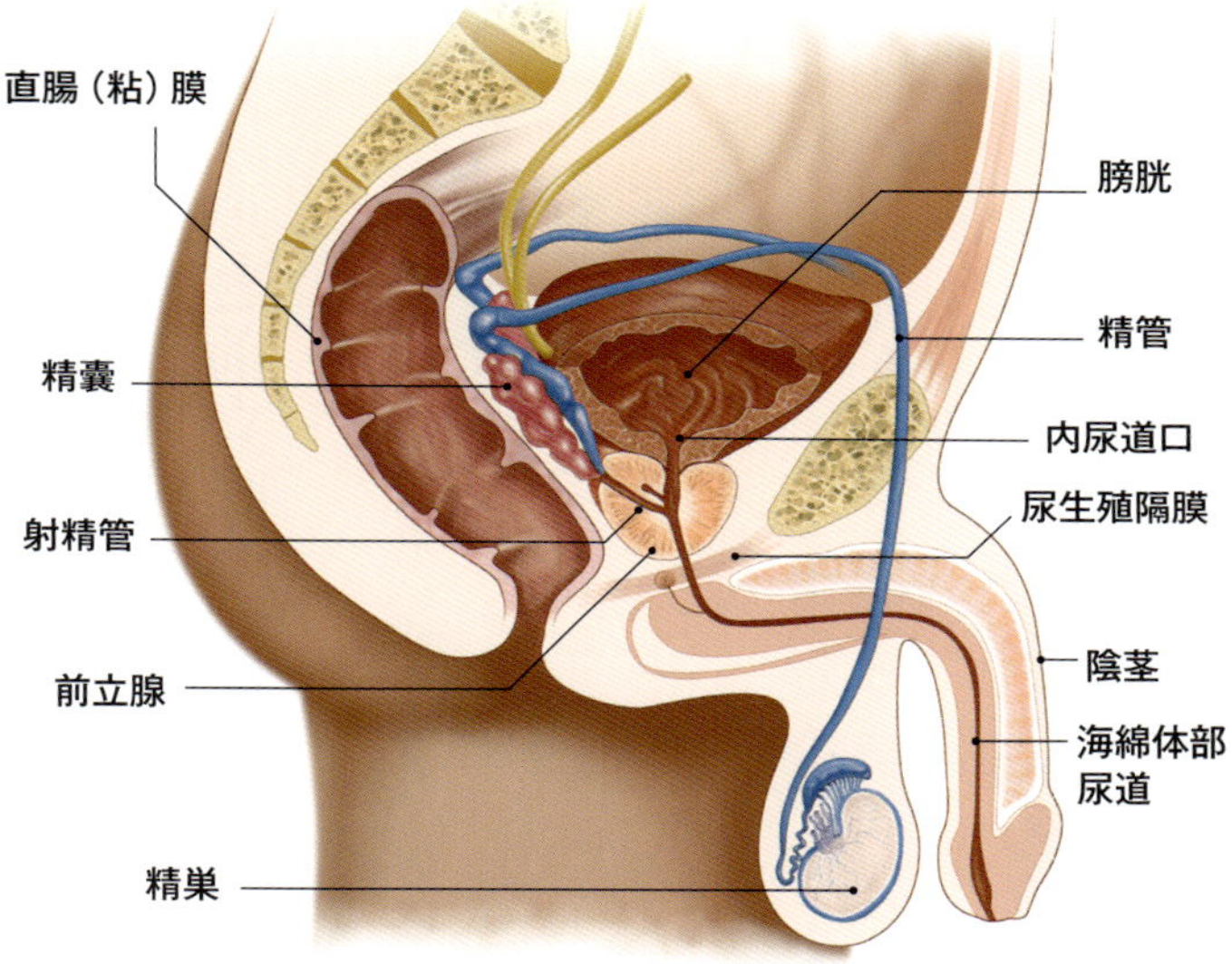


男性の尿道イメージ。長さは15〜20㎝ほどで、膀胱から亀頭先端にある外尿道口まで横から見るとS字型の経路をつくっている。女性との大きな違いは長さに加えて、前立腺の有無が挙げられる。また、男性の尿道は尿だけでなく、射精時における精子の通り道も兼ねている。

前立腺肥大症（右）と健常な前立腺（左）の違い。前立腺が肥大（機械的閉塞）したり、前立腺内や膀胱頸部の平滑筋が過剰収縮（機能的閉塞）すると、尿路が圧迫されて頻尿や排尿困難などをきたす。

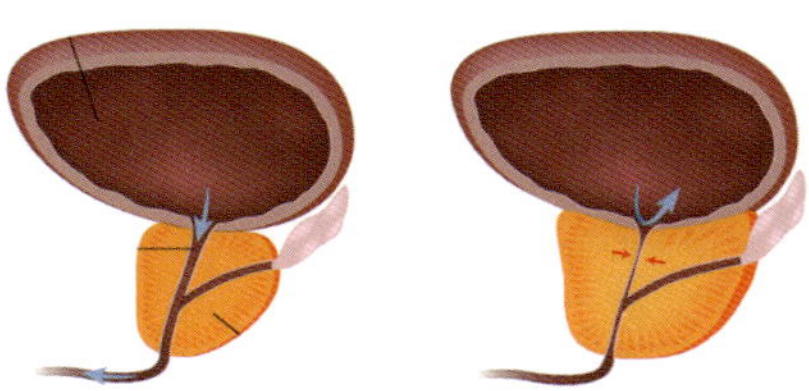

# 尿道と前立腺の構造

膀胱から出た尿は、尿道を通って外尿道口から排泄される。ただし、ひと言に尿道といっても、形態や機能が男女で異なる。それは生殖器の違いからも想像に難くない。

男性の尿道は、直径が約10㎜、長さは15～20㎝あり、前立腺部・模様部（隔膜部）・海綿体部（陰茎部）に分けられる。その経路は横から見るとS字状で、内尿道口から前立腺内、陰茎の尿道海綿体を経て、亀頭の先端にある外尿道口へと至る。なお、尿道内側は粘膜に覆われていて、もし細菌が侵入してきても細菌は粘膜にからめとられて、尿といっしょに流し出されるしくみになっている。ただし、免疫力が落ちているときなどは感染の可能性が高まる。

また、男性の尿道には、尿を排泄する泌尿器としてだけでなく、射精時に精子を運ぶ精路（生殖器）という一面もある。

いっぽうで女性の尿道は、直径は10㎜強と男性よりやや太いが、長さは2・5～4・0

**尿道・前立腺のおもな病気**

尿道結石、尿道炎、前立腺炎、前立腺ガン、前立腺肥大症

cmと短く直線的だ。こうした形状から、細菌感染による尿路感染症を起こしやすい。

男性にだけある付属生殖腺（内性器）が前立腺だ。前立腺は、恥骨の後面、膀胱頸部の直下にあり、尿道をぐるりと取り囲んでいる。思春期以降に大きくなり、青年期ではクルミ大、重さは15～20gほど。表面はしっかりとした皮膜に覆われている。前立腺の後ろ側には、精嚢液《せいのうえき》をつくる長さ5cmほどの精嚢、前立腺に入る精管の末端部で袋状に膨らんでいる精管膨大部があり、これらは互いの開口部で合流して射精管となっている。

そして、前立腺のおもな機能は前立腺液の分泌だ。これは、クエン酸や亜鉛、リン化合物などを含む弱アルカリ性の乳白色をした液体で、精嚢液とともに精液の15～30%を占めている。前立腺液のくわしい生理機能はわかっていないが、射精時にはこれが精嚢液とともに分泌され、精子を活性化している。

加齢を主因として、中高年男性に起こるのが前立腺肥大症だ。おもな症状として、前立腺（の内側に位置する前立腺移行領域）が肥大することによる尿道圧迫（機械的閉塞）、前立腺や膀胱頸部の平滑筋が過剰に緊張・収縮することで生じる機能的閉塞による尿道圧迫、残尿感、頻尿、排尿困難（尿の出が悪くなる）、尿が出る勢いの低下など、排尿に関するトラブルに見舞われる。薬物療法が基本で場合によっては手術となる。

vol.2 もっと知りたい病気の治療

# 末期腎不全の「血液透析」療法とは?

本文でも述べたが、腎臓にはおもに5つの機能がある。それは、①老廃物を尿として排泄する、②体内環境を弱アルカリ性に保つ、③血圧を調整する、④血液をつくるはたらきを助ける、⑤骨の生成を助ける、というもの。いうまでもなく腎臓は、生きていくうえで非常に重要な臓器のひとつであり、腎臓機能の慢性的な低下は生死にかかわってくる。

腎臓の機能は一度失われると回復しない場合が多く病気は慢性化する（急性腎不全の場合は回復の余地がある）。慢性腎臓病（CKD）の初期は自覚症状がないままゆっくりと腎機能が低化し、やがて夜間を中心に尿の回数が増えたり、目の周りや脚がむくんだり、食欲の低下、疲れやすい、息切れ……といった症状が出てくる。つまり、早期発見が難しい病気だ。

CKDは原因や進行度（ステージ）に応じた治療がなされるが、ステージ5まで進行した「末期腎不全」と診断された場合は、腎臓のはたらきの一部を補う「腎代替療法」と呼ばれる「血液透析」や「腹膜透析」、あるいは「腎臓移植」という根治療法をすることになる。

2012年の調査によれば、CKD患者は国内で約1330万人と推定され、1年間に約3

万8000人が末期腎不全に陥り人工透析（血液透析や腹膜透析）を受けている。とりわけ日本では、血液透析を選択する患者が全透析患者の96・9％と断然多く、腹膜透析は3・1％。腎移植は年間で献腎移植170例程度、生体腎移植は約1400例にとどまる。

CKDの主流な治療法である血液透析とは、簡単にいえば、機能が低下した腎臓に代わる「機械」に血液を通して、血液中の老廃物や不要な水分を除去し血液をきれいにする方法だ。一般的に1回の透析時間は4時間超、それを1週間に2〜3回行う必要がある。

血液透析では、1分間に約200㎖もの血液を取り出しきれいにする。しかし、普通の血管ではこれだけの血液流量を確保できないため、一般に利き腕の反対の腕で前腕の手首に近いところ、あるいは親指の付け根に血液の出入り口となる「シャント」をつくる。これは、手術によって静脈と動脈をつなぎ合わせて、太い静脈にしたものである。

透析方法を簡単に紹介すると、まず、シャントに脱血用と返血用の針を刺す。最初は流量を少なく設定した血液ポンプが動き始め、動脈側の針から体外へ血液が引き出される。その後は個々に設定した血液流量まで徐々に上げていき、流量を増やす。体外へ引き出された血液は、ポンプからダイアライザーと呼ばれる人工腎臓へ送られる。ダイアライザーで血液中の老廃物と水分が取り除かれ、きれいになった血液が静脈側の針を通して体内へ戻る。この循環を所定の時間だけ続け、予定の水分量が体内から取り出されたところで透析が終わる。

# 腎・泌尿器系のおもな病気

腎疾患は、病変の部位で糸球体疾患、尿細管・間質性疾患、腎血管系の疾患に大別されるほか、腫瘍や感染症、先天性（遺伝性）の疾患がある。また腎疾患は、原因不明で腎臓に病変が見られる一次性（原発性、特発性）と腎臓以外が原因（全身性疾患、薬剤、妊娠など）の二次性（続発性）にも分類される。いずれにしても腎疾患は、適切な処置をしないまま放置していると、慢性腎臓病（CKD）からやがては末期腎不全に陥り、人工透析や腎臓移植なしでは生きられない状態になってしまう。腎不全とは、糸球体ろ過量（GFR）の低下を中心とした腎機能障害がある状態をいう。

糸球体疾患は、タンパク尿や血尿、腎機能（GFR）の低下、高血圧、むくみなどをともなう。糸球体腎炎は糸球体の炎症などによってタンパク尿や血尿をきたすもので、そのうち、尿中に大量のタンパクが排泄されて代謝バランスがくずれてしまう状態をネフローゼ症候群という。いずれの場合も、水の貯留によってむくみを生じる。

尿細管・間質性疾患は、水や電解質の再吸収と分泌を担う尿細管に関する疾患であり、尿細管の周囲を構成する間質の炎症が尿細管に波及した障害（間質性疾患）をいう。

血管が豊富にある腎臓で腎血管障害をきたすと、高血圧、血管炎、動脈硬化、血栓症・塞栓症などさまざまな疾患が引き起こされる。高血圧の持続は腎硬化症などをもたらす。

ところで、ＣＫＤは腎機能が慢性的に低下している状態の総称で、心臓病や脳卒中など心血管疾患にもなりやすいことがわかっている。またＣＫＤは、尿タンパクが出ているだけのステージ1から、末期腎不全のステージ5まで進行度により細分化されている。いっぽうで腎臓は、「物いわぬ臓器」といわれるように、ステージが早いうちは自覚症状が出にくい。そのため、健康診断で尿タンパクを指摘された場合には放置してはいけない。

泌尿器に話を移そう。代表的な疾患は尿路結石で、尿成分の一部が石のように結晶化したものが尿路（腎臓・尿管・膀胱・尿道）につくられる症状だ。石が各部にとどまり、排尿痛や血尿、腰や背中、横腹の痛みをともなう場合がある。軽度（石が小さい）の場合は尿といっしょに排泄されるが、程度によっては衝撃波による破砕術が施される。

尿道が短い女性に多く見られるのが尿路感染症で、代表例が大腸菌などを原因菌とする腎盂腎炎、膀胱炎。男性だけにある前立腺が大腸菌などに感染すると前立腺炎を生じる。

また、尿路・性器の悪性腫瘍には、近位尿細管に由来する腎細胞ガン、膀胱に生じる膀胱ガン、前立腺に生じる前立腺ガンなどがある。いずれも50歳以上の男性罹患者が多い。

## 腎・泌尿器のおもな病気（五十音順）

| 病名 | おもな原因や症状など |
|---|---|
| **糸球体腎炎** | 糸球体が何らかの理由で炎症を起こし、タンパク尿や血尿、腎機能障害をもたらす。発症年齢が高い場合は慢性化しやすい。腎炎とも呼ばれる。なお、腎炎には原因や対処法が異なるさまざまな種類がある。 |
| **腎盂腎炎** | 尿道や膀胱に生じた細菌感染による炎症が、腎盂（腎臓と尿管の接続部）や腎組織までおよんだもの。背中や腰の痛み、発熱、膀胱炎のような症状、吐き気、悪寒、全身のだるさなどをともなう。 |
| **腎硬化症** | 高血圧などの影響で腎臓の小〜細動脈に障害をきたし、徐々に腎臓機能が低下する。良性と悪性があり、悪性の場合は腎不全や心不全、脳の血管障害を引き起こし、視力障害、むくみ、乏尿、頭痛、吐き気、呼吸困難、痙攣、意識障害などを生じる。良性の場合は自覚症状がない場合が多い。 |
| **腎細胞ガン** | 尿細管の細胞がガン化したもので50〜60代の男性に好発する。無症状の場合が少なくないが、発熱、全身の倦怠感、背中や腰の痛み、腹部腫瘍などの症状が見られる場合も。 |
| **前立腺炎** | 前立腺に生じる細菌感染症。急性と慢性がある。急性前立腺炎は、高熱、排尿の症状（排尿時痛、頻尿、排尿困難）を起こす。慢性前立腺炎は、慢性的な排尿痛や陰部の不快感をきたす。 |
| **前立腺ガン** | 早期前立腺ガンは、ほとんどの場合が無症状。のちに頻尿や血尿、患部の痛みをきたす。骨やリンパ節に転移しやすい。 |
| **前立腺肥大症** | 前立腺（前立腺移行領域）が肥大して尿道を圧迫（機械的閉塞）、あるいは、前立腺や膀胱頸部の平滑筋が過剰に緊張・収縮することで生じる機能的閉塞のめに尿道を圧迫し、残尿感、頻尿、排尿困難（尿の出が悪くなる）、尿の勢い低下などを生じる。 |
| **糖尿病性腎症** | 網膜症、神経症と並ぶ糖尿病の三大合併症で、高血糖による腎障害。5年以上の糖尿病罹患により尿中にアルブミン排泄の増加、持続性タンパク尿をきたす。最終的に末期腎不全に移行し、血液透析などの腎代替療法を要することになる。 |
| **尿失禁** | 膀胱や尿道の機能障害によって起こる尿漏れ。原因により、腹圧性（咳やくしゃみの際に失禁、全体の約50%）、切迫性（突然の強い尿意をともなう失禁、同11%）・混合性（前記２例の合併症状、同36%）に分類される。 |
| **ネフローゼ症候群** | 糸球体腎炎（疾患）などにより、尿中に大量のタンパク尿が排泄され代謝バランスがくずれ、むくみ、脂質異常、凝固異常などを引き起こす。 |
| **膀胱炎** | 頻尿、尿意の切迫感や膀胱の痛み、尿が溜まったときの強い痛み。原因は解明されていないが、膀胱の粘膜の異常により炎症が深部におよぶとする説などがある。 |
| **膀胱ガン** | 血尿のほか、頻尿・排尿痛・残尿感といった膀胱刺激症状をきたす膀胱に生じる上皮性悪性腫瘍。高齢男性に好発。 |
| **尿路結石症** | 尿成分の一部が結晶化して尿路内（腎臓・尿管・膀胱・尿道）で形成された石のような構造物を結石といい、その大きさや結石を生じた場所などにより鈍痛や血尿、腰や背中から横腹の痛み、排尿痛や排尿障害をきたす。30〜50代に好発し、とくに男性罹患者が多い。 |
| **慢性腎臓病（CKD）** | 腎臓の機能低下が慢性的に続く状態、タンパク尿などの障害が３カ月以上続く疾患の総称。腎炎や糖尿病、高血圧症などに起因する。初期に自覚症状はほとんどないが、徐々にむくみや高血圧をともない、やがて骨がもろくなる。放置したままだと末期腎不全となり人工透析や腎移植を要する。 |
| **慢性腎不全** | 腎機能（GFR）が正常値の５割程度を下回った状態を腎不全といい、これが慢性化したもの。腎機能の回復は、なかなか難しい。 |

# 第8章

# 内分泌系

ホルモンを分泌して体の恒常性を保つ

# 内分泌の機能とネットワーク

内分泌《ないぶんぴつ》とは、ホルモンなどの生理活性物質を血液中に分泌し、その作用を待つ相手（標的細胞）が受けとることで効果が発揮される現象をいう。なぜ〝内〟分泌と呼ぶかというと、「体〝内〟のみで作用する」ためである。いっぽうで、汗や消化液のように最終的に体外へ出されるものを〝外〟分泌という。

内分泌器官はひとつの「系」をなして、全身の状態を相互に見張り合っている。そして、各内分泌器官の機能を促進、または抑制するようにホルモンを作用させ、神経系、免疫系と協調し体内の恒常性（ホメオスタシス）を維持している。恒常性とは、体温、呼吸、免疫、代謝、血圧、血糖、消化など、全域にわたって生体の状態を一定に保つように調節することであり、そのほとんどにホルモンが関与している。

ホルモンは、性ホルモンを含めて約１００種あり、体のさまざまな部位でつくられている。ホルモンは自律神経とも関係しており、一般にもしばしば耳にするアドレナリンは、生体が危機にあうと交感神経のはたらきにより、急速に分泌されるホルモンのひとつだ。

内分泌系には命令系統がある。命令はまず、中枢となる脳の視床下部が、血中のホルモン量の情報を得て、あるホルモンの量を増やすよう命令する視床下部ホルモンを脳下垂体へ送る。次に脳下垂体は、命令先である標的器官へ命令を伝えるため、脳下垂体ホルモンを分泌する。そして、標的器官はそれを受け取ってホルモンの分泌を増やす。

そのあいだ脳からの命令は出続けるが、ホルモンが必要十分な量に達すると、下位の標的器官が「もう十分なので抑制せよ」ということを伝えるホルモンを、視床下部や脳下垂体へ送り返す（ネガティブフィードバック）。この作用により、今度は視床下部・脳下垂体が、それぞれホルモンを抑制する方向にはたらき、脳からの命令が止まる。

なお、ホルモンはごく微量でも強力な作用をもつため、血中のホルモン量が一定になるよう器官間で情報交換され、厳格に調節されている。標的器官には、それぞれのホルモンを受け取る受容体があり、特定のホルモンが標的器官の細胞へ特異的に作用する。

ホルモンを分泌する内分泌腺には、脳の視床下部、脳下垂体前葉《ぜんよう》、脳下垂体後葉《こうよう》、松果《しょうか》体《たい》、甲状腺《こうじょうせん》、副甲状腺、副腎皮質、副腎髄質、膵臓《すいぞう》、腎臓、睾丸《こうがん》、卵巣、胎盤などがあるが、心臓や消化管からもホルモンが出る。

## ホルモンを産生するさまざまな部位

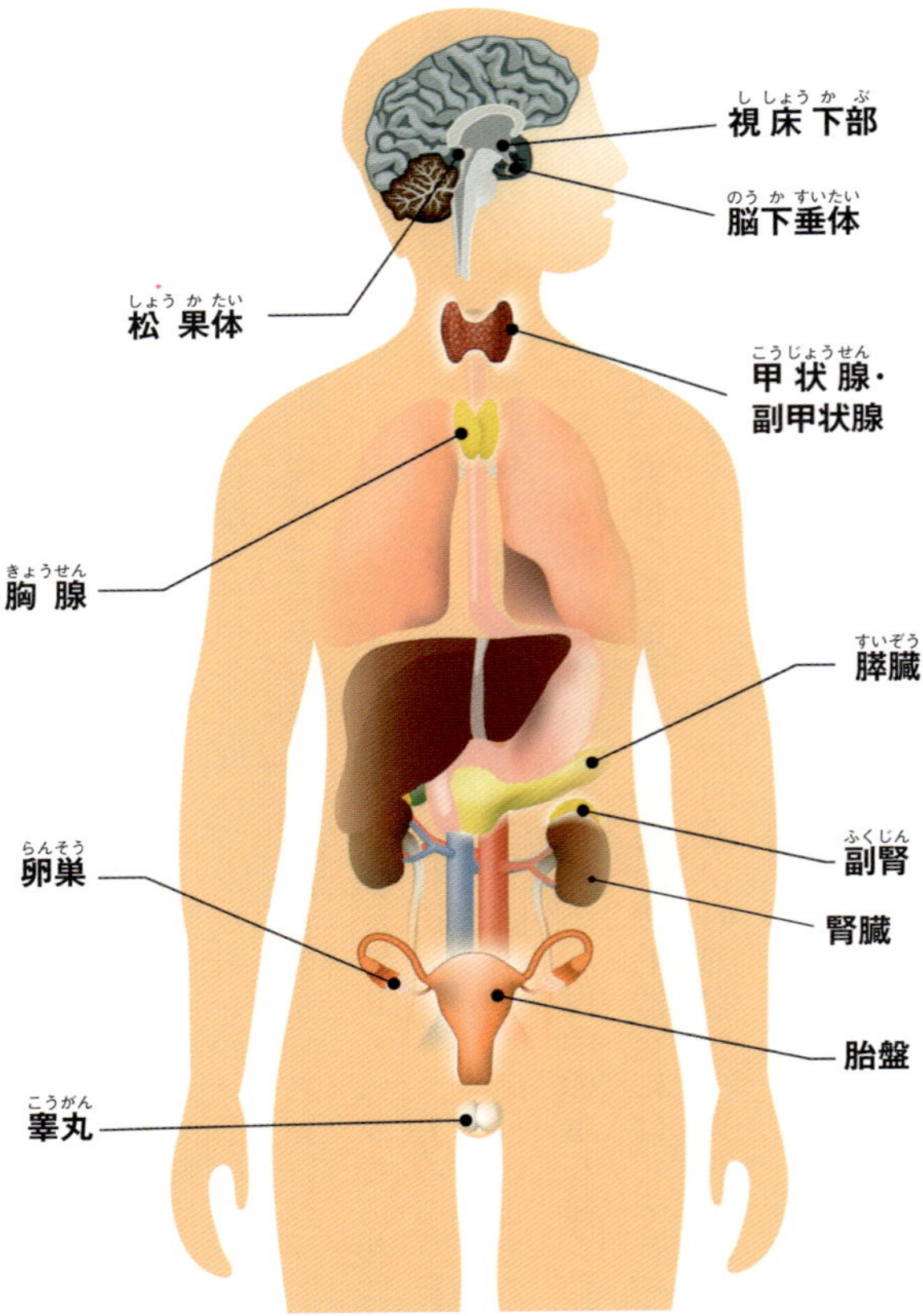


ホルモンを産生する内分泌器官は全身にあり、内分泌の中枢にあたる脳の視床下部と脳下垂体からは、ホルモン分泌の促進、抑制の命令を出し、下位の器官はそれに従って各種のホルモン分泌を促進、抑制する。また、血中のホルモン量を監視し、視床下部や脳下垂体へ状況をフィードバックする。器官だけにとどまらず、神経細胞や脂肪組織、血管内皮などから分泌されるホルモンもある。

## 脳下垂体の構造

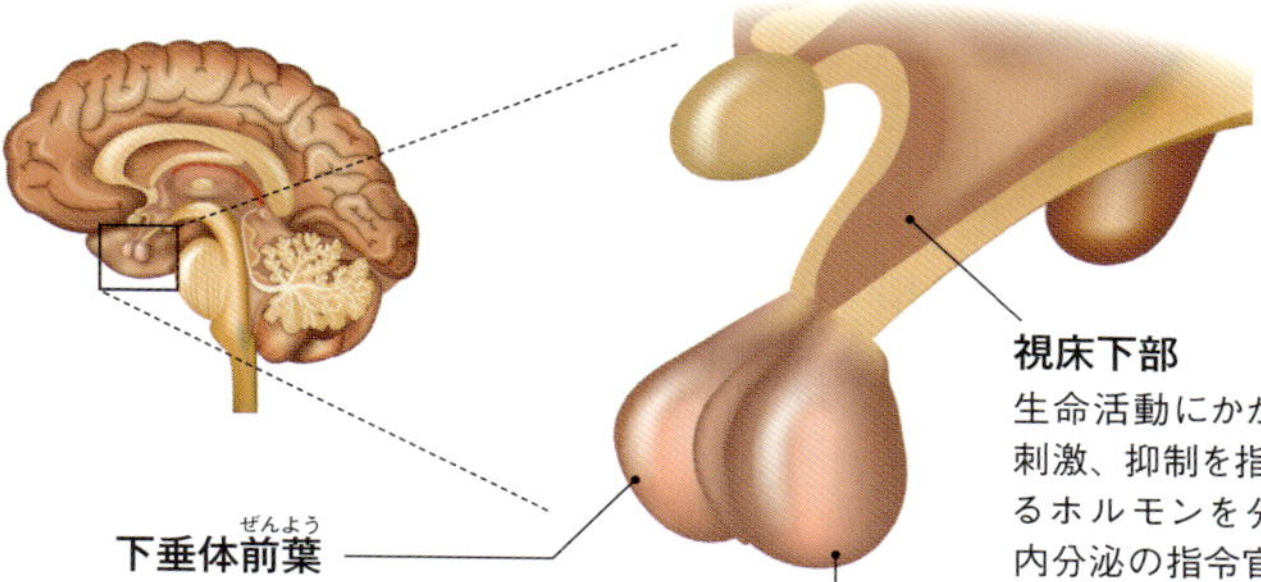
視床下部
生命活動にかかわる刺激、抑制を指示するホルモンを分泌。内分泌の指令官。
下垂体前葉《ぜんよう》
成長ホルモン、甲状腺刺激ホルモン、副腎皮質刺激ホルモン、性腺刺激ホルモン、乳汁分泌ホルモンなどを分泌。
下垂体後葉《こうよう》
抗利尿ホルモンなどを分泌。

視床下部には大脳からの命令と、下垂体や下位の内分泌器官からフィードバックされてくるホルモン情報を受ける受容体があり、その情報にもとづいて、下垂体にホルモン分泌を促進または抑制するホルモンを分泌する。下垂体は、視床下部と協調して標的器官とのあいだで、フィードバックされてきた情報をもとにホルモン分泌調節を行う。

## 甲状腺と副甲状腺の構造

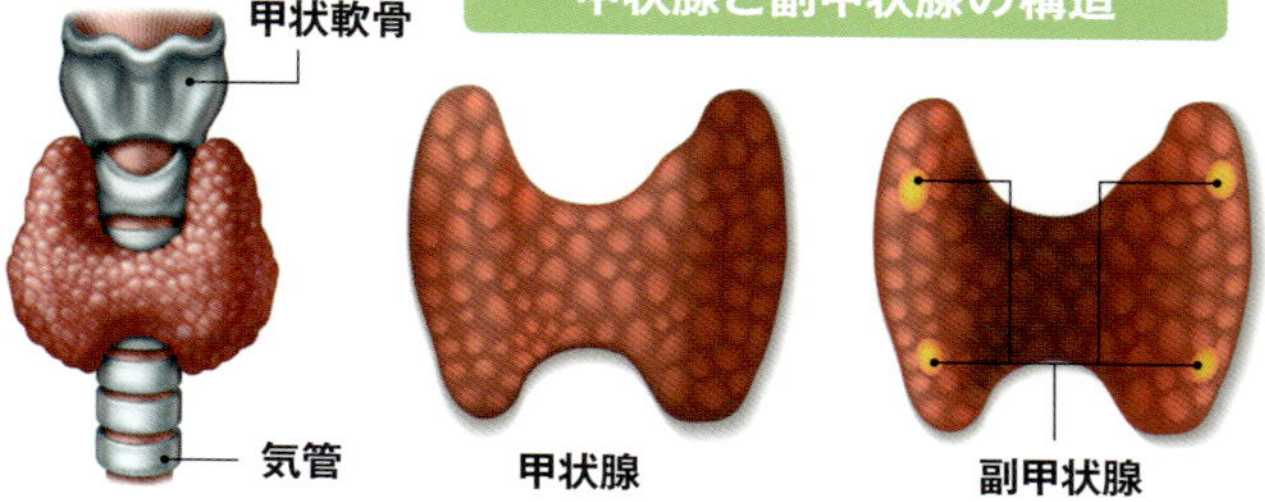
甲状軟骨
気管
甲状腺
副甲状腺

甲状腺は小葉に分かれており、濾胞（ろほう）という直径0.05～0.9㎜ほどの袋が集合している。甲状腺ホルモンは濾胞上皮細胞で合成され胞内に貯蔵される。甲状腺ホルモンの主原料はヨードである。甲状腺からは、全身の代謝を促進する甲状腺ホルモン（サイロキシン）と血中カルシウムを低下させるカルシトニンを分泌する。副甲状腺は、甲状腺の裏側に左右2個ずつあり、血中カルシウムを上昇させ、骨代謝の促進に関与する副甲状腺ホルモン（パルトルモン）を分泌する。

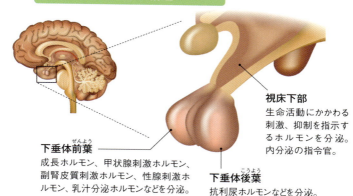

視床下部と下垂体・松果体、甲状腺・副甲状

# 脳や頸部にある内分泌器官

脳（間脳《かんのう》）にある視床下部は、自律神経を支配して生体の調整にあたるほか、みずからも視床下部ホルモン、下垂体後葉ホルモンをつくる。常時血中ホルモン濃度を監視しており、生体の恒常性を維持するホルモンを分泌するよう、下垂体へ指示を出している。

下垂体は、視床下部にぶら下がるように接している1㎝ほどのらっきょうのような形の器官で、前葉、後葉で構成される。視床下部から分泌促進ホルモンを受け、前葉では成長ホルモン、甲状腺刺激ホルモン、副腎皮質刺激ホルモン、性腺刺激ホルモンを、後葉からは乳汁分泌ホルモン、抗利尿ホルモンをそれぞれの器官へ送って、これらの内分泌器官から出るホルモンを調節する。また、各器官の血中のホルモン濃度が必要かつ十分に上昇すると、視床下部へ抑制を促すフィードバック機構がはたらく。

松果体は、メラトニンというホルモンを調節して睡眠のリズムを管理する。夜暗くなると分泌を促し、朝に抑制する。

**内分泌器官（頭頸部）のおもな病気**

下垂体腺腫、下垂体前葉機能低下症、甲状腺炎、甲状腺機能亢進症、甲状腺腫瘍、副甲状腺機能亢進症など

甲状腺は、のど仏といわれる甲状軟骨のすぐ下にあり、左右に羽を広げた蝶のような形をしており、気管に張りつくように接している。甲状腺には甲状腺濾胞《ろほう》という球状の細胞があり、ここから甲状腺ホルモン（トリヨードサイロニンやサイロキシン）とカルシトニンというホルモンが分泌される。

甲状腺ホルモンが作用する部分は全身にわたり、基礎代謝、血圧、血糖、心拍数の上昇、血中のコレステロール濃度の下降、脳の発育、成長ホルモンの合成といった体を活性化させるはたらきをもつ。甲状腺ホルモンが過剰に分泌される病気の代表は、甲状腺機能亢進《こうしん》症（バセドウ病）だが、逆に分泌が不足した病気の代表は、甲状腺機能低下症（橋本病）である。カルシトニンは血中のカルシウム濃度が高い場合に分泌され、カルシウムを減少させるはたらきがある。また、骨の形成にも関与する。

副甲状腺は、甲状腺の裏側に左右ふたつずつある豆のような形の器官である。名前に反して甲状腺とは関係がない。副甲状腺は骨と腎臓が標的器官で、血中のカルシウムの濃度とリン酸代謝を維持するようにはたらく。副甲状腺ホルモンのパラトルモンはカルシトニンとは逆に、血中カルシウム濃度が下がると多く分泌され、破骨《はこつ》細胞を刺激してカルシウムを放出させ、また腎臓からの再吸収も促進して、血中カルシウム濃度を上昇させる。

## ランゲルハンス島（膵島《すいとう》）の構造

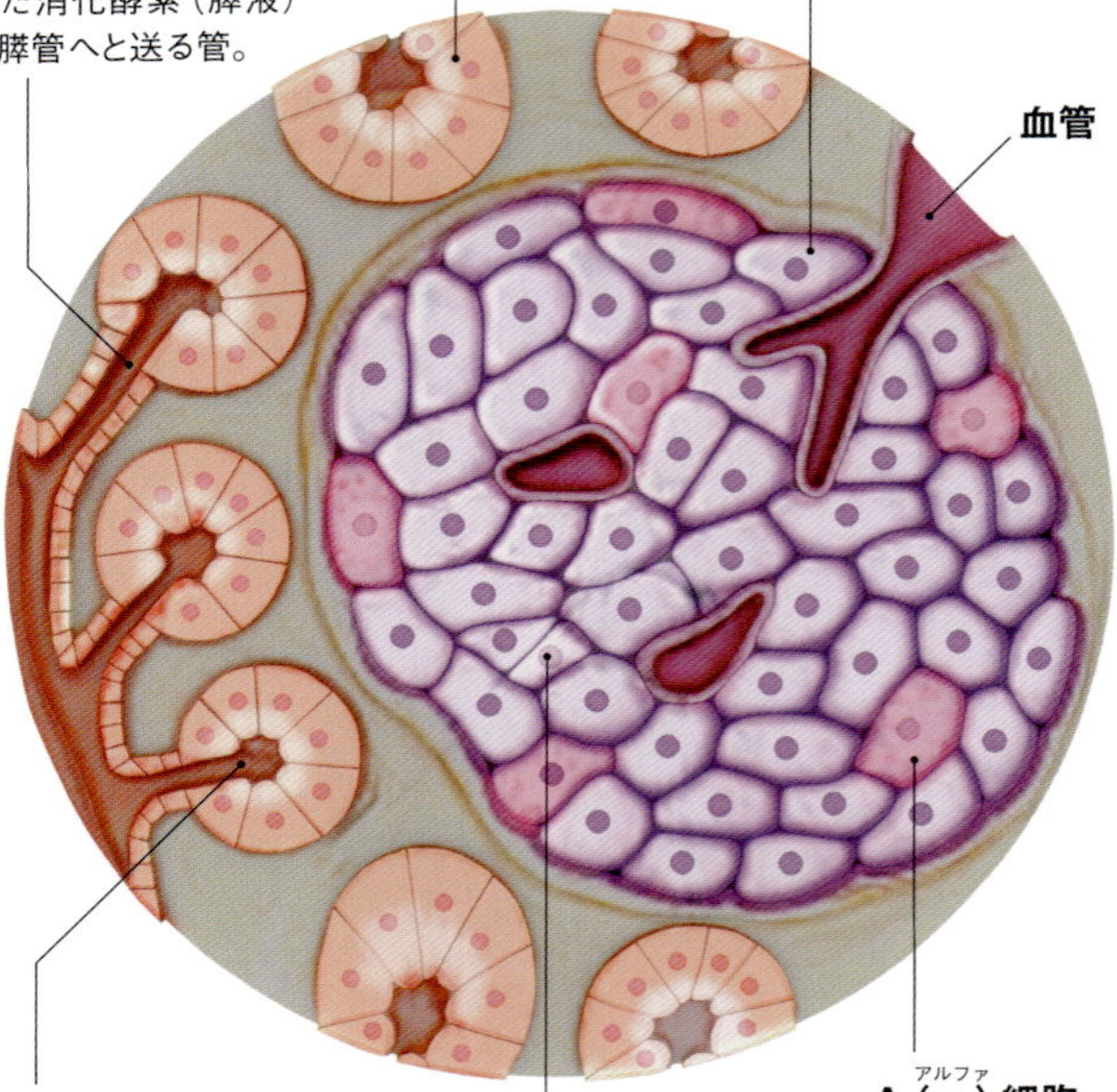

導管
腺房細胞から分泌された消化酵素（膵液）を膵管へと送る管。
腺房《せんぼう》細胞
膵液を分泌する外分泌細胞。
B（β《ベータ》）細胞
血糖値が上がったときに、インスリンを分泌する内分泌細胞。
血管
膵液
弱アルカリ性で無色透明。ほとんどが、消化酵素であるアミラーゼやリパーゼ。
D（δ《デルタ》）細胞
インスリンやグルカゴンの分泌を抑制する、ソマトスタチンを分泌する内分泌細胞。
A（α《アルファ》）細胞
血糖値が下がったときに、グルカゴンを分泌する内分泌細胞。


膵臓の内分泌組織は膵臓の組織全体の1〜2％にすぎない。そのうち、ランゲルハンス島（膵島）と呼ばれる内分泌細胞の集まりは、膵体から膵尾に多く分布する。A、B、Dという3種の細胞は、それぞれにホルモンを産生して、毛細血管中に分泌する。この集合体ひとつの直径は、50〜200㎛。

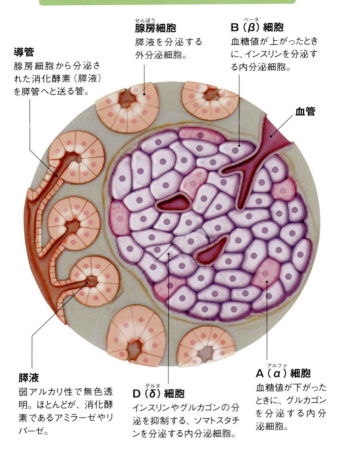

## 副腎の断面イメージ

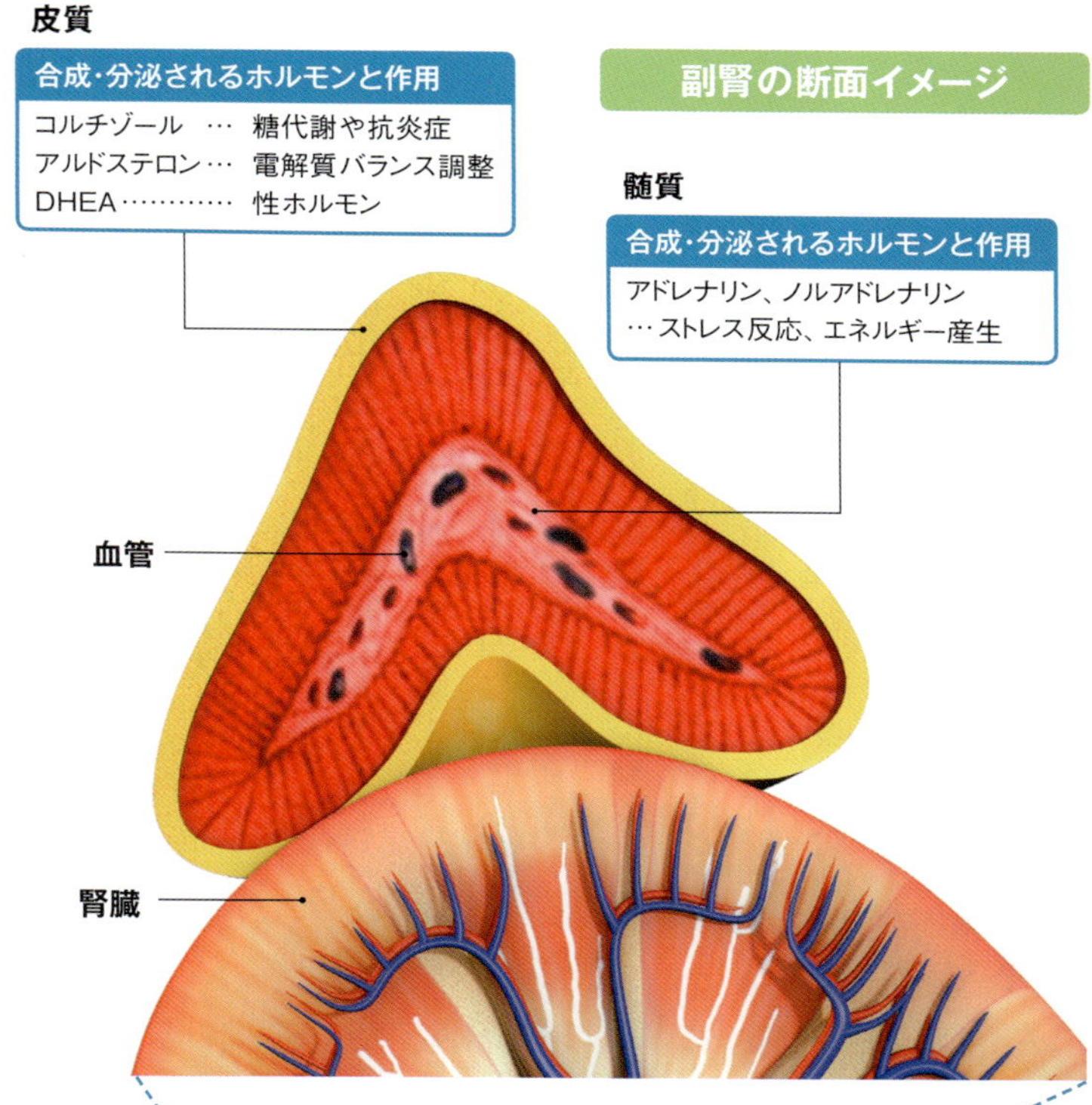
皮質
合成・分泌されるホルモンと作用
コルチゾール … 糖代謝や抗炎症
アルドステロン … 電解質バランス調整
DHEA………… 性ホルモン
髄質
合成・分泌されるホルモンと作用
アドレナリン、ノルアドレナリン
…ストレス反応、エネルギー産生
血管
腎臓

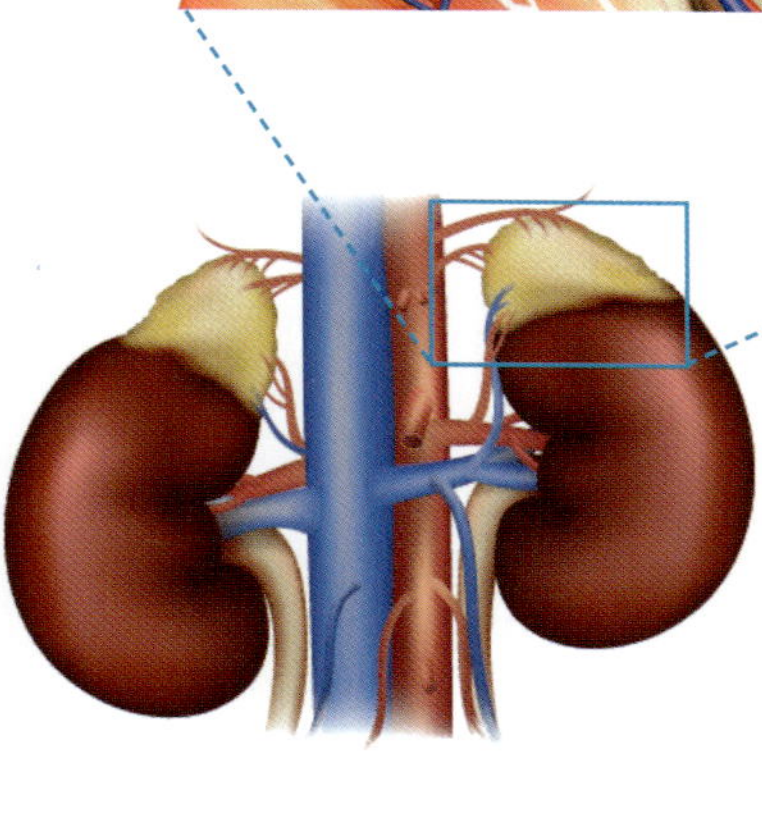

左右一対ある腎臓のすぐ上にあるのが、断面が三角形をした内分泌器官の副腎である。副腎は、体の恒常性を保つためにホルモンを合成、分泌する器官で、皮質と髄質とに大別される。前者からは副腎皮質ホルモン（ステロイド）、後者からは副腎髄質ホルモンが分泌される。

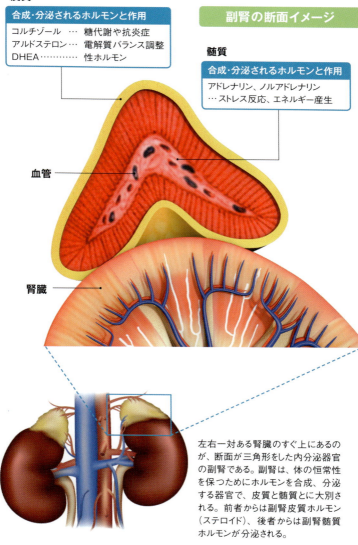

生体維持に欠かせないホルモン

## 膵臓や副腎の内分泌機能

膵臓は、消化器としての機能（156ページ参照）だけではなく、よく知られたホルモンのひとつであるインスリンを分泌する内分泌器官でもある。膵臓には腺房《せんぼう》という粒状の組織が集合しているが、そのなかにホルモンを分泌するランゲルハンス島（膵島《すいとう》）という直径50～200㎛の組織がある。そこには、グルカゴンを分泌するA（α《アルファ》）細胞、インスリンを分泌するB（β《ベータ》）細胞、さらにD（δ《デルタ》）細胞という3種類の細胞が集まる。

インスリンは血糖を下げる唯一のホルモンで、食事によって上昇した血中のブドウ糖を肝臓、筋肉、脂肪などの組織へ取り込み血糖値を下げる。また、肝臓ではグリコーゲン合成を促しブドウ糖の放出を抑制したり、逆に血糖値が下がってくると、インスリン拮抗《きっこう》ホルモンのグルカゴンを分泌し、肝臓にグリコーゲンとして蓄えられていたブドウ糖を血中に取り込み、脳などで優先して使用する。血糖値はこのように一定に保たれている。

副腎は、三角形のおにぎりのような形をしている、左右の腎臓の上にある器官である。

**副腎のおもな病気**

クッシング症候群、原発性アルドステロン症、副腎皮質機能低下症、褐色細胞腫など副腎は皮質と髄質に分けられ、それぞれまったく異なる役割をもっている。副腎皮質はコレステロールからアルドステロン、コルチゾール、アンドロゲンなどのステロイドホルモンをつくって分泌し、副腎髄質はチロシンからカテコールアミンをつくり分泌する。

副腎皮質から分泌されるアルドステロンは、腎臓に作用して血中のナトリウムと水分を増やして血圧を上げ、カリウムの排泄を促進する。またコルチゾールは、糖・タンパク・脂質・骨の代謝のほか、水・電解質・血圧の調節、免疫機能や中枢神経系への作用といった生命維持に欠かせないホルモンである。生理的または精神的に加えられたストレスに対しては、こうした調節機能を総動員して循環機能やエネルギー代謝を上げるなどの活性化を図り、ストレス応答ホルモンとして活躍する。

副腎髄質は交感神経系の機能をもち、副腎髄質でドーパミンを経てノルアドレナリン、アドレナリンというカテコールアミンをつくって、血中へ放出する。これらは心拍数や血糖値の上昇、消化器の活動抑制、気管支拡張、血圧上昇を促すといった交感神経系への迅速で強い作用をもち、酸素やエネルギー供給を増加させる。これは、わたしたち人間が生物として緊急事態に直面したときに、戦うか逃げるかどちらにせよ、瞬時に行動に移せるように備わった機能といえるだろう。

病気を知ろう! vol.8

# 内分泌系のおもな病気

内分泌系の病気のほとんどは、ホルモン分泌が過剰、または低下することに起因する。腫瘍《しゅよう》性の下垂体疾患では、成長ホルモン（末端肥大症）や副腎皮質刺激ホルモン（クッシング病）、プロラクチン（プロラクチノーマ）などが過剰につくられるものが多い。成人下垂体機能低下症では腫瘍性以外に、炎症性疾患や脳腫瘍術後、外傷、脳血管障害によるものがある。

抗利尿ホルモン（バゾプレシン）は視床下部でつくられ、下垂体後葉で貯蔵されて標的器官の腎臓に運ばれるホルモンだ。バゾプレシンが不足すると、尿崩症《にょうほうしょう》となり、水の再吸収が障害されて多飲・多尿となる。過剰になると、体内の水分が貯留して低ナトリウム血症を生じる。

甲状腺ホルモンが過剰になる疾患の代表はバセドウ病である。エネルギーや代謝が活発になり、発汗、心拍増加、イライラといった症状が出る。いっぽうで、甲状腺ホルモンの分泌が低下する疾患の代表は橋本病で、疲労感、冷感、浮腫、徐脈といった低活性の症状が見られる。

副甲状腺ホルモンは、カルシウムと骨代謝で重要な役割をもち、ビタミンDの活性にも関与するホルモンだ。このホルモンの分泌が乱れると、高カルシウム血症や低カルシウム血症などを発症する。

副腎皮質から、ステロイドホルモンであるコルチゾールが過剰に分泌されると、肥満、高血糖、高血圧、脂質異常、骨量減少をきたす。これは副腎腫瘍によるクッシング症候群と下垂体腫瘍によるクッシング病が原因となるが、ステロイドを長期間大量に使用している人に見られることもある。コルチゾール分泌が低下した副腎不全では、倦怠感や食欲不振、低血糖や低血圧が見られる。自己免疫性副腎疾患や、下垂体疾患、脳外科手術などが原因に考えられる。

また、電解質代謝・血圧などを調整するアルドステロンが、腺腫などによって過剰に分泌される病態を原発性《げんぱつせい》アルドステロン症という。高血圧と低カリウム血症による筋力低下、腎機能障害を招く。本態性高血圧とみなされている場合も多く、投薬効果が得られない場合に疑われる。ちなみに、原発性アルドステロン症は、脳卒中、心疾患、腎障害などの合併率も高い。

副腎髄質はチロシンから、アドレナリン・ノルアドレナリンなどの交感神経を強める副腎髄質ホルモン（カテコールアミン）を合成する。血圧や心拍数を上げて危機に立ち向かう生体反応の一部として重要だが、褐色細胞腫や神経芽腫《しんけいがしゅ》などの腫瘍性病変から過剰分泌されることがある。褐色細胞腫は、片側の副腎にできる場合が多いが、腫瘍からカテコールアミンが過剰に分泌されることにより、動悸、高血圧、高血糖、代謝亢進、多汗など交感神経系のさまざまな症状が全身に現れる。

## 内分泌系のおもな病気（五十音順）

| 病名 | おもな原因や症状など |
|---|---|
| インスリノーマ | 膵臓にあるランゲルハンス島のβ細胞が腫瘍化してインスリンが分泌され続ける。血糖値が下がり、動悸、発汗、失神などを起こす。過剰にインスリンが分泌されるので、低血糖を補うため糖をとりすぎることから肥満にも陥る。 |
| SIADH（バゾプレシン分泌過剰症） | 視床下部でつくられ、下垂体後葉を通じて分泌される抗利尿ホルモン（バゾプレシン）が過剰となり、体内の水分量が増加し、低ナトリウム血症を生じる。倦怠感、食欲不振などの症状が出る。中枢神経の疾患や胸腔内疾患に起因する場合もある。 |
| 下垂体腺腫 | 下垂体前葉にできる良性腫瘍。ホルモンを分泌する機能性腺腫と分泌しない非機能性腺腫がある。分泌するホルモンにより高プロラクチン血症やクッシング病などの疾患が起きる。 |
| 下垂体前葉機能低下症 | 視床下部または、下垂体に起因する疾患で、下垂体前葉ホルモンが1種類から数種類欠乏するもの。筋力低下、皮膚乾燥、全身倦怠、食欲不振、低血糖、低血圧などの症状が出る。ホルモン補充療法による治療が主。 |
| 褐色細胞腫（副腎髄質ホルモン異常） | 副腎髄質にできる、カテコールアミンを過剰につくってしまう腫瘍。片側の副腎にできることが多い。高血圧、代謝亢進、高血糖、頭痛、発汗などの症状が出る。 |
| クッシング症候群 | コルチゾールが過剰な症状をクッシング症候群というが、狭義にはコルチゾール産生副腎腫瘍を指す。下垂体の腺腫によるものはクッシング病と呼ぶ。ムーンフェイス、肥満、高血圧、高血糖、脂質異常を呈す。 |
| 原発性アルドステロン症 | 腺腫などが原因となり副腎皮質からアルドステロンが過剰に分泌されるため、ナトリウムの再吸収とカリウムの排泄が亢進する。高血圧、低カリウム血症となる。スクリーニング検査の結果、片側のみの場合は外科的治療が、両側の場合は薬物治療が選択される場合が多い。 |
| 原発性副甲状腺機能亢進症 | 副甲状腺の腺腫、ガンなどにより、副甲状腺ホルモンの産生が増加し、高カルシウム・低リン血症などを起こす。脱水、嘔吐、筋力低下、うつ状態、多飲、多尿などの症状が出る。 |
| 甲状腺機能亢進症（バセドウ病） | 甲状腺ホルモンが過剰に分泌する疾患。動悸、発汗、高血圧、体重減少、イライラ、眼球突出などの症状が出る。治療には薬物療法のほか、手術療法、放射線ヨウ素（アイソトープ）療法がある。 |
| 甲状腺腫瘍 | 悪性のものは甲状腺ガン、悪性リンパ腫があり、甲状腺の病変部位により特徴があり、異なる疾患として治療する必要がある。乳頭ガン、濾胞ガンなどもある。なお、良性の場合も比較的多い。 |
| 糖尿病 | 糖尿病は、1型と2型に分けられる、おもに小児期から発症する1型は、インスリンによる治療が必要となる。対して2型は、肥満、運動不足などの生活習慣に問題のある中高年に発症することが多く、食事療法や運動療法が大切となる。また、2型の多くは内服薬で治療が可能だが、重症化するとインスリンなどの治療が必要となる。糖尿病は重大な合併症のリスクが高く、心臓病、脳梗塞、動脈硬化などのほか、三大合併症として糖尿病網膜症、糖尿病腎症、糖尿病神経障害がある。 |
| 副腎皮質機能低下症 | 体重減少、全身倦怠感、低血圧、食欲不振、下痢などをきたすが、いずれも非特異的である。先天性の場合は副腎自体に問題を抱えているが、後天性の場合は、自己免疫が関与するアジソン病が多い。ほかに、悪性腫瘍や感染症が原因となることもあり、結核が有名である。 |
| 慢性甲状腺炎（橋本病） | 甲状腺の慢性炎症性疾患。甲状腺機能低下の病気として一番多い。細胞のアポトーシスによる自己免疫疾患であるとされる。疲労感、冷感、皮膚乾燥、鈍麻、徐脈、食欲低下、難聴などの症状が出る。 |
| 尿崩症 | 視床下部で産生し、下垂体後葉を通じて分泌されるバゾプレシンの分泌障害により、標的器官の腎臓での水分調節に異常をきたす。多飲、多尿となる。下垂体腫瘍や腎疾患が原因となる場合が多い。 |

# 第9章
# 生殖器系

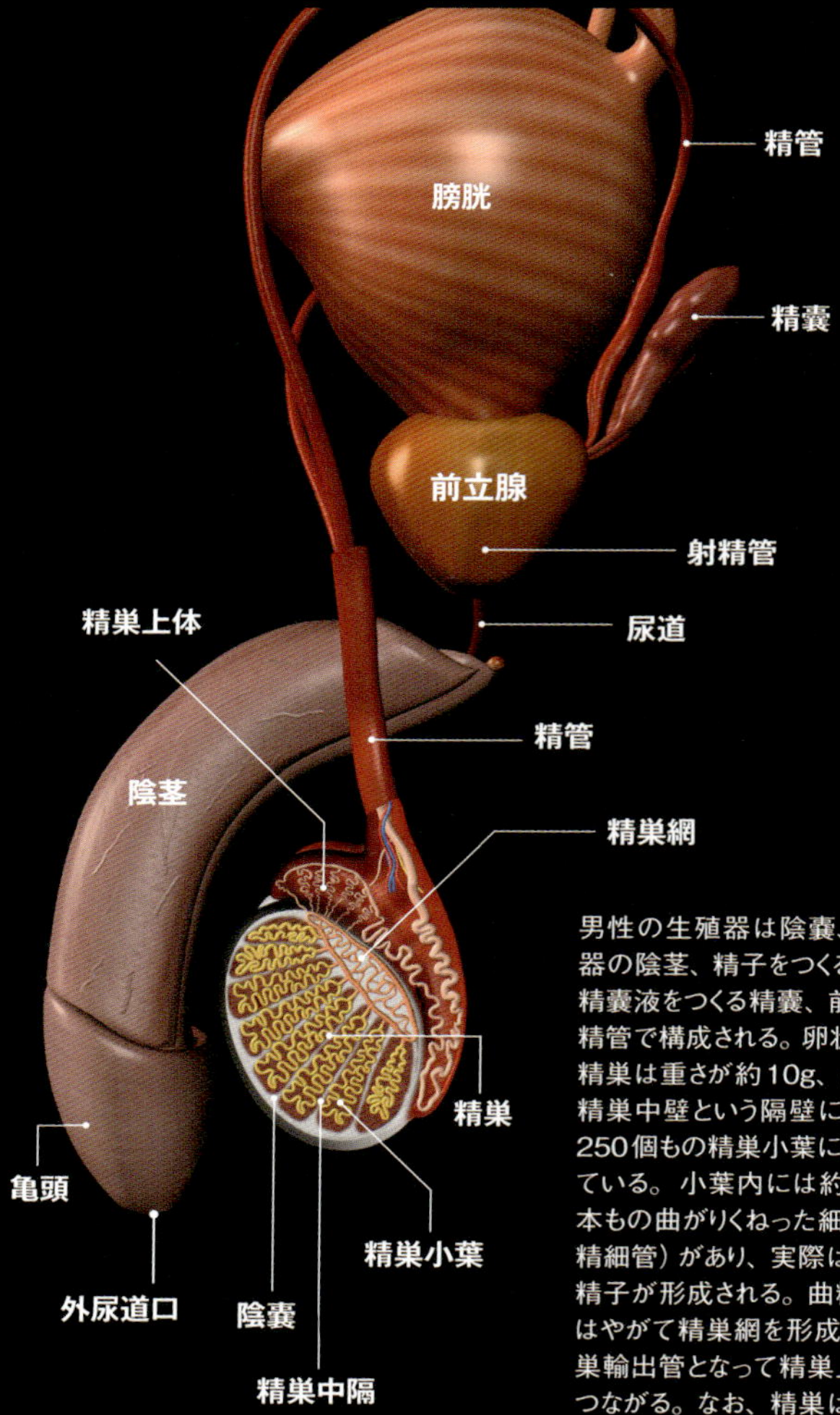


男性の生殖器は陰嚢、交接器の陰茎、精子をつくる精巣、精嚢液をつくる精嚢、前立腺、精管で構成される。卵状をした精巣は重さが約10g、内部は精巣中壁という隔壁による約250個もの精巣小葉に分かれている。小葉内には約1000本もの曲がりくねった細管（曲精細管）があり、実際はここで精子が形成される。曲精細管はやがて精巣網を形成し、精巣輸出管となって精巣上体につながる。なお、精巣はテストステロンという男性ホルモンも分泌している。

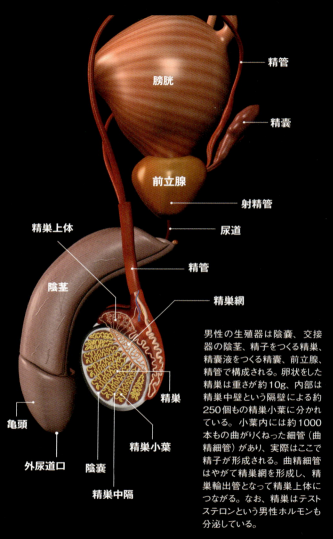

## 精子の構造

**頭部**
父方のDNAを収めた核が大部分を占める。核はまた、精子が卵子に突入するときに卵膜を溶かす酵素をもっている。

**体部**
ミトコンドリアを豊富に備え、エネルギーの供給を担う。

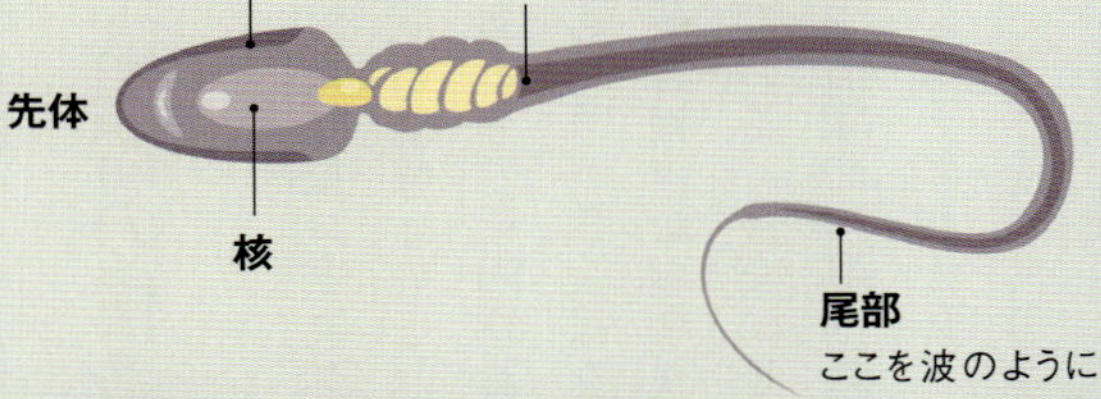
先体
核

**尾部**
ここを波のように動かすことで前進する。

精細管で形成された精子は、数日かけて精細管～精巣上体を通るうちに成熟し、精巣上体に貯蔵される。なお精液は、精子のほかに精嚢液（約85～90％）と前立腺の分泌液（約5～10％）を含み、2種の分泌液は精子に栄養を供給し活力を与えている。

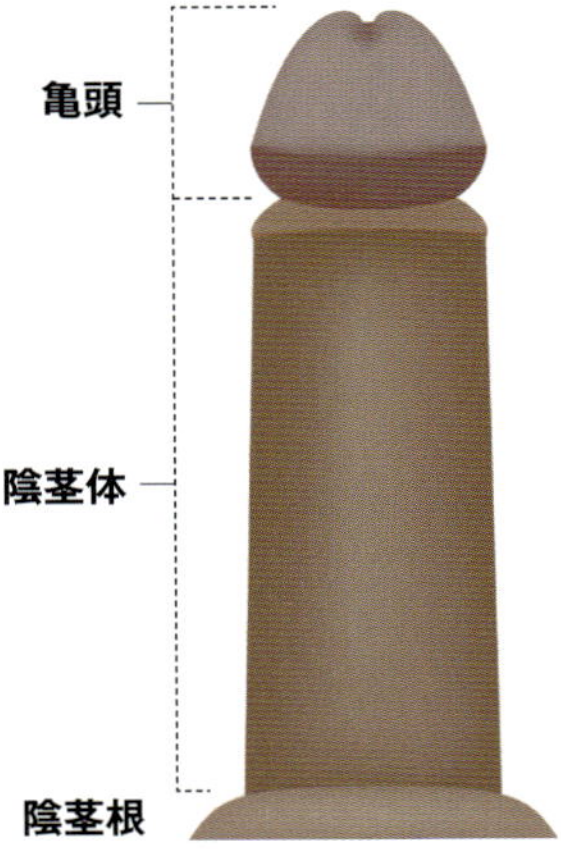
亀頭
陰茎体
陰茎根

陰茎内には尿道を取り囲む尿道海綿体、左右で対をなす陰茎海綿体があり、それぞれの陰茎海綿体には陰茎深動脈が流れている。この動脈から血液が流れ込むことで勃起に至る。

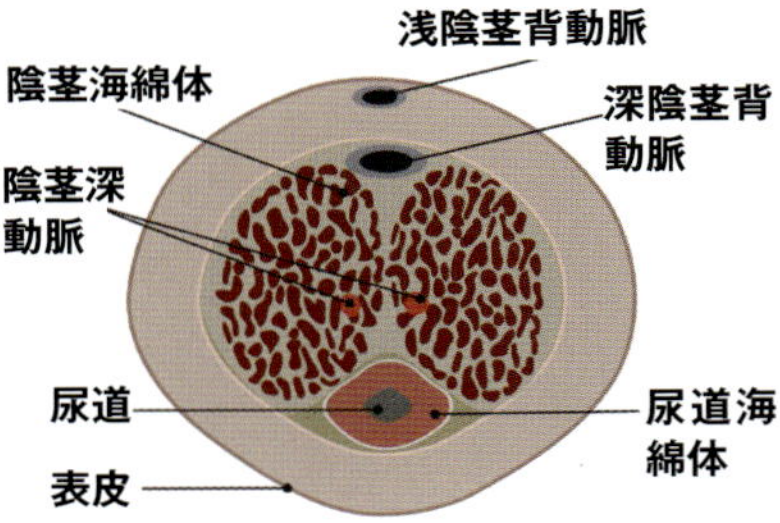
浅陰茎背動脈
陰茎海綿体
深陰茎背動脈
陰茎深動脈
尿道
尿道海綿体
表皮

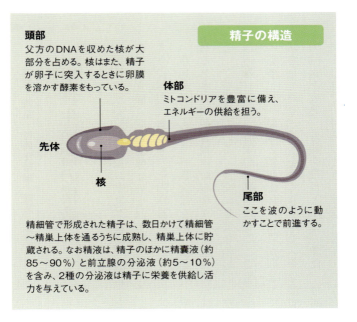

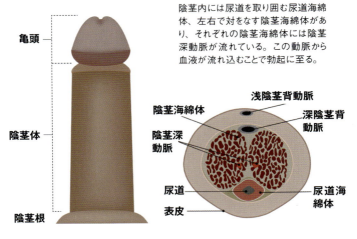

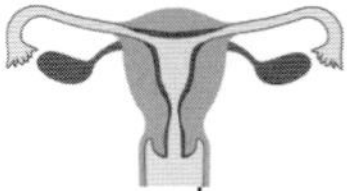

# 男性生殖器の構造

男性生殖器には精巣《せいそう》（睾丸《こうがん》）、精路《せいろ》（精巣上体、精管、射精管、尿道）、付属生殖腺（精嚢、前立腺、尿道球腺＝カウパー腺）、陰茎、陰嚢《いんのう》がある。このうち精巣上体や前立腺のように体内にあるものを内性器といい、体表に見える陰茎や陰嚢を外性器という。

生殖の要ともいうべき交接を担う陰茎は、尿道を囲む1本の尿道海綿体と、その背部にある2本の陰茎海綿体からなり、尿道海綿体は陰茎先端で亀頭となって尿道の出口（外尿道口）を開けている。性交に必要な勃起は、陰茎深動脈から陰茎海綿体へ大量の血液が流れ込み、陰茎の静脈が圧迫されることで起こる。

陰嚢には、精巣と精巣上体、精管が収まっている。精巣は、成人で長径が4～5㎝の卵状をしており、精子をつくりホルモンを分泌する器官だ。その上にある精巣上体は、精子の輸送と成熟、貯蔵を役目とする。また、付属生殖腺は、いずれも精液の液体成分を分泌する器官で、射精のときに尿道へ送られて精子と混合して精液となる。

**男性生殖器のおもな病気**

陰茎ガン、急性精巣炎、精索捻転症、精巣腫瘍、陰嚢水腫、停留精巣、勃起不全など

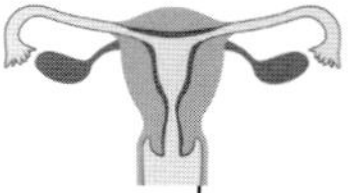

精巣の精細管での細胞分裂に始まる

# 精子と射精のしくみ

精巣内部は、精巣中隔《せいそうちゅうかく》という隔壁によっておよそ２００〜３００個の精巣小葉に分かれている。さらに、小葉には約１〜４本の曲がりくねった細管（曲精細管）が通っている。精子は、下垂体前葉から分泌されるホルモンにより促進され、この精細管で形成される。精細管の最外層に存在する精祖細胞という細胞が分裂し精母細胞となり、さらに細胞分裂を繰り返して精子になる。なお、１個の精祖細胞から精子ができるまでには約70〜80日かかる。

いっぽう、曲精細管にある精子は機能的に未熟で、精細管から精巣網、精巣輸出管を経て精巣上体へと至る数日のうちに成熟し、精巣上体（尾部）や精管に貯蔵される。精子の頭部は大半を核が占めていて、23本の染色体に父方の遺伝情報が書き込まれている。体部にはミトコンドリアがらせん状に巻きつき、これが精子にエネルギーを供給する。

射精は、陰部への刺激を介した交感神経系の興奮で生じる脊髄反射だ。交感神経系は内尿道括約筋を収縮させる作用をもち、これが射精時、膀胱への精液の逆流を防いでいる。

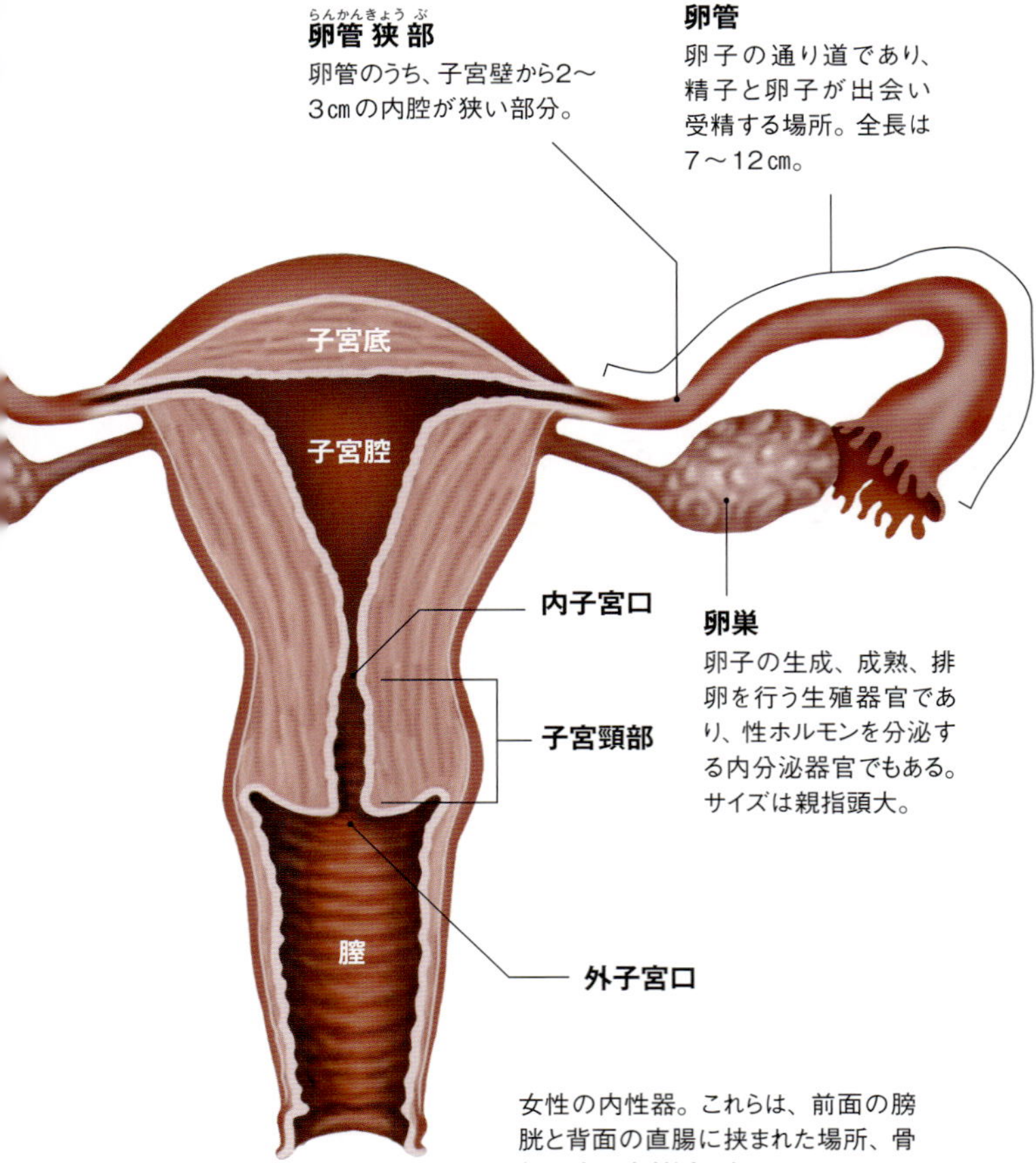


女性の内性器。これらは、前面の膀胱と背面の直腸に挟まれた場所、骨盤の真ん中付近に収まっている。

## 卵巣の構造

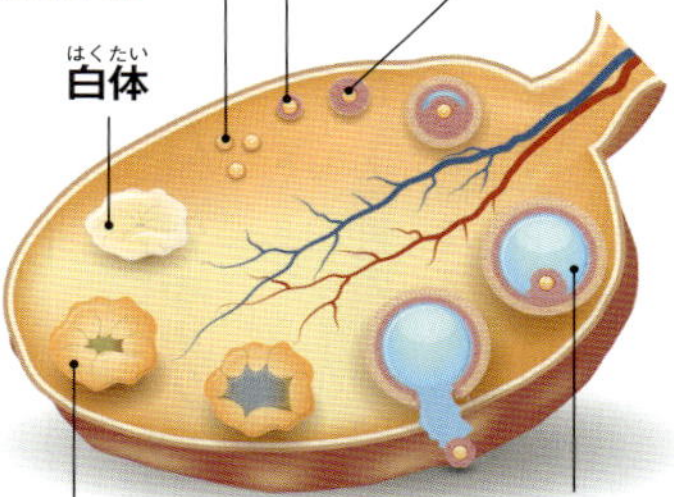


卵巣内で原始卵胞（卵母細胞）が成長、成熟した1個の卵子が排卵されるようす。排卵から1～4日後、卵胞は黄体となり、プロゲステロン、エストロゲンといった性ホルモンを分泌する。黄体は2週間ほどで白体に変化し、プロゲステロンの分泌を終了、月経が始まる。

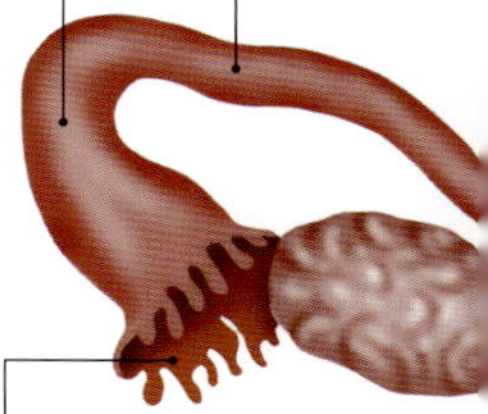


卵管の外側端は漏斗状をしており、ここで腹腔内に出てきた卵子はとらえられる。

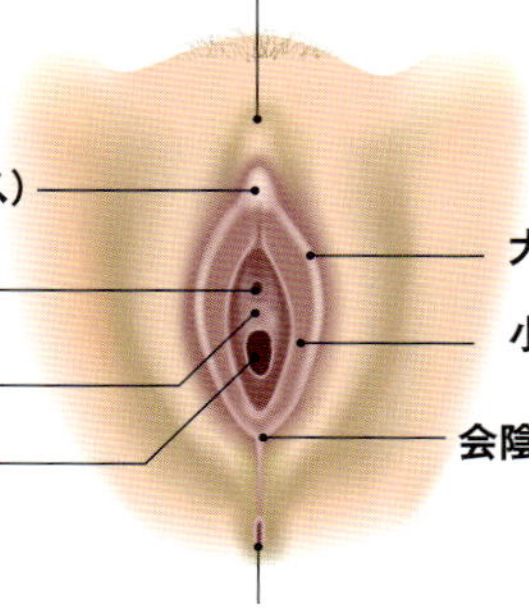


性成熟期における外陰のイメージ。陰核はきわめて敏感で男性の陰茎に相当する。小陰唇は同じく陰茎の皮膚、大陰唇は陰嚢。 腟前庭からは、バルトリン腺液と小前庭腺液という粘液を分泌している。 会陰は分娩時にやわらかくなり伸長する。

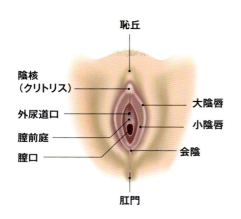

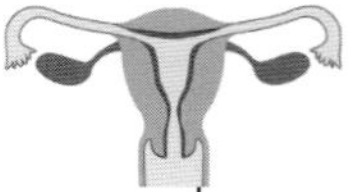



# 女性生殖器の構造

膀胱と直腸に挟まれた骨盤の中央に位置

男性同様、女性の生殖器も内性器と外性器とからなる。また、性器はすべて骨盤の中央部、膀胱と直腸のあいだの小骨盤《しょうこつばん》に位置する。外性器は外陰で、おもに性交に関与する器官だ。外陰は恥丘、陰核（クリトリス）、膣前庭、小陰唇、大陰唇、バルトリン腺などからなる。内性器は、卵巣、卵管、子宮、膣で、卵巣と卵管を合わせて付属器と呼ぶ。

内性器を概説すると、卵巣は親指の頭ほどの大きさで、卵子の生成、成熟、排卵を行うほか、エストロゲン（卵胞ホルモン）やプロゲステロン（黄体ホルモン）といったホルモンを分泌する器官。卵管は平滑筋でできた7〜12㎝の細長い管で、排卵された卵子を補足し、ここで精子と卵子が合体（受精）、受精卵が分裂する舞台となる。子宮は成熟女性で長径7㎝の鶏卵大、重さは約60〜70g。着床した受精卵は、この子宮で育てられる。そして、子宮（頸部）と外性器をつないでいる管状器官が膣で、膣に常在する乳酸桿菌のはたらきによって膣内は常に酸性に保たれ、外部からの細菌などの侵入を防いでいる。

**女性生殖器のおもな病気**

子宮筋腫、子宮内膜症、子宮頸ガン、子宮体ガン、卵巣腫瘍、外陰膣炎、性器クラミジア感染症、更年期障害など

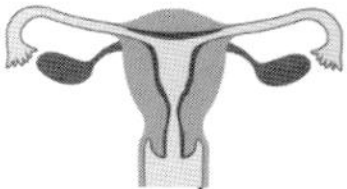

## 胎児期にはすでに存在する卵子の原型

# 卵巣の構造と排卵や月経

卵巣は、卵子を生成、貯蔵、排卵し、性ホルモンを分泌する器官だ。子宮の外側に左右一対ある女性特有の器官であり、子宮から伸びる固有卵巣索《らんそうさく》（卵巣固有靭帯）、骨盤の側壁とつながる卵巣提索《らんそうていさく》（骨盤漏斗靭帯）や卵巣間膜という腹膜で支持されている。

また卵巣は、組織学的に表層の皮質と深部の髄質に分けられ、前者は卵子が発育する場であり、後者には血管やリンパ管、神経が埋め込まれている。卵巣上部には卵管があり、その内側端は子宮腔に、外側端（卵管采）は漏斗状に腹腔内へ口を開けている。卵巣と卵管は直接的につながっているわけではない。

卵巣には胎児期から卵子のもとになる原始生殖細胞が数百万個存在し、これが分裂して卵原細胞→卵祖細胞→卵母細胞へと変化する。卵母細胞になると一度分裂をやめて休眠し、卵胞という袋のなかで思春期（第二次性徴）までの時を送る。これを原始卵胞という。その間、卵胞は自然に数を減らし、思春期には約20万～30万個になる。精巣でつくられる精子と違って、卵子は生まれたときにもっているものを保存し使用されるのだ。

思春期になると、眠っていた卵母細胞は脳下垂体から分泌される生殖刺激ホルモンに促されて分裂を始める。一度に10数個の卵胞が成長し、エストロゲンと総称される卵胞ホルモンを分泌しながら卵巣皮膜の内壁へと移動していく。エストロゲンには、乳房を発達させたり、子宮内膜を増殖して厚みを増す作用がある。ただし、成長した卵胞のうち成熟して卵子になれるのは基本的に1個だけ（稀に2個以上のこともあり、二卵性の双子となる）。やがて、卵胞の膜が破れて卵子が卵巣から腹腔内へ飛び出し、卵管采《らんかんさい》を経て卵管へ取り込まれる。これが排卵で、卵子の直径は0・1〜0・2㎜ほど。いっぽう、排卵した卵胞は、黄体となってプロゲステロン（黄体ホルモン）とエストロゲン（おもに前者）を分泌する。プロゲステロンには子宮内膜を着床するのに適した状態にしたり、基礎体温を上げるはたらきがある。排卵期に、基礎体温が約0・3〜0・6℃上がるのは、このホルモンが作用するためだ。この過程で、子宮には受精卵のためのベッドがつくられるが、受精が成立しない場合、不要となったベッドは一度取り除かれる。性ホルモンの減少にともない子宮内膜がはがれ、血液といっしょに体外へ排泄されるのだ。これが月経で、正常な場合は3〜7日間持続する。また、個人差はあるが月経周期は28〜30日間が多い。

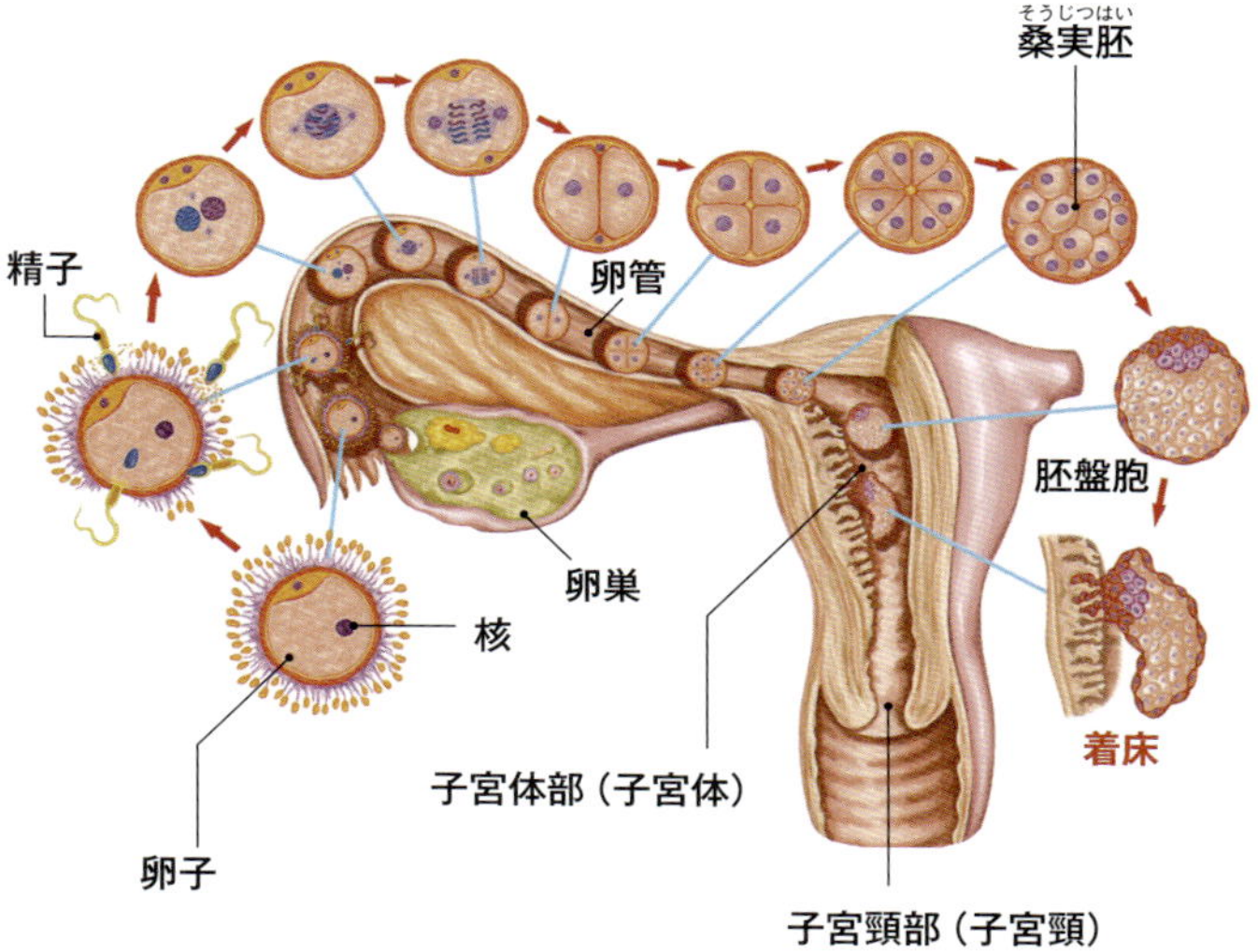


卵管膨大部で卵子と精子が受精すると、受精卵は卵割（分裂）しながら卵管を通って子宮へ向かう。子宮は内膜に着床した受精卵を発育させる器官であり、受精卵は受精から6～7日後、胚盤胞の状態で内膜に着床する。受精卵が内膜に埋没するには受精から12日ほどを要し、それをもって妊娠が成立する。

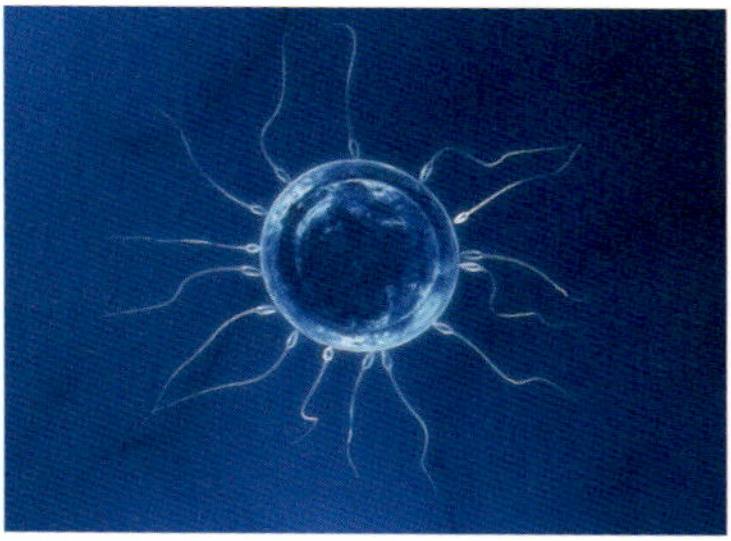

受精するため卵子に群がる精子。

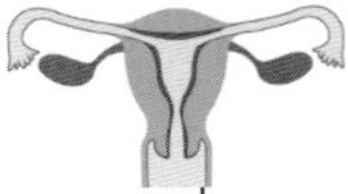

# 子宮の構造と妊娠のしくみ

子宮は、膀胱と直腸のあいだに位置する、受精卵を発育させる器官だ。成熟女性で長径7cmほどの袋状をしており、上方約3分の2を胎児を育てる子宮体部、下方約3分の1を胎児が産まれるときに通る子宮頸部といい、両者の移行部は子宮峡部と呼ばれる。子宮峡部は、非妊娠時の長さは約1cmしかないが、妊娠すると7～8cmに伸びる。

子宮体部は、内側（子宮腔側）から子宮内膜、子宮筋層、子宮漿膜《しょうまく》の3層構造になっている。子宮内膜は思春期から閉経するまで、受精不成立時にははがれて排出されるという、月経周期にともなった変化を繰り返す。子宮筋層は平滑筋でできており、妊娠時には肥大して胎児の成長に合わせて子宮を拡張する。子宮漿膜は、子宮外膜とも呼ばれる子宮体部を覆う腹膜で、左右は子宮体側部から骨盤壁を覆う子宮広間膜に移行している。

また子宮は、子宮体部に付着する靭帯や腹膜などの子宮懸架装置、子宮頸部や膣に付着する靭帯や筋肉を主とした靭帯子宮支持装置によって、正常な位置に保たれている。

ところで、一度の射精で放出される精子の数は2億〜4億個だ。性交渉によって膣内に射精された精子は、その後、子宮腔、卵管を通過して卵管膨大部で卵子と出会う。しかしこの間、子宮頸管の粘膜や子宮内膜の白血球の作用などで精子は多くが死滅する。卵子の周囲に到達できるのは、およそ60〜200個の精子だけだ。

難関を突破してきた精子にとって、最後の砦は卵子そのもの。卵子の周囲が顆粒膜細胞層などで包まれているためだ。そこで精子は、頭部から酵素（ヒアルロニダーゼ、アクロシンなど）を出してこれらを分解して突破を図る。1個の精子が卵子内に入り込めれば、ここで受精が成立し、卵子は受精卵へと姿を変える。

受精卵は、卵管壁の線毛運動や蠕動によって卵管内を子宮腔へ向かって運ばれる。同時に受精卵は、受精後30時間ほどで2分割、同40時間で4分割……と分裂を繰り返し、受精から3〜4日後には桑実胚《そうじつはい》（8〜16分割）、4〜6日後には胚盤胞《はいばんほう》（細胞の数は64〜128個）という状態となる。受精卵は、子宮腔には桑実胚の状態で到達し、胚盤胞の状態で子宮内膜に接着する。これが、子宮内膜に完全に埋没すると着床が完了、妊娠成立となる。着床した場所には呼吸器や栄養器、排泄器として機能する胎盤が形成され、やがて胎児が成長していく。また母体は、月経の停止や免疫のはたらきで妊娠を維持する。

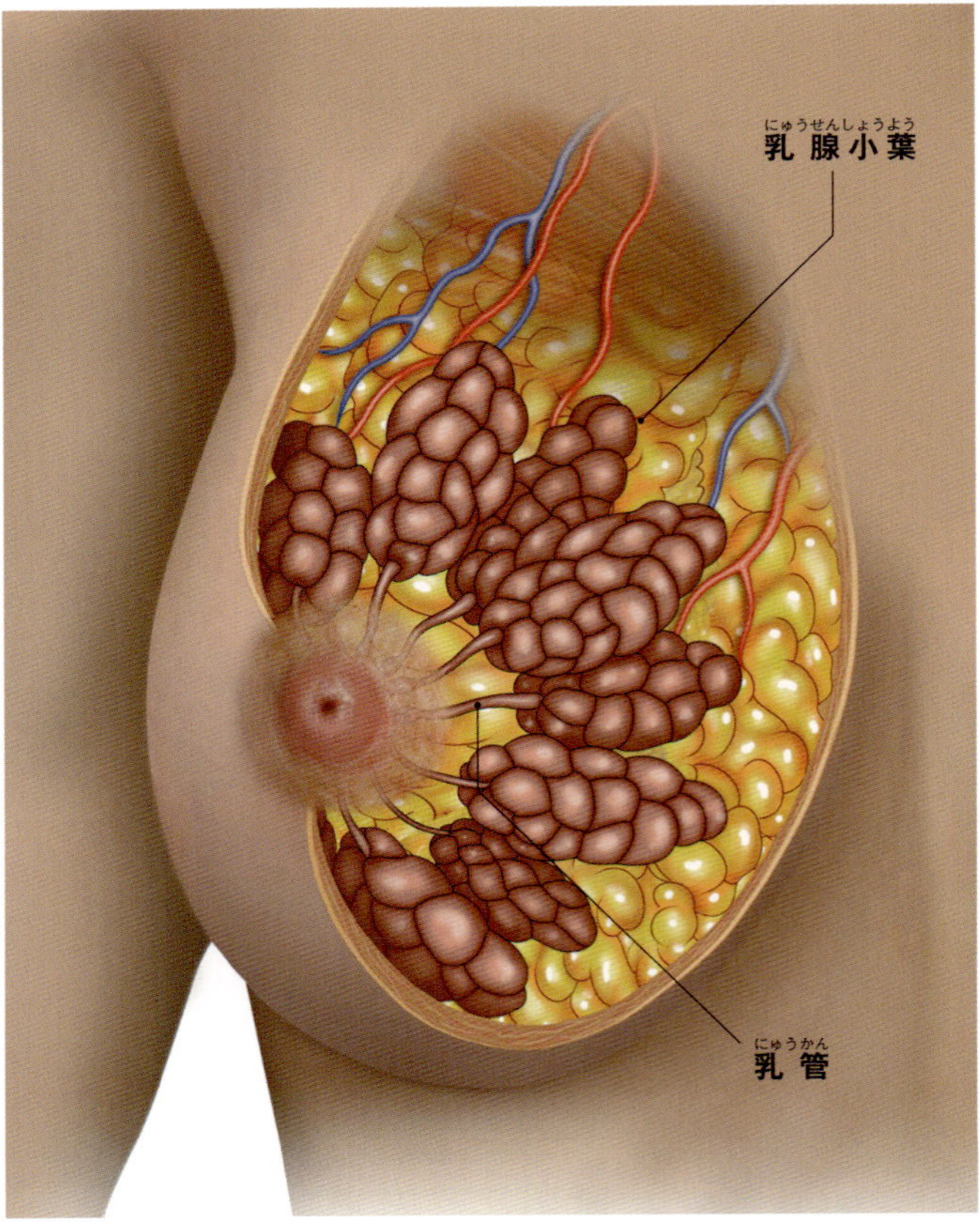


乳汁（母乳）は小葉のなかでつくられ、乳管を通って乳頭から分泌される。乳ガンをはじめとした多くの増殖性乳腺疾患は、こうした小葉の細胞や乳管に発生することが多い。

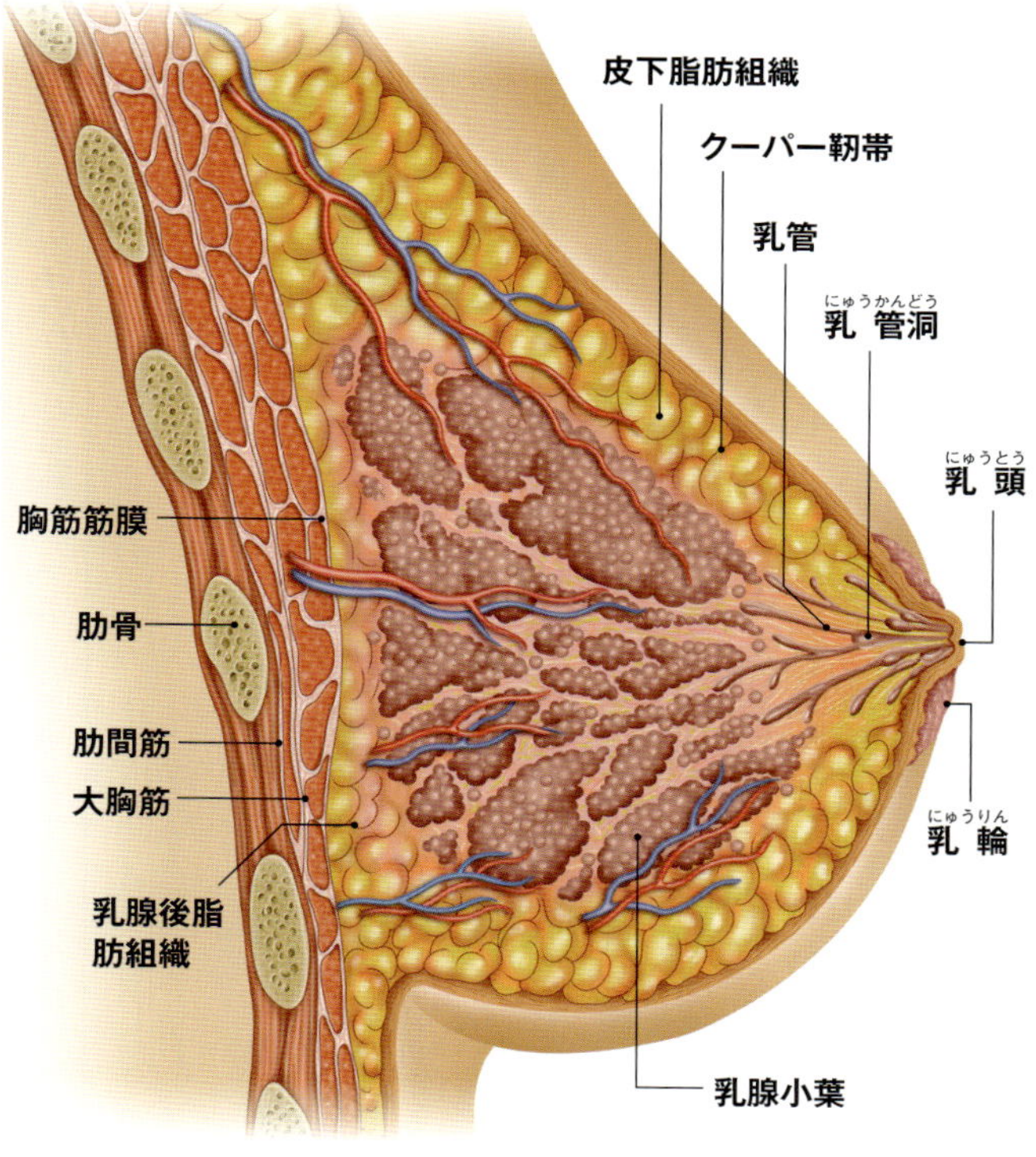


乳房の断面イメージ。乳房は大胸筋筋膜の上にお椀型に膨らみを帯びる。中身のほとんどは脂肪で、ほかは乳腺組織とそれら両者をつなぎ合わせる結合組織。出産後に乳汁（母乳）をつくるのが小葉。乳汁は乳管を通って、いったん乳管洞に蓄えられ、乳頭にある乳口から出ていく。

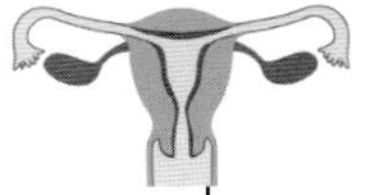

# 乳房の構造

乳房は胸部の大胸筋の表面にある大胸筋筋膜に左右一対、おおむね第3肋骨～第7肋骨の高さにある。乳房のほとんどは脂肪組織で、ほかに乳腺組織、両者を支える結合組織で構成されている。

幼少期、第一次性徴で胸に性差は見られないものの、第二次性徴（思春期）になると男女差が明確になる。女性は、思春期に下垂体が分泌する性腺刺激ホルモンの影響を受けて脂肪組織が発達、それがお椀型に膨らみを帯びるのだ。また、乳房の中央付近には、色素によって皮膚よりもやや濃い色をした乳輪があり、その中心には乳頭が隆起している。

脂肪組織のなかに広がる乳腺は、乳管《にゅうかん》と小葉《しょうよう》、間質成分の結合組織からなっている。乳管は枝分かれを繰り返して、乳管の末端部と腺房《せんぼう》（乳腺細胞の集まり）からなる小葉へと至る。この乳管を含む腺房、小葉をひとまとめにして腺葉《せんよう》と呼び、乳房は、さながらブドウの房のような形をした腺葉を15～20個内包している。

**乳房のおもな病気**

乳ガン、線維腺腫、乳腺症など

女性は、思春期を迎えると、女性ホルモンのエストロゲン（卵胞ホルモン）が作用して乳管を成長させ、同じくプロゲステロン（黄体ホルモン）の作用で乳腺を発育させていく。また、妊娠すると乳腺腺房が増殖するとともに乳汁（母乳）の分泌が抑制され、出産すると乳汁を分泌する。このとき、乳汁をつくるのが小葉で、乳汁は乳房部へ伸びている乳管のなかを通って乳頭から出ていく。乳管の途中には、乳管洞《にゅうかんどう》と呼ばれる小さな袋状の膨みがあるが、つくられた乳汁はここに蓄えられる。

ところで、妊娠時に乳腺が発育するのは、エストロゲンをはじめとしたホルモンの作用だ。それが出産すると、妊娠中は作用が抑えられていたプロラクチンの分泌が増える。プロラクチンは、乳腺の発育促進に加えて、乳汁の産生や分泌の促進などにかかわるホルモンで、これが乳腺に作用して母乳を分泌するようになるわけだ。また、赤ちゃんが乳頭に吸いつくと、その刺激でプロラクチンの分泌が増加するとともに、オキシトシンというホルモンの分泌が増える。この作用で乳腺の筋線維が収縮し、腺葉に集まった母乳が出るのを促進する。一般に、オキシトシンの分泌量が多いほど、母乳の出がよくなる。

なお、月経前に乳房に張りが出たり痛みが出てしまうのは、その時期にエストロゲン（乳管上皮を増殖）とプロゲステロン（乳腺腺房を増殖）の両方の分泌が増えるためだ。

病気を知ろう！ Vol.9

# 生殖器系のおもな病気

生殖器の疾患は、ホルモンの影響を受けるケースが多い。とりわけ女性は、月経にともなう周期的なホルモン分泌、更年期におけるホルモン分泌の低下や閉経……など、ホルモンの影響を大きく受けて生きており、その障害が心身にかける負担は少なくない。

たとえば、女性のガンで罹患率がもっとも高いことで知られる乳ガン（死亡率は5番目）では、女性ホルモンのエストロゲン（卵胞ホルモン）が作用してガン細胞の増殖を招いていることがわかっている。このエストロゲン、本来は妊娠や閉経によって減少するホルモンだが、現代は高齢出産、あるいは一度も出産しない女性が増加。その結果、長期にわたりエストロゲンを分泌し、これが乳ガンの発生を高める一因になっていると考えられている。エストロゲンはほかに子宮内膜症、子宮筋腫、子宮体ガンなど多くの病気に関与している。

生殖器には性器クラミジア感染症や淋病感染症など、男女を問わず性交による感染症が多いのも特徴だ。子宮頸ガンの多くもヒトパピローマウイルスというウイルス感染が関連している。

その他、生殖器に関するいくつかの病名とその症状については左表を参照されたい。

## 生殖器のおもな病気（五十音順）

| 病名 | おもな原因や症状など |
|---|---|
| 更年期障害 | 閉経期前後の女性に発症し1～数年続く。卵巣機能の低下にともなうエストロゲンの減少、社会的要素や個人の事情などがからみ合い、自律神経失調（月経異常、のぼせやほてり、発汗）を中心に、倦怠感や不眠、いらいらなどさまざまな症状をきたす。 |
| 子宮筋腫 | 30～40代女性に好発。子宮筋層を構成する平滑筋にできる良性腫瘍で、婦人科疾患でもっとも多い。貧血や過多月経、不正性器出血、不妊、下腹部痛などが見られる。 |
| 子宮頸ガン | 子宮頸部に生じる悪性腫瘍。症状としては、接触出血といった不正性器出血が見られる。30～60代女性に好発するが、進行ガンは60代以降に多い。 |
| 子宮体ガン | 子宮内膜に発生した上皮性悪性腫瘍で、腺ガンが大半を占める。症状としては、不正性器出血や下腹部痛がある。初期には疼痛がなく進行するごとに痛みを増す。40代後半から60代に好発 |
| 子宮内膜症 | 20～40代の女性に好発。子宮腔以外の場所に子宮内膜組織に似た組織ができてしまい、不妊、月経を重ねるたびに強くなる月経痛、慢性骨盤痛、性交痛、排便痛といった症状をきたす。 |
| 性器クラミジア感染症 | 性交によって発症する感染症でとくに女性が多い。男女ともに自覚症状がないケースが多く放置されやすい。男性の場合は尿をする際のごく軽度な痛みやかゆみを生じる。長期化すると女性は不正出血や下腹部痛、不妊などを招きやすい。男性は放置して進行すると、膿や精巣の腫れを生じる。 |
| 精巣腫瘍 | 20～40代の男性に好発する精巣の腫瘍。痛みをともなわない陰嚢腫大を訴える場合が多い。 |
| 精巣捻転症 | 突発的に精巣が精索を軸にねじれた状態になる病気で、陰嚢部の痛み、陰嚢の腫大、嘔吐などの症状が見られる。思春期に好発する。 |
| 線維腺腫 | 乳房の結合組織成分と上皮性成分が過剰増殖したために生じる良性結節病変。20～30代の女性に好発するが、悪性化はまれ。 |
| 乳ガン | 乳管や小葉上皮から発生する悪性腫瘍。40～60代の閉経期前後の女性に好発する。触診でわかる乳房のしこりのほか、乳房の痛み、赤く腫れあがる、触診すると乳房がえくぼ状にくぼむ、乳頭から血性の分泌物を生じるといった症状が見られる。 |
| 乳腺症 | 乳管や小葉が過形成をきたすなど、正常ではない乳腺の状態。月経前に乳房（乳腺）の痛みや膨張感などを生じるが、月経後には症状が軽くなることが多い、 |
| 勃起不全（ED） | 性交するために必要な勃起、またはその持続ができないことをいう。要因はさまざまだが、心理的要因による機能性EDと器質的要因による器質的EDに大別される。 |
| 卵巣腫瘍 | 一般に初期症状に乏しく、腫瘍が大きくなるにつれ腹部膨満、食欲不振、頻尿などに見舞われる、起源によって表層上皮性・間質性腫瘍、性索間質性腫瘍、胚細胞腫瘍の3種に大別され、その性質によって良性、境界悪性、悪性に分けられる。 |

## おわりに

わたしたちの体が、いかにたくさんの細胞が集まって器官を形成し、それらが巧妙にははたらいているのか、おわかりいただけたでしょうか。かけがえのない自分の体をもう少し大切にしなくては、と痛感されたという方も多いことでしょう。

たとえば、普段から高血圧という状態がいかに「普通ではない状態」であるかもおわかりいただけたかと思います。といいつつ、「医者の不養生」とはよくいったもので、かくいうわたしも、本書をつくり上げるにあたり非常に身が引き締まった次第です。

本書を手にとってくださり、自分の病気の成り立ちがわかったという患者さん、さらに理解を深めたいと思ったコメディカル（もしくはその卵）の方々がいてくれればうれしく思います。また、漠然とでも、もっと人体を知りたい、病気の方を治す仕事に就いてみたいと思ったお子さまがひとりでも増えたなら、と願うばかりです。

本書をつくる機会を与えてくださったベストセラーズの川本悟史氏、企画の立案、編集を担当したわたしの高校時代の同級生でもある田口学氏、冒頭でも触れましたが、最初から最後まで辛抱強く校正作業を手伝ってくれた当科の松村実美子医師、専門医の立場でご指導いただいた、当院の副院長であり皮膚科の江藤隆史医師をはじめ、婦人科の秦宏樹医師、泌尿器科の鈴木基文医師、眼科の善本三和子医師、循環器内科の小松宏貴医師、耳鼻咽喉科の木下淳医師、消化器内科の加藤知爾医師、神経内科の関大成医師、貴重な画像を提供くださった消化器内科の大久保政雄医師、そして高校時代の同級生である福田真之歯科医師に深く感謝いたします。

最後になりましたが、本書を最後までお読みいただいた読者のみなさまにも深く感謝いたします。ありがとうございました。

2017年春　高野秀樹（東京逓信病院 腎臓内科医長）

## 索引（おもな臓器、器官）

### あ行



### か行



### さ行



### た行

（注）上記は本文（イラストの解説など除く）中に登場する、おもな臓器や器官の名称を掲載しています。

■主要参考文献（刊行年順）
水野嘉夫『徹底図解からだのしくみ』（新星出版社、2008年）
清水 宏『あたらしい皮膚科学第2版』（中山書店、2011年）
落合慈之監修『耳鼻咽喉科疾患ビジュアルブック』（学研メディカル秀潤社、2011年）
川上正舒、野田泰子、矢田俊彦監修『からだの病気のしくみ図鑑』（法研、2012年）
梶原哲郎監修『多彩なイラストで初心者にもわかりやすい 美しい人体図鑑』（笠倉出版社、2013年）
森本俊文ほか編『基礎歯科生理学 第6版』（医歯薬出版、2014年）
坂井建雄『世界一簡単にわかる人体解剖図鑑』（宝島社、2015年）
医療情報科学研究所編『病気がみえる vol.1 消化器 第5版』（メディックメディア、2016年）
医療情報科学研究所編『病気がみえる vol.2 循環器 第3版』（メディックメディア、2016年）
医療情報科学研究所編『病気がみえる vol.3 糖尿病・代謝・内分泌 第4版』（メディックメディア、2016年）
医療情報科学研究所編『病気がみえる vol.4 呼吸器 第2版』（メディックメディア、2016年）
医療情報科学研究所編『病気がみえる vol.5 血液 第1版』（メディックメディア、2016年）
医療情報科学研究所編『病気がみえる vol.6 免疫・膠原病・感染症 第1版』（メディックメディア、2016年）
医療情報科学研究所編『病気がみえる vol.7 脳・神経 第1版』（メディックメディア、2016年）
医療情報科学研究所編『病気がみえる vol.8 腎・泌尿器 第2版』（メディックメディア、2016年）
医療情報科学研究所編『病気がみえる vol.9 婦人科・乳腺外科 第3版』（メディックメディア、2016年）
医療情報科学研究所編『病気がみえる vol.10 産科 第3版』（メディックメディア、2016年）
山本雅一総監修『全部見える消化器疾患』（成美堂出版、2016年）
東京逓信病院ニュース『けんこう家族』各号（東京逓信病院）

■主要参考ホームページ（五十音順）
国立がん研究センター がん情報サービス　http://ganjoho.jp
国立循環器病研究センター　http://www.ncvc.go.jp
全国腎臓病協議会　http://www.zjk.or.jp
東京逓信病院　http://www.hospital.japanpost.jp/tokyo
日本眼科学会　http://www.nichigan.or.jp
日本呼吸器学会　http://www.jrs.or.jp
日本産科婦人科学会　http://www.jsog.or.jp
日本心臓財団　http://www.jhf.or.jp
日本内分泌学会　https://square.umin.ac.jp/endocrine
日本脳神経外科学会　http://jns.umin.ac.jp
日本泌尿器科学会　https://www.urol.or.jp/public

**高野秀樹**（たかの ひでき）

1972年生まれ、茨城県出身。東京逓信病院腎臓内科医長。医学博士。総合内科専門医・指導医、腎臓専門医・指導医、透析専門医・指導医。1998年、北海道大学医学部卒業後、東京大学医学部付属病院、虎の門病院腎センター内科、亀田総合病院総合内科、日立製作所日立総合病院内科に勤務、東京大学大学院腎臓内科学専攻、日本医科大学病理学国内留学を経て現職。在学中、水海道さくら病院透析センター長就任。現在、IgA腎症などの腎炎や慢性腎臓病、腎不全の診療とその病理的研究に従事。共著に『病気&診療 完全解説BOOK：101疾患の診断・治療から費用まで』（医学通信社）ほか多数。『東京逓信病院のおいしい腎臓病レシピ』（主婦の友社）を共同監修。

**人体《じんたい》解剖《かいぼう》図鑑《ずかん》**

二〇一七年三月二十日　初版第一刷発行

著者◎高野《たかの》　秀樹《ひでき》

発行者◎栗原　武夫

発行所◎ＫＫベストセラーズ

東京都豊島区南大塚二丁目二九番七号　〒170-8457

電話　03-5976-9121（代表）

http://www.kk-bestsellers.com/

装幀◎坂川事務所

本文デザイン・ＤＴＰ製作◎瀧田紗也香（アッシュ）

印刷所◎近代美術

製本所◎フォーネット社



ISBN 978-4-584-12545-8 C0245, Printed in Japan.2017

定価はカバーに表示してあります。乱丁・落丁本がございましたら、お取り替えいたします。



ベスト新書
545